山 东 省 中 等 职 业 教 育 课 程 改 革 教 材

加工制造类

电工技术基础与技能

李 涛 王 皓 王金荣 主编

山东科学技术出版社
·济南·

图书在版编目（CIP）数据

电工技术基础与技能 / 李涛，王皓，王金荣主编 . —济南：山东科学技术出版社，2018.8（2024.8 重印）

ISBN 978-7-5331-9574-8

Ⅰ . ①电… Ⅱ . ①李… ②王… ③王… Ⅲ . ①电工技术—职业教育—教材 Ⅳ . ① TM

中国版本图书馆 CIP 数据核字 (2018) 第 169836 号

主　编：李　涛　王　皓　王金荣
副主编：唐守涛　王延华　梁　峰

电工技术基础与技能
DIANGONG JISHU JICHU YU JINENG

责任编辑：赵　旭　梁天宏　焦　卫
装帧设计：李晨溪

主管单位：山东出版传媒股份有限公司
出 版 者：山东科学技术出版社
地址：济南市市中区英雄山路 189 号
邮编：250002　电话：（0531）82098088
网址：www.lkj.com.cn
电子邮件：sdkj@sdcbcm.com
发 行 者：山东科学技术出版社
地址：济南市市中区英雄山路 189 号
邮编：250002　电话：（0531）82098071
印 刷 者：日照梓名印务有限公司
地址：山东省日照市莒县潍徐南路西侧
邮编：276500　电话：（0633）6826211

规格：16 开（184mm × 260mm）
印张：17　**字数：**400 千
版次：2018 年 8 月第 1 版　2024 年 8 月第 3 次印刷
定价：39.00 元

前言

本教材以《山东省中长期教育改革和发展规划纲要（2011—2020年）》《山东省人民政府关于加快建设适应经济社会发展的现代职业教育体系的意见》为政策依据，以山东省中等职业学校《电气技术应用专业教学指导方案（试行）》为科学指导，以提升学生的综合素质为培养目标而开发设计。

电工技术基础与技能是中等职业学校电气技术应用专业的专业基础课程。通过本课程学习，学生能具备从事本专业相关工作必需的电工基本知识、基本方法和基本技能，具备分析和解决生产、生活中一般电工问题的能力，并为学习后续课程，提高综合素质，树立环保、节能、安全意识，形成综合职业能力打下基础。

一、编写思路

1. 教材以课程标准为编写依据，合理安排了课程教学内容。教材内容体现了以学生为本的原则，体现了山东地方特色和职业教育特色，引领教学改革。

2. 教材以“工学结合，理实一体”为编写宗旨。教材打破了传统的知识体系，将理论知识和实际操作合二为一，理论与实践一体化，体现“做中学、做中教”。

3. 教材内容对接技能考证和春季高考。教材的内容不仅依据课程标准中该门课的主要教学内容和要求，而且结合了岗位技能证书的职业标准和春季高考的考试大纲，将其有机地结合在一起，所涉及的教学任务紧扣未来学生实际工作和升学的需要。

4. 教材力求体现项目课程的特色与设计思路。内容以“项目—任务”的方式呈现，通过项目载体来展开，以任务驱动的形式进行项目落实，项目的选择具有普适性和代表性。

二、教材特色

1. 创新性：本教材将具体的教学内容分项目实施，把项目再分解为具体任务，通过任务的实施和验收来巩固知识、习得技能。项目和任务名称大多以动词短语的形式出现，体现了教学内容不再是简单的知识陈述，而是任务驱动式的项目操作。精选教学内容，使教材更加精炼、更适合当前的中职教育。

2. 一体化：将传统的理论教学、实验教学和技能训练有机融为一体，避免理论和实验实习间的人为分割。对于一些硬件条件达不到实验要求的学校和地区，我们设计了“仿真实验”以保证教学能正常进行。教学案例使用的是应用广泛、安装方便的EWB教学仿真软件，其版本5.0、7.0、9.0等均适用，便于各地区各学校使用。

3. 通俗性：根据中职学生的身心特点，我们对理论知识的描述力求图文并茂、与学生的实际生活经历相结合，用通俗易懂的生活实例来解释专业术语和相关规律。将知识点和技能点归纳到丰富的图表中，使学生能够“看表学习、看图操作”，既突出了重点，又突破了难点，使教材好教易学，更贴近职业学校的一线教学。

三、教材结构及建议学时

本教材共计120学时，各教学内容的参考学时分配如下：

项目序号	教学内容	建议学时
1	认识电工实训室	2
2	认识电路	10
3	分析简单直流电路	12
4	分析复杂直流电路	18
5	认识电容器	12
6	认识磁场和电磁感应	12
7	认识单相正弦交流电	12
8	分析单相正弦交流电路	24
9	分析三相正弦交流电路	18

本教材由李涛、王皓、王金荣担任主编。

鉴于编者水平有限，本书难免存在不足之处，恳请广大读者、同仁批评指正，以便进一步完善本书。

编　者

目录

CONTENTS

项目一 认识电工实训室

项目概述

电工实训室是学生技能训练基地，是教师体现“做中学，做中教”教学特色的地方，本部分主要介绍电工实训室的操作规程、实训室的电源配置及其使用注意事项，常用仪表及电工工具的认识以及实训室的6S管理规定。本部分内容是学生学习本课程的基础，也是学生技能训练的根本。

项目目标

1. 熟悉电工实训室的电源配置及其使用注意事项；
2. 认识常用的电工仪表以及它们的用途；
3. 认识常用的电工工具以及它们的用途；
4. 了解电工实训室规章制度和6S管理规定。

任务一　认识电工实训室工作环境

任务描述

在学习《电工技术基础与技能》这门课程时，除了学习理论知识外，相关实验实训的学习也是非常重要的。在教学中，有很多教学内容是需要在电工实训室完成的，本节知识主要使学生熟悉实训室工作环境，为学生将来能够安全而准确地完成各种训练任务打下良好的基础。

任务目标

1. 认识电工实训室的基本设施；
2. 了解实训室的电源配置及使用注意事项；
3. 认识常用的电工仪表和电工工具以及它们的用途。

任务实施

一、任务准备

老师带领学生进入实训室参观学习，实训室如图 1–1 所示，陈列着很多实训台、仪器仪表，哪些是你熟悉的？它们都叫什么名字？有哪些功能？来到电工实训室我们需要注意哪些问题？

图1–1　电工实训室

二、任务过程

步骤 1：认识电工实训室的电源配置

电工实训室的每个工位就是一个实训操作台，每个实训台上都会提供多组电源，来满足不同的实验实训需要，电源一般包括直流电源和交流电源两大类。直流用字母“DC”或符号“—”表示，交流用字母“AC”或符号“～”表示。通常电工实训台上的电源配置大致相同，主要有以下几种：

1. 直流可调稳压电源

如图 1–2 所示的实训台，共有两组可调直流稳压电源。通过调节电压调节开关，可输出范围在 0 ～ 24 V 的直流电压；通过电流调节开关，可输出范围在 0 ～ 2 A 之间的电流。

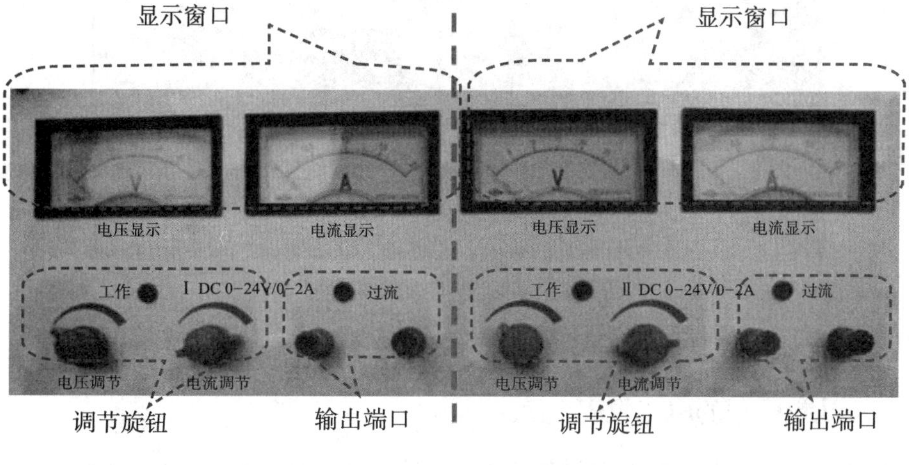

图1–2　双路可调直流稳压电源

2. 多挡低压交流电源输出

如图 1–3 所示的实训台，通过调节转换开关，可输出 3 V、6 V、9 V、12 V、15 V、18 V、24 V 共 7 个挡位的交流电压，频率为 50 Hz。

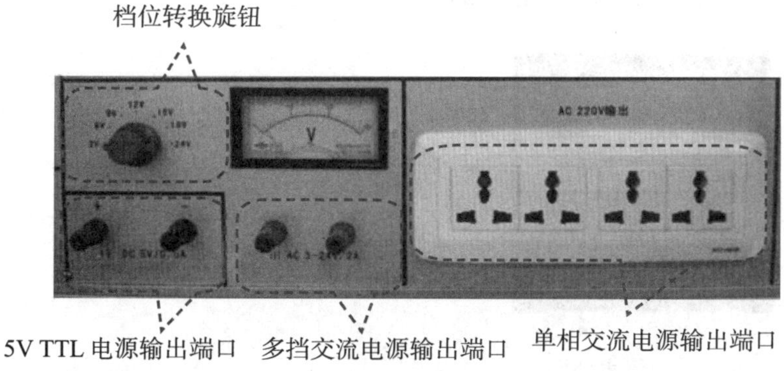

图1–3　交流电源、TTL电源配置

3. 单相交流电源输出

如图 1−3 所示的实训台，有 4 个并列的三孔插座可输出 220 V、50 Hz 的交流电。

4. TTL 电源

如图 1−3 所示的实训台，可输出电压为 5 V、最大电流为 0.5 A 的直流电源，是 TTL 集成电路的专用电源。

5. 三相交流电源输出

如图 1−4 所示的实训台，U、V、W 为三相交流电源相线（火线），N 为中性线（零线），E 为地线。

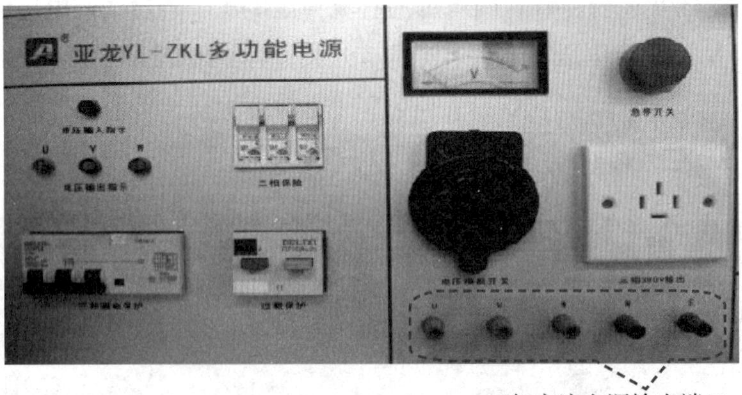

图1−4　三相交流电源配置

步骤 2：认识常用的电工仪表

电工在进行安装和维修作业时，经常需要用仪表对电气设备和电路进行测试，这些仪表的具体应用会在后面模块中作详细介绍，这里我们先来简单认识一下常用的电工仪表。

1. 认识电流表

电流表是最常用的电工测量仪表之一，它是用来测量电路中某支路电流的仪表，测量时应串联在电路中，其外形和在电路中的图形符号如图 1−5 所示。

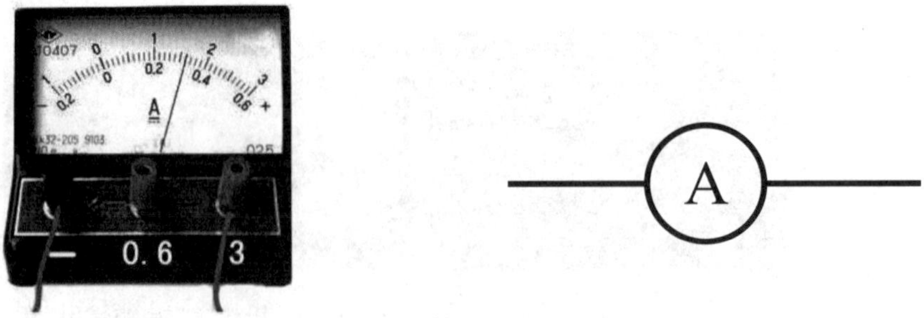

（a）电流表外形　　（b）电流表图形符号

图1−5　电流表外形及符号

2. 认识电压表

电压表也是最常用的电工测量仪表之一，它是用来测量电路中某两点之间电压的仪表，测量时应并联在被测电路两端，其外形和在电路中的图形符号如图 1–6 所示。

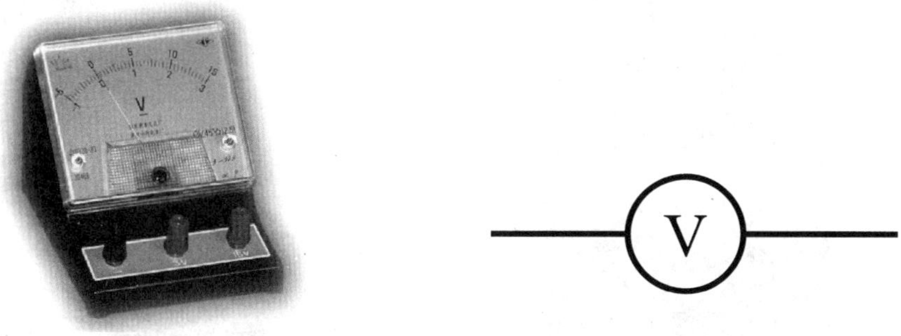

（a）电压表外形　　　　（b）电压表图形符号

图1–6　电压表外形及符号

3. 认识万用表

万用表是一种多功能的电工仪表，它可以用来测量交流电压、直流电压、直流电流、电阻、电容、电感及晶体管电流放大倍数等。常见的万用表有指针式万用表和数字式万用表两种，如图 1–7 所示。

（a）指针式万用表　　　　（b）数字式万用表

图1–7　万用表

4. 认识兆欧表

兆欧表又称绝缘电阻测试仪，主要用来测量电气设备的绝缘电阻，外形如图 1–8 所示。

5. 认识钳形电流表

钳形电流表对电流的测量通常是在不断开电路的情况下进行，将被测载流导线放在钳口中央，即可测出导线中的电流值，外形如图 1–9 所示。

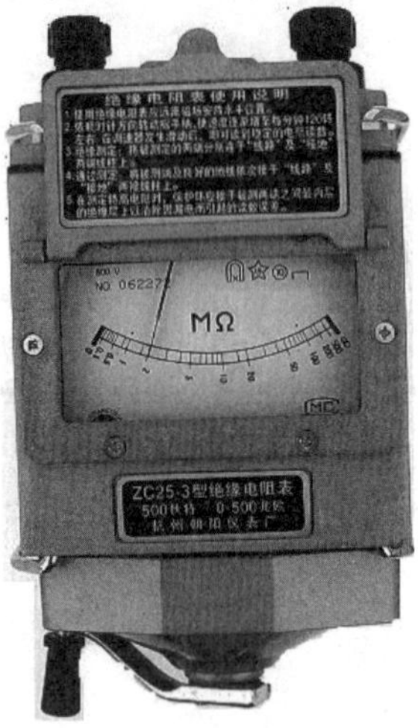

图1–8　兆欧表

图1–9　钳形电流表

6. 认识电能表

电能表又叫作电度表，是用来测量在一段时间内负载消耗电能的电工仪表，早期的电能表是机械式的，如图 1–10（a）所示。随着电子工业的发展，电能表正在向高智能、高精度、高可靠性和全自动计费的方向发展，近年来电子式电能表已经得到广泛应用，如图 1–10（b）所示。

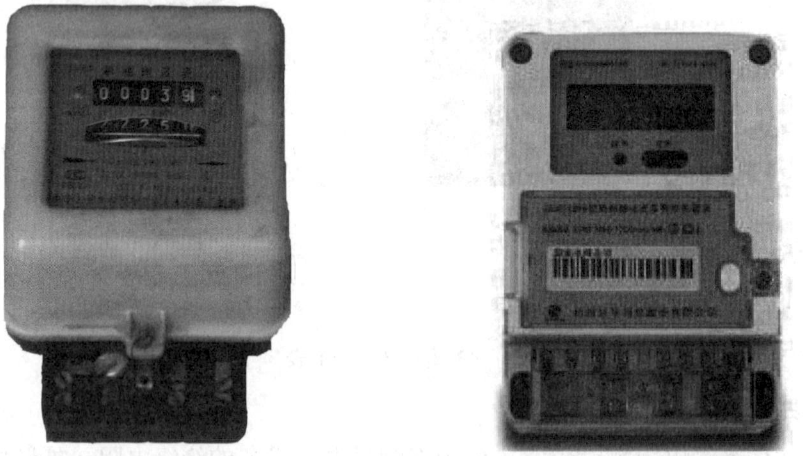

（a）机械式电能表　　（b）电子式电能表

图1–10　电能表

步骤 3：认识常用电工工具

电工工具是电气操作的基本工具，电工工具不合格、质量差或使用不当，都会影响操作质量，降低工作效率，甚至会造成事故，因此，电气操作人员必须掌握常用电工工具的结构、性能和正确的使用方法。

1. 认识试电笔

试电笔（又称低压验电器）是电工常用工具之一，用来测试导线、开关、插座等电气设备是否带电。试电表主要有钢笔式和螺丝刀式两种，现在还有数字感应式试电笔。使用时注意手指必须接触金属挂或试电笔顶部的金属螺钉，使电流由被测带电体经试电笔和人体与大地构成回路。只要被测带电体与大地之间的电压超过 60 V，氖管就会发光，观察时应将氖管窗口背光朝向操作者。图 1–11 所示为试电笔的结构及使用方法。

螺丝刀式

钢笔式

数学感应式

（a）试电表外形

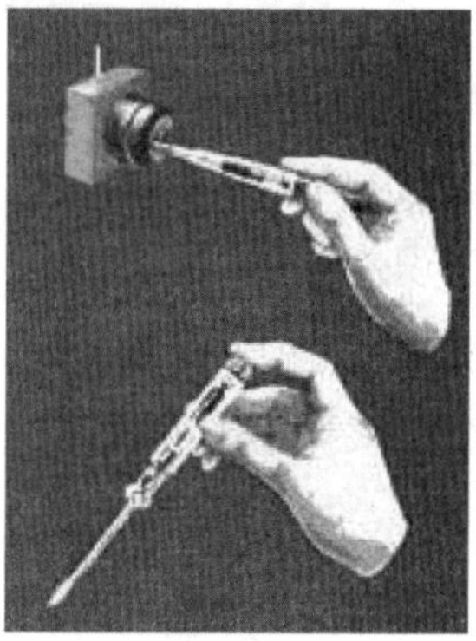

（b）试电表使用方法

图1–11　试电笔结构及使用方法

2. 认识螺丝刀

螺丝刀又名起子。按其功能和头部形状可分为一字形螺丝刀和十字形螺丝刀，如图 1–12 所示，按握柄材料的不同可分为木柄和塑料两类。使用时，应按螺钉的规格选择适当的刀口。用螺丝刀紧固或拆卸带电螺钉时，手不能触及螺丝刀的金属杆。为了避免金属杆触及皮肤或邻近的带电体，应在金属杆上穿套绝缘管。

（a）一字形螺丝刀

（b）十字形螺丝刀

图1–12　螺丝刀

3. 认识钢丝钳和尖嘴钳

钢丝钳又称克丝钳（图 1–13），是一种夹持和剪切工具，可供低压带电作业的场合使用，其工作电压为 500 V。使用钢丝钳前应检查手柄绝缘套是否完好，在切断导线时，不得将相线（火线）和中性线（零线）同时在一个钳口处切断，使用时应把刀口的一侧面向操作者。

图1–13　钢丝钳

图1–14　尖嘴钳

尖嘴钳又称尖头钳（图 1–14），主要用来夹捏较小的零部件、剪切线径较细的单股与多股线以及给单股导线接头弯圈、剥塑料绝缘层等。

4. 认识剥线钳

剥线钳（图 1–15），可用来剥削面积小于 6 mm^2 的小直径导线线头绝缘层。使用剥线钳时，注意根据不同的线径选择不同的刀口，否则容易造成线芯被剪断。

图1–15　剥线钳

图1–16　电工刀

5. 认识电工刀

电工刀（图 1–16），可用来剖削电缆或直径较大电线的绝缘外层和削制木榫等，有的电工刀还带有手锯和尖锥，用于电工器材的切割和扎孔。

使用时刀口应朝外操作，使用后应立即将刀身折入刀柄；剖削时电工刀应以 45° 角倾斜切入绝缘层，然后刀面与导线保持 15° 角向线端推削，只削去上面一层绝缘，不可削伤导线线芯；电工刀的手柄不绝缘，严禁用电工刀进行带电操作。

任务检测

1. 试电笔又称 ____________，是用来测试导线、开关、插座等电气设备是否带电的安全工具，主要有 ____________ 和 ____________ 两种，它是电工作业时不可缺少的验电工具。

2. 电能表又称 ____________，是用来计量在一段时间内负载消耗 ____________ 的电工仪表。

任务拓展

1. 你能用试电笔检测实训台上交流电源插座是否带电？若有电你能区别火线和零线吗？

2. 你能用万用表测量实训台上单相交流电源插座两孔之间的电压吗？

任务二　了解电工实训室规章制度和6S管理标准

任务描述

通过该任务的实施，让学生明确实训室的各项规章制度，使学生逐渐养成守规则、讲程序的实训习惯，成为做任何工作、任何事情都严谨认真、一丝不苟的人，营造团队精神，提高整体素质。

任务目标

1. 了解电工实训室规章制度；
2. 了解电工实训室 6S 管理规定。

任务实施

养成良好的学习习惯是学习的基本要求，学习各种操作技能也不例外，实训场有各种各样的设备、仪器和工具，正确、规范的操作是消除各种事故隐患、保护人身财产安全的必要保证，而实训教学尤为强调良好行为习惯的养成。

步骤 1：了解电工实训室规章制度

请认真阅读学校电工实训室的操作规范。

1. 实验实训场所要保持安静，不得打闹、嬉笑、喧哗；
2. 实验实训场所要保持清洁，不得乱抛杂物、不得随地吐痰；
3. 进入实训室，在未经允许的情况下不得随便摆弄实训器材；
4. 在老师要求检查器材时，必须对照有关实训内容检查各种器材的数量和质量，发现问题必须立即报告，进行更换和登记。未按规定进行检查和报告者，所有因器材而出现的问题都将被视为操作不当或人为损坏；
5. 电路连接好后，先认真自查，然后教师复查线路，确认无误后，给实训台送电。决不允许学生擅自合闸送电；
6. 实训结束后，必须将所有各种器材按原样整理放好，经老师检查允许后方可离开；
7. 必须做到一切行动听指挥；
8. 时刻注意安全，养成随手断电的习惯。

步骤 2：了解电工实训室 6S 管理规定

为规范实训室管理，提升实训管理水平，培养学生综合职业素养，学校决定全面推行实训室 6S 管理，落实“整理、整顿、清洁、节约、素养、安全”的基本要求。请认真阅读学校电工实训室 6S 管理规定。

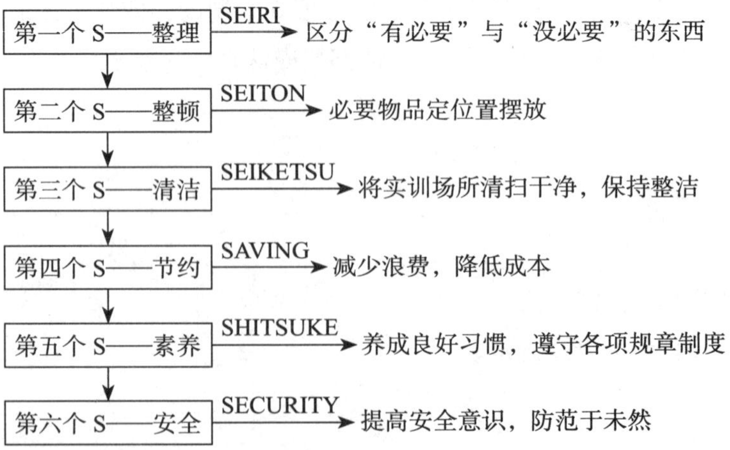

任务检测

1. 为了实训场所的安静和整洁，你认为应该怎样做？
2. 实训课堂上，为什么要一切行动听指挥？
3. 实训课堂上，对所用的实训器材有什么管理规定？

项目二 认识电路

项目概述

我们在日常生活中的输电、配电、用电都必须由一定的电路来完成，电路各种各样，每种电路的结构和功能都各不相同，本项目通过连接和调试一个最简单电路，对电路有一个初步的认识，了解电路的组成及各部分的功能。认识电路是电工技术学习的基础，认识电路图是设计、安装、维修电路的基本技能。

为了描述一个电路的工作状态，我们需要用到很多物理量：电流、电压、电动势、电位、电功、电功率、电阻等，这些内容在初中物理课程中已经学过，但本项目在处理这些内容时与物理课程不同，是从工程观点来阐述的，侧重于应用。本项目起到承前启后的作用，把初中物理和电工技术基础与技能课程联系起来，达到温故知新的目的，为课程的学习打好基础。

项目目标

1. 认识电路的组成及各部分作用，理解电路的三种状态；
2. 理解电流的概念和电流产生的条件，掌握电流的计算公式；
3. 理解电压、电位、电动势、电功率、电能等的概念；
4. 了解电阻的概念，掌握电阻定律；
5. 能识别电阻器及其参数，会使用万用表测量电阻。

任务一　认识最简单的电路

任务描述

不管电路多么复杂，都由电源、负载、开关、导线组成，本次任务要求学生能通过给定的器材搭建一个完整的电路，从最简单的电路着手，引导学生熟悉电路的组成及各组成部分作用，并能用电路图正确表示出电路的各组成部分。

任务目标

1. 认识电路的组成及各部分作用；
2. 理解电路的三种工作状态；
3. 掌握绘制实际电路的电路图。

任务实施

一、任务准备

现有电池、开关、灯泡各一只，导线若干，你能把它们连接成一个完整的电路吗？要求：合上开关 S，灯泡发光；断开开关 S，灯泡熄灭。

二、任务过程

步骤 1：认识电路的组成

用实训台上给定的器材搭建如图 2-1 所示电路。

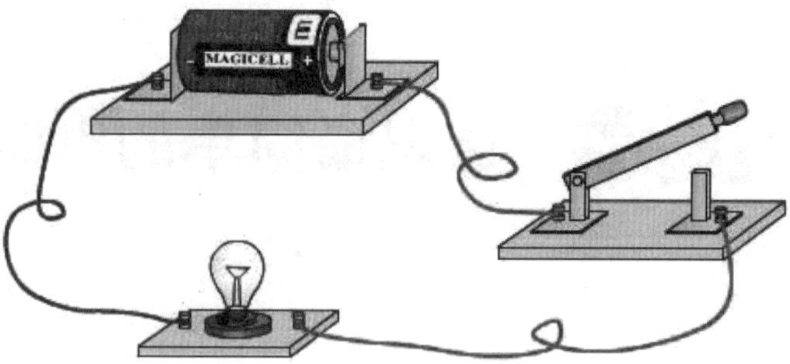

图2-1　最简单电路

电流通过的路径称为电路。根据图 2-1 所示电路可知：一个最简单的电路是由电源、负载、导线和开关四个部分组成。

1. 电源

电源是提供电能的设备，它能把其他形式的能转换为电能。如电池是将化学能转换成电能的装置，发电机是将机械能转换成电能的装置，常见的电源如图 2-2 所示。

（a）干电池　（b）锂电池　（c）蓄电池　（d）直流稳压电源

图2-2　常见的电源

2. 负载

负载是取用电能的设备，也称用电器。其作用是把电能转换为其他形式的能。如白炽灯将电能转换成光能和热能，电动机将电能转换成机械能。常用的负载如图 2-3 所示。

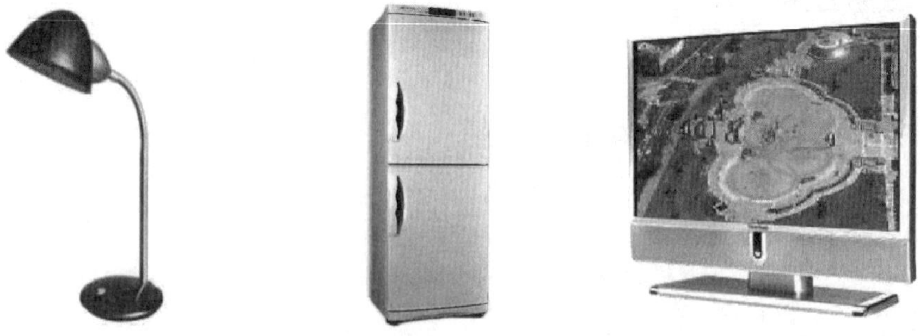

（a）电灯　（b）电冰箱　（c）电视机

图2-3　常用的负载

3. 导线

导线就是把电源、负载及开关连接起来的金属线，它把电源产生的电能输送到负载，常用铜、铝等材料制成。常用的导线如图 2-4 所示。

（a）常见导线　　（b）电力电缆　　（c）低压电器用线

图2-4　常用的导线

4. 开关

开关的作用是接通或断开电路。常用的开关如图 2-5 所示。

（a）墙壁开关　　（b）低压断路器　　（c）船形开关　　（d）拨动开关

图2-5　常用的开关

温馨提示

在实际应用中，电路除了有电源、负载、导线和开关外，还必须有一些辅助设备，如变压器、熔断器等。这些设备不仅保证了电路安全、可靠地工作，而且使电路自动地完成某些特定工作成为可能。

步骤 2：认识电路的工作状态

通过刚才连接好的电路，我们可以观察到：合上开关 S，灯泡发光；断开开关 S，灯泡熄灭。说明电路在工作时可能呈现不同的工作状态，电路的工作状态具体有以下三种：

1. 通路（闭路）

电路各部分连接成闭合回路，电路中有正常工作电流通过，如图 2-6 所示。

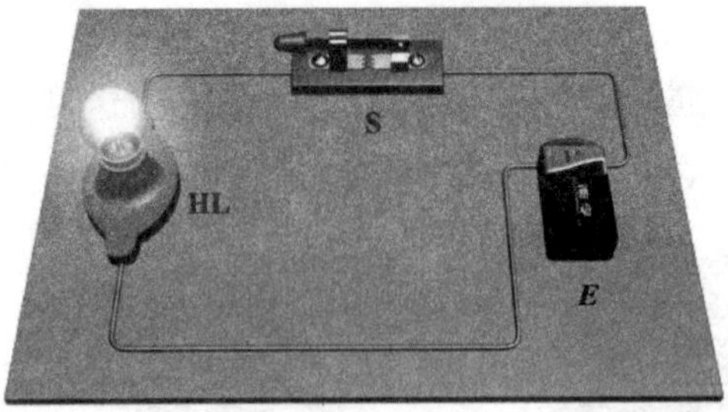

图2-6　通路

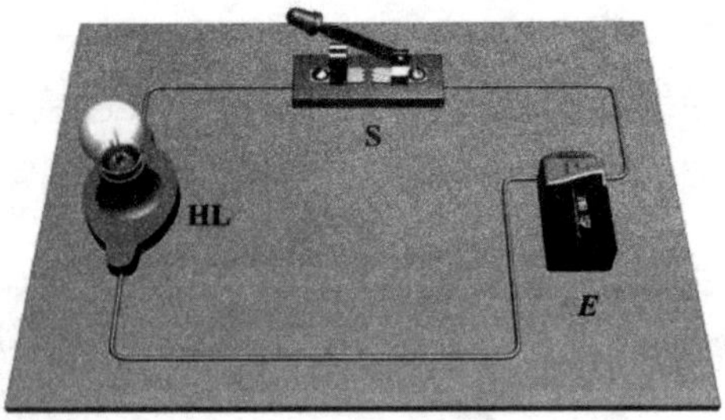

图2-7　断路

2. 开路（断路）

电路某处断开，电路中没有电流通过，如图 2-7 所示。

3. 短路（捷路）

当电源两端或电路中某一部分被导线直接相连，电路中的电流不再经过负载，经过连接导线直接流回电源，这种状态称为短路，如图 2-8（a）、（b）所示。

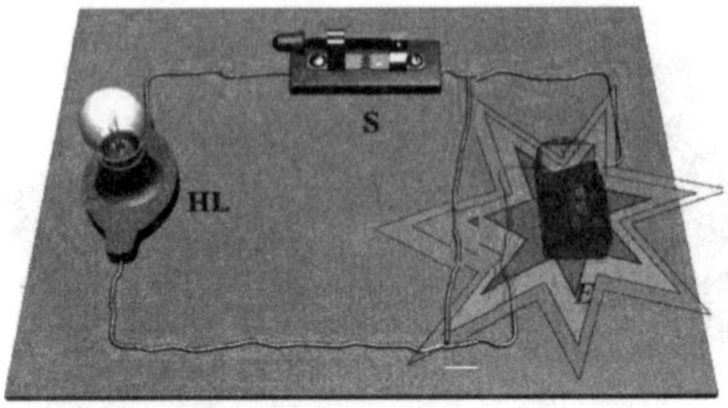

（a）电源短路

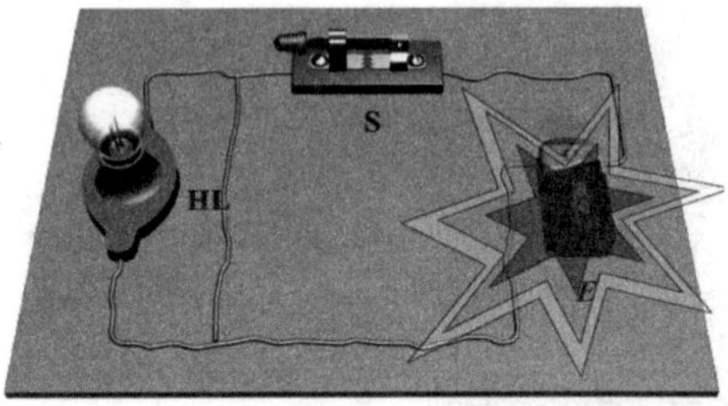

（b）负载短路

图2-8　短路

温馨提示

一般情况下，短路时电流很大，是一种非常严重的电路故障，应该尽量避免。为此，电路中一般要安装熔断器进行短路保护。但在调试电子设备的过程中，为了使与调试过程无关的部分没有电流通过，常采用将这一部分电路短路的方法。

如图 2-9 所示电路处于何种工作状态？

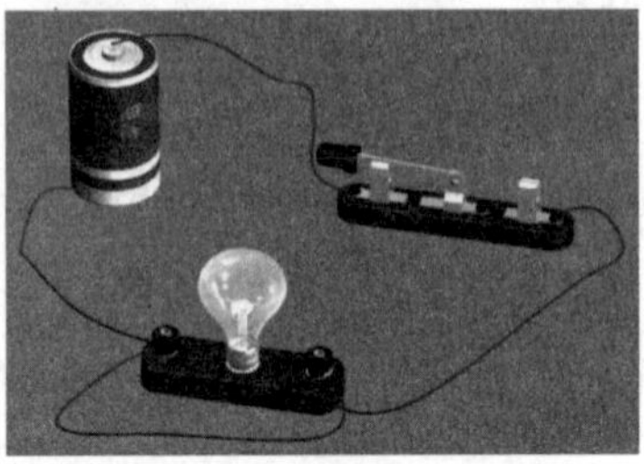

图2-9　电路的实物路

步骤 3：认识电路图

图 2-10（a）所示为电路的实物图，它虽然直观、形象，但画起来很复杂，不便于分析和描述电路。因此，在设计、安装或修理各种电路时，常使用一些简洁的文字、符号来表述实际电路中的器材、元件等。这种用规定的图形符号来表示电路连接情况的图称为电路图，也称电路原理图，如图 2-10（b）所示。

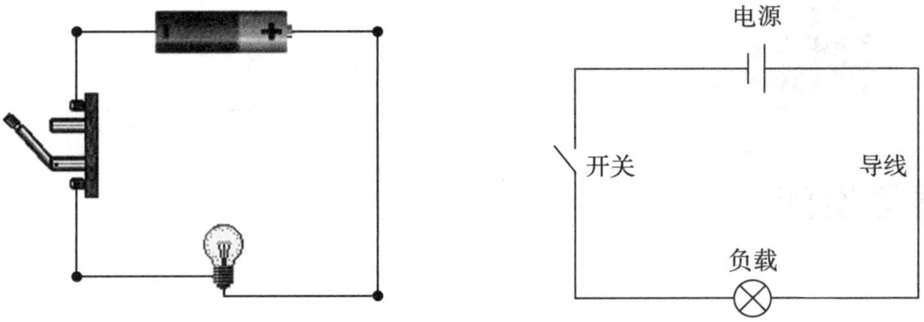

（a）实物图　　（b）电路图

图2-10　电路的实物图与原理图

电路图中常用的图形符号见表 2-1。

表2-1　电路图中常用的图形符号

名　称	实物图	图形符号	名　称	实物图	图形符号
电阻（R）	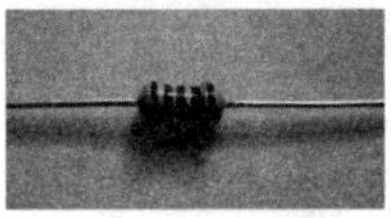	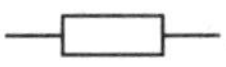	电池（E）		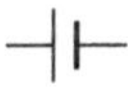
电位器（RP）		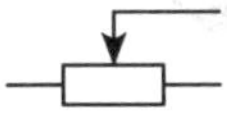	电流表（A）		
电 灯（HL）			电压表（V）		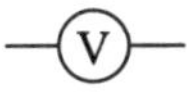
熔断器（FU）	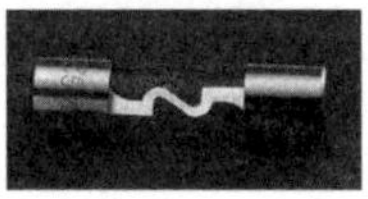	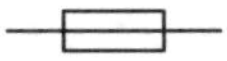	开关（S）		

（续表）

名　称	实物图	图形符号	名　称	实物图	图形符号
电感（L）			接地		
电容（C）		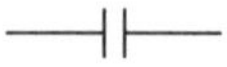	接机壳		

任务检测

1. 电路是 ________ 流经的路径，电路由 ________、________、________、________ 四部分组成。

2. 电路有 ________、________、________ 三种状态。

3. 练习绘制常用电器图形符号。

4. 画出图 2-11 所示电路的电路图，想一想该电路可以实现什么功能。

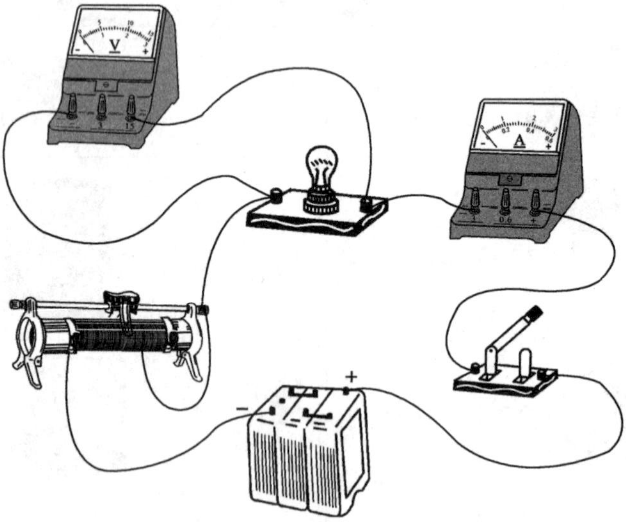

图2-11　任务检测第4题电路图

任务二　认识电路中常用物理量

任务描述

在图 2-1 所示的电路中，开关闭合后小灯泡为什么能发光？小灯泡发光将电能转化为光能和热能，那么它转换了多少电能？ 100 W 的灯泡为什么比 40 W 的灯泡亮？通过本任务的学习，我们将能解开这些谜团。在本任务中我们将学习描述电路各方面特性的主要物理量：电流、电压、电能、电功率等。这些内容是我们熟悉电路、理解电路的基础。

任务目标

1. 理解电流、电压、电位、电动势、电能、电功率的概念；
2. 会测量电路中的电流、电压和电能；
3. 会简单计算电路中的电流、电压、电能和电功率。

任务实施

一、任务准备

物质是由分子构成的，分子是由原子构成的，而原子是由带负电的核外电子和带正电的原子核构成的，所以任何物质都是由大量带电粒子（电子和原子核）组成的。有的物质内部所有带电粒子都是不可移动的，所以这些带电粒子称为非自由电荷，这样的物质就是通常说的绝缘体，它是不能导电的。有的物质内部有大量的带电粒子是可以自由移动的，这些带电粒子称为自由电荷，这类物质就是通常所说的导体。

自由电荷有正电荷和负电荷两种，在电场力的作用下，正电荷由电位高的点向电位低的点移动，而负电荷相反，将向电位高的点移动。我们用电荷量来表示电荷的多少，电荷量的单位是库仑（C）。

二、任务过程

步骤 1：认识电流

1. 电流的形成

电荷有规则地定向移动形成电流，如图 2–12 所示。在不同的导电材料中，形成电流的电荷是不同的。在金属导体中，形成电流的电荷是自由电子，它是一种负电荷；在电离了的气体或电解液中，形成电流的电荷是正、负离子。

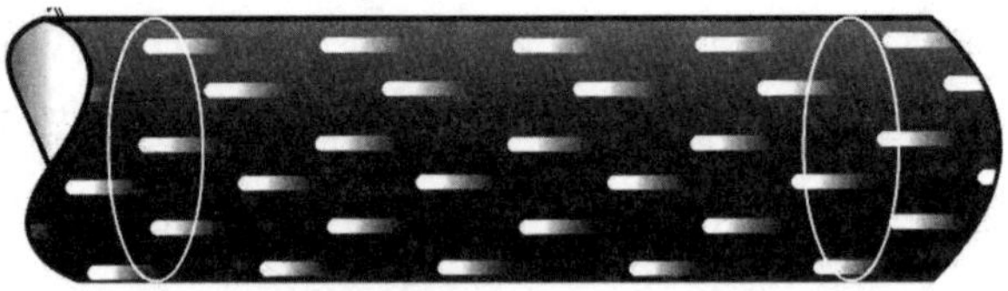

图2–12　电流的形成

2. 电流的方向

正、负电荷在电场力的作用下将向两个相反的方向运动，而电流的方向我们规定为正电荷定向移动的方向，即与电子定向移动的方向相反，如图 2–13 所示。

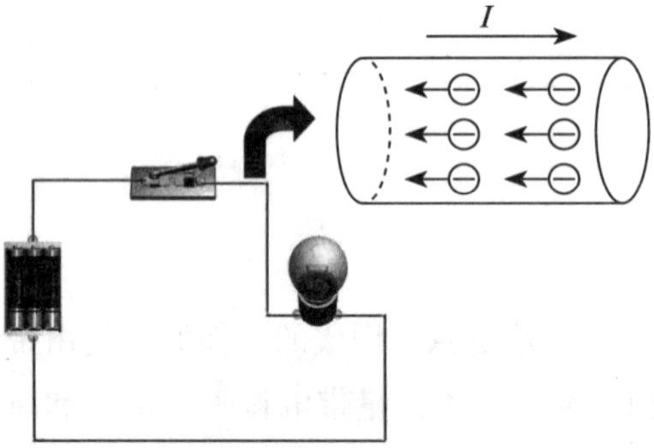

图2–13　电流的方向

对于简单一点的电路我们可以判断出电路中电流的实际方向，如图 2–14（a）所示，电流的方向为顺时针方向；但对于较复杂的电路，电流的实际方向一般很难确定，如图 2–14（b）所示。为此引入参考方向的概念。参考方向是一种假定的方向，可以任意指定，参考方向不一定就是电流的实际方向。实际方向必须根据计算结果判断：

（1）得数为正，$I>0$：说明参考方向和实际方向相同；

（2）得数为负，$I<0$：说明参考方向和实际方向相反。

如图 2–14（b）所示电路中标出的 I_1、I_2、I_3 的方向均为参考方向，若经过计算后

$I_3>0$，说明电流 I_3 实际方向与图中所标方向相同：从上向下；若经过计算后 $I_3<0$，说明电流 I_3 实际方向与图中所标方向相反：实际方向是从下向上的。

注意：电流为负值，并不表示电流小于零，而是表示它的实际方向与所标参考方向相反。对电路进行分析计算时，必须在电路图中标明电流的参考方向，今后除非特别说明，电路图中标出的电流方向都是参考方向。当然，为了避免计算结果为负值，参考方向尽量标与实际方向相同。

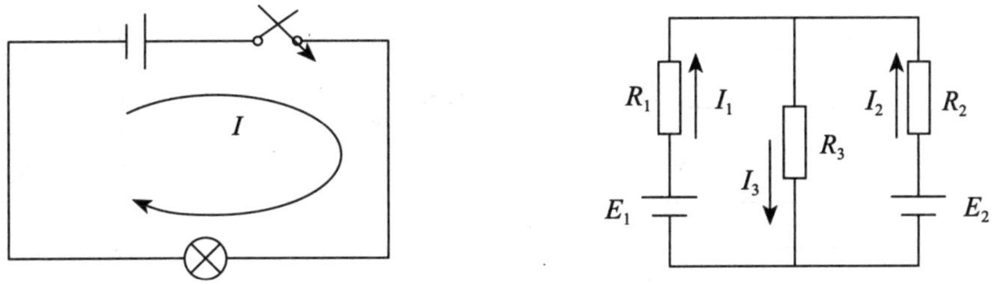

（a）　　　　（b）

图2-14　电流的参考方向

3. 电流的大小

电流的大小定义为：单位时间内通过导体横截面积的电荷量。用 I 表示，其定义式为

$$I=\frac{Q}{t} \tag{2-1}$$

式中，I——电流，单位为安培，简称安（A）；

Q——电荷量，单位为库仑，简称库（C）；

t——时间，单位为秒（S）。

4. 电流的单位

在国际单位制（简称 SI）中，电流的基本单位是安培，符号为 A。实际应用中常用毫安（mA）、微安（μA）等较小单位。

$$1\ \text{mA}=10^{-3}\text{A} \qquad 1\ \mu\text{A}=10^{-6}\ \text{A}$$

【例 2-1】在 10 min 内均匀通过某导体横截面积的电量为 36 C，求：导体中的电流是多少 mA？

解：$I=\frac{Q}{t}=\frac{36}{10\times60}=0.06\ \text{A}=60\ \text{mA}$

说明：公式 $I=\frac{Q}{t}$ 是定义式，一般在实际计算中不常用。

5. 电流的分类

实际电路中的电流有两大类：直流电流和交流电流。直流电流又分稳恒直流电流和脉动直流电流。见表 2-2。

表2-2　电流的分类

名称 项目	直流电流		交流电流
	稳恒直流电流	脉动直流电流	
特点	电流的大小和方向均不随时间变化	电流的大小随时间变化，方向不随时间变化	电流的大小和方向均随时间做周期性变化
符号	DC −		AC ~
图像	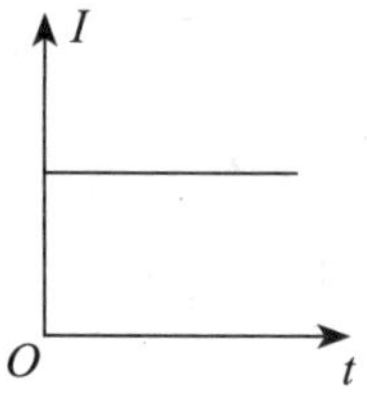	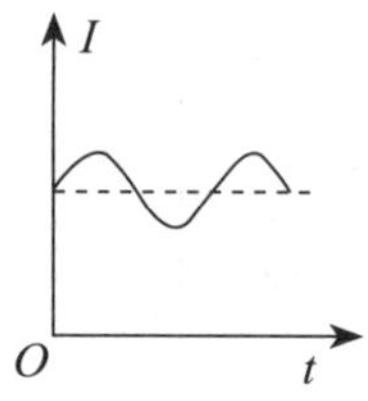	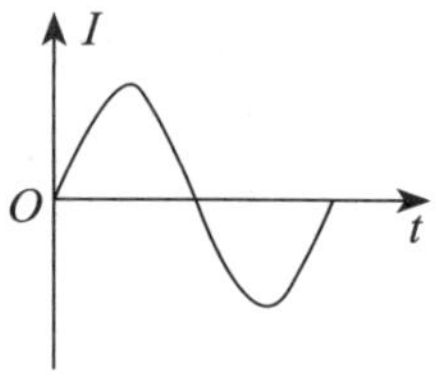

6. 电流的测量

测量电流可以用电流表或万用表的电流挡，测量时要求注意以下步骤：

（1）电流表应串联在电路中，如图 2-15 所示。

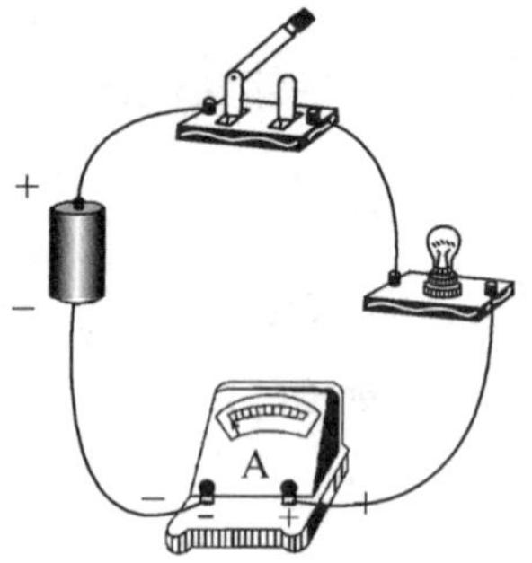

图2-15　电流表接线图

（2）测直流电流时，电流应从“+”接线柱流进、“−”接线柱流出。

（3）应选择合适的量程，指针偏转到满刻度 2/3 以上位置，说明量程选择是合适的。

步骤 2：认识电压

1. 电压的形成

在通常情况下，导体中电荷的运动是杂乱无章的，因而不能产生电流。要使导体中有电流通过，导体两端必须有电压的作用。如图 2-16（a）所示为一条水路，水管中水若要定向流动必须有水压的作用，水路存在水压保证了水持续流动。如图 2-16（b）所示为一个电路，电路中存在电压才能使电荷持续流动。我们知道：水压是由重力或压力产生的，而电压则是由电荷之间的引力或斥力，即电场力的作用产生的。

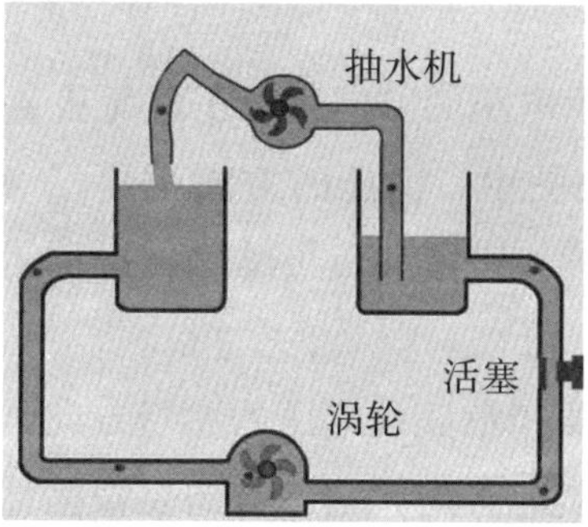

（a）水路

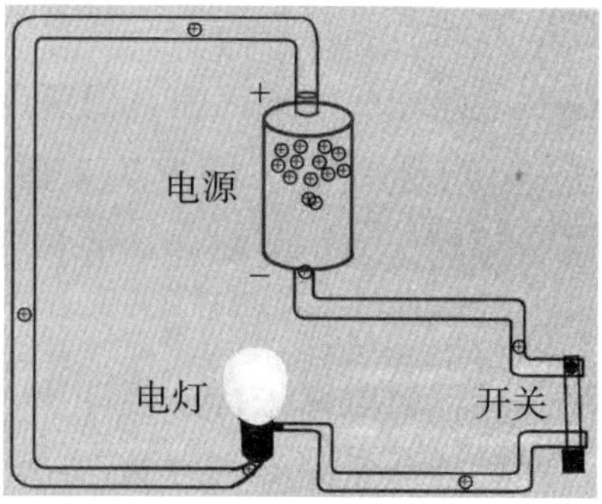

（b）电路

图2-16　电压的形成

2. 电压的定义

电场力将单位正电荷从 A 点移动到 B 点所做的功称为电压。如图 2-17 所示，记为

$$U_{AB}=\frac{W_{AB}}{Q} \tag{2-2}$$

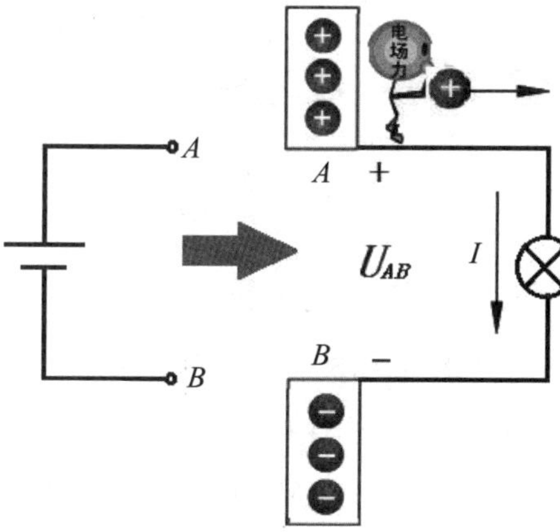

图2-17　电路中电场力做功示意图

式中，U_{AB}——A、B 两点间的电压，单位是伏特（V）；

W_{AB}——电场力将电荷由 A 点移到 B 点所做的功，单位是焦耳（J）；

Q——由 A 点移到 B 点的电荷量，单位是库仑（C）。

3. 电压的单位

在国际单位制中，电压的单位是伏特，简称伏，符号是 V。电压的常用单位有千伏（kV）、毫伏（mV）和微伏（μV）等，它们之间的关系为：

$1\ \text{kV}=10^3\ \text{V}$；$1\ \text{mV}=10^{-3}\ \text{V}$；$1\ \mu\text{V}=10^{-6}\ \text{V}$

4. 电压的方向

电压是对电路中的两点而言，因而用双下标表示电压的方向。若正电荷从 A 点移动到 B 点，则规定电压的实际方向为从 *A* 到 *B* 。在电路图中，电压的方向用“+”和“−”两个符号表示，分别代表正电荷运动的起点和终点，读作正极和负极（因此也称为电压的极性）。

与电流一样，对电路进行分析计算时，有时也要任意假设电压的参考方向，并在电路图中标出。同样，电压的参考方向不一定就是它的实际方向，实际方向要根据计算结果判断。今后，如无特别说明，电路图中所标电压的方向都是指参考方向。

5. 电压的测量

用电压表或万用表的电压挡可以测量电压。测量电压需注意：

（1）电压表应并联在电路中，如图 2−18 所示。

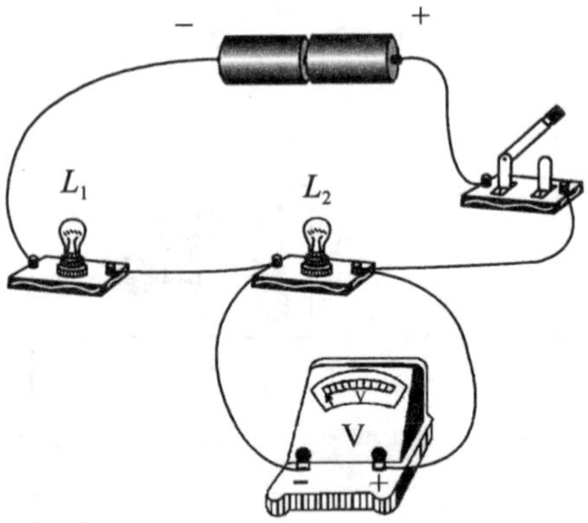

图2−18　电压表接线图

（2）测直流电压时，电压表“+”接线柱接高电位端，“−”接线柱接低电位端。

（3）要合理选择电压表的量程。指针偏转到满刻度 2/3 以上位置，说明量程选择是合适的。

步骤 3：认识电位

电路中的每一点都有一定的电位，就如同空间的每一处都有一定的高度一样。在水路中，由于两点水位在空间高度的差异，形成水位差（水压），才会引起水从高向低流动。同样在电路中，必须有一定的电位差才能产生电流，在电源外部电路中，电流总是从高电位点流向低电位点。

讲高度首先要确定一个计算高度的起点，讲电位也要先指定一个计算电位的起点，这个指定的点称为参考点，用符号“⊥”表示。参考点是可以任意选定的，通常选大地为参考点，在实际电路中也可选取公共点或机壳作为参考点，参考点的电位值规定为 0 V，因此参考点也称为零电位点。

电路中参考点选定后，电路中某一点到参考点的电压就叫作该点的电位。电位用 V 表示，例如电路中某点 A 的电位记作 V_A。电位的单位也是伏（V）。

引入电位的概念后，电路中任意两点之间的电压即为该两点之间的电位差。A、B 两点间的电压可记为

$$U_{AB} = V_A - V_B \tag{2-3}$$

例如，$V_A = 5\ \text{V}$，$V_B = 3\ \text{V}$，那么 A、B 之间的电压为

$U_{AB} = V_A - V_B = (5 - 3)\ \text{V} = 2\ \text{V}$

【例 2-2】如图 2-19 所示电路，试求：

（1）a、b 两点的电位及 a、b 两点间的电压；

（2）改选 b 为参考点，再求 a、b 两点的电位及 a、b 两点间的电压。

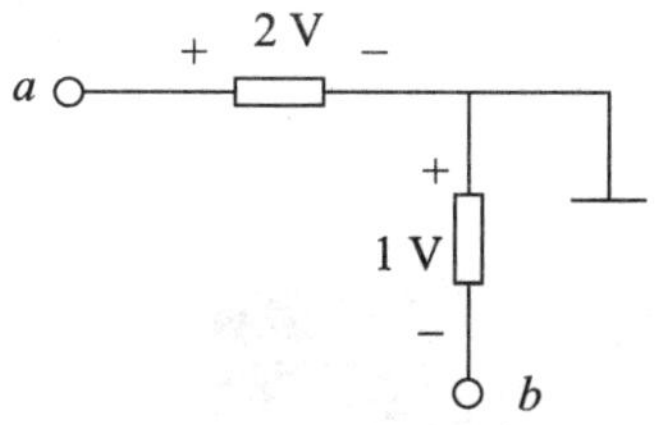

图2-19　例2-2题图

解：（1）$V_a = 2\ \text{V}$，$V_b = -1\ \text{V}$

$U_{ab} = V_a - V_b = 2 - (-1) = 3\ \text{V}$

（2）若改选 b 为参考点：

$V_a = 3\ \text{V}$，$V_b = 0\ \text{V}$

$U_{ab} = V_a - V_b = 3 - 0 = 3\ \text{V}$

由例 2-2 可知：选择的参考点改变后，电路中同一点的电位也会随之改变，所以电位是相对的，其值是不唯一的。但电路中任意两点间的电压是绝对的，其值是唯一的。电位是没有方向的，但电压是有方向的，电压的实际方向即为电位降低的方向。

步骤 4：认识电动势

1. 电动势的形成

如图 2-16（a）所示的水路，当水从高处流向低处，高处的水位越来越低，而低处的水位越来越高，水位差会越来越小，若想维持一定的水位差，必须有抽水机将水从低处不断地抽到高处，这样水路中的水才能持续流动。同样，在图 2-16（b）所示的电路中，正电荷从高电位点（电源正极）流向低电位点（电源负极），两点的电位差也会越来越低，要想维持电源两端电位差（电压）不变，必须将流到负极的正电荷再拉到正极，这个力不是电场力，而是电源内部产生的电源力（也叫非静电力，如干电池中的化学力，发电机中

的电磁力等）。在电源力的作用下，正电荷在电源内部被从负极搬运到正极，形成由负极到正极的电流，电源的正极能不断地积累着大量的正电荷，负极积累着大量的负电荷，从而电源两端能维持一定的电压。在这个过程中电源力要做功，实现了将其他形式的能转换为电能的过程，做的功越大，则电源的本领就越大。

2. 电动势的定义

电源力将单位正电荷从电源的负极通过电源内部移送到正极时所做的功称为电源的电动势。用符号 E 表示，单位也是伏特（V）。其表达式为

$$E=\frac{W}{Q} \tag{2-4}$$

式中，E——电源电动势，单位是伏特（V）；

W——电源力移动正电荷所做的功，单位是焦耳（J）；

Q——电源力移动的电荷量，单位是库仑（C）。

3. 电动势的大小

图2-20　干电池电动势的标注

如图 2-20 所示为干电池实物图上标注了“1.5 V”及“9 V”，分别表示两种干电池的电动势为 1.5 V 和 9 V。电动势越大表示电源将其他形式的能量转化为电能的本领越大。

4. 电动势的方向

电动势只存在于电源内部，因此，电动势的方向规定为在电源内部由电源负极指向正极，即从电源的低电位指向电源的高电位，与电源两端电压的方向相反。其标注方法如图 2-21 所示。

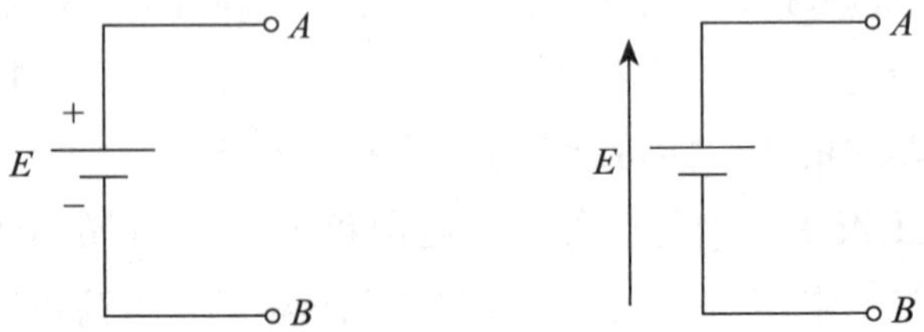

图2-21　电动势的方向

步骤 5：认识电能

1. 电能的产生

导体两端加上电压，内部就会建立电场，电场力就会推动自由电荷定向移动形成电流，此时电场力要做功，电场力所做的功我们称为电功，用 W 表示。电功的大小与导体两端的电压 U、流过导体的电流 I 以及通电时间 t 成正比，其表达式为

$$W = UIt \tag{2-5}$$

式中，W——电场力做的功，单位是焦耳（J）；

U——导体两端电压，单位是伏特（V）；

I——流过导体的电流，单位是安培（A）；

t——通电时间，单位是秒（s）。

电场力做功的过程实际上是电能转化为其他形式的能的过程，电场力做了多少功，电路就消耗了多少电能，在工程上我们一般将“电功”就称为“电能”。

2. 电能的单位

在国际单位制中，电能的单位是焦耳（J），焦耳这个单位太小，使用不方便，所以实际中常用千瓦时（kW·h）俗称“度”，作为电能的单位。它们之间的换算关系为

$$1\text{ 度} = 1\ \text{kW·h} = 1\,000\ \text{W} \times 3\,600\ \text{s} = 3.6 \times 10^6\ \text{W·s} = 3.6 \times 10^6\ \text{J} \tag{2-6}$$

3. 电能的测量

电能是用电能表进行测量的，电能表又称电度表，其外形和接线如图 2-22 所示。

电能表的接线规则为：1、3 孔接电源进线，2、4 孔接电源出线。

图2-22　电能表

【例 2-3】一把电烙铁接在 220 V 的电路中，通过的电流是 350 mA，问通电 1 h 消耗的电能为多少焦？合多少千瓦时？

解：$W = UIt = 220\ \text{V} \times 0.35\ \text{A} \times 3\,600\ \text{s} \approx 2.77 \times 10^5\ \text{J} = 0.077\ \text{kW·h}$

步骤 6：认识电功率

为什么用大电炉烧水比小电炉烧水速度快?

1. 电功率的定义

电功率是描述电流做功快慢的物理量。电流在单位时间内所做的功称为电功率，用 P 来表示。其表达式为

$$P=\frac{W}{t}=UI \tag{2-7}$$

2. 电功率的单位

在国际单位制中，功率的单位是瓦（W），常用的单位还有千瓦（kW）和兆瓦（MW），它们之间的换算关系为

$$1\ \text{MW}=10^6\ \text{W}\text{；}\ 1\ \text{kW}=10^3\ \text{W} \tag{2-8}$$

3. 额定功率与实际功率

（1）额定功率

为了使电器能安全、可靠地工作，对电器的工作电压和电流都有一个规定值。这个规定值就称为电器的额定电压和额定电流。额定电压和额定电流的乘积，称为电器的额定功率。额定电压、电流、电功率统称为用电器的额定值。

额定值是指用电器长时间工作而不被损坏时的最大数值。若超过这个数值，就会损坏电气设备，或影响它的使用寿命，一般都标注在设备的铭牌上。例如白炽灯上标有的“220 V、100 W”，就是指白炽灯的额定电压为 220 V，额定功率为 100 W。各种电气设备都应在额定状态下运行，才是最经济和最安全的。

（2）实际功率

用电器在实际电压下工作时所消耗的功率为实际功率。用电器实际消耗的功率 $P=UI$，U、I 分别为用电器两端实际电压和通过用电器的实际电流。

例如：将额定电压为 220 V、额定功率为 40 W 的白炽灯接在 220 V 的电路中，通过灯泡的电流为

$$I=\frac{P}{U}=\frac{40}{220}=0.182\ \text{A}$$

灯泡的电阻为

$$R=\frac{U}{I}=\frac{220}{0.182}=1209\ \Omega$$

当电路电压降为 200 V，灯泡的实际功率为

$$P_{实}=\frac{U^2}{R}=\frac{200^2}{1209}=33.1\ \text{W}$$

因为电压下降，白炽灯的功率由 40 W 下降为 33.1 W，灯光变暗。

当电路电压升为 240 V，实际功率为

$$P_{实}=\frac{U^2}{R}=\frac{240^2}{1209}=47.64\ \text{W}$$

因为 47.64 W > 40 W，白炽灯处于过载状态，虽然发光亮度增加，但白炽灯的寿命大大下降。

【例 2-4】“220 V、40 W”的白炽灯，接在 220 V 的供电线路上，求取用的电流？若平均每天使用 5 h，电价是每千瓦时 0.55 元，求每月（以 30 天计）应付的电费。

解：因为

$$P=UI$$

所以

$$I=\frac{P}{U}=\frac{40}{220}\ \text{A}\approx 0.18\ \text{A}$$

每月用电时间为

$$5\times 30\ \text{h}=150\ \text{h}$$

每月消耗的电能为

$$W=Pt=0.04\times 150\ \text{kWh}=6\ \text{kWh}$$

每月应付的电费为

$$0.55\times 6\ 元=3.3\ 元$$

任务检测

1. 某电路的计算结果为：$I_1=2$ A，$I_2=-3$ A，正确的说法为（　　）

   A. 电流 I_1 与 I_2 方向相反　　　B. 电流 I_1 大于电流 I_2

   C. 电流 I_2 大于电流 I_1　　　D. I_2 的实际方向与参考方向相同

2. 如果在 5 min 内通过截面积为 4 mm^2 导体的电荷量是 3 C，试求导体中的电流大小。

3. 电压与电位有何相同点和不同点？

4. 电动势与电压有何相同点和不同点？

5. 一盏电灯接在 220 V 的家庭电路中，灯泡中通过的电流是 0.3 A，每天通电 5 h，求：每月（30 天）消耗多少焦耳的电能？合多少度？

6. 一只 220 V/40 W 的白炽灯正常发光时，它的灯丝电阻是多少？当它接在 110 V 的电路上，它的实际功率是多少？（不考虑温度对电阻的影响）

任务拓展

某家庭中有电冰箱 1 台（110 W），电热水壶 1 个（2 kW），照明电灯 5 盏（40 W/ 盏），是否可以安装标有“220 V、5 A”字样的电能表?

任务三 认识电阻

任务描述

电阻器是一种最常见、应用最广泛的电子元器件之一，它在电路中可以构成许多功能电路。电阻器在电路中不仅可以单独使用，而且在更多的情况下是与其他元器件一起构成具有各种功能的电路。因此会识别电阻、检测电阻是学生必备的基本技能。通过本任务的学习能够对电阻有一个全面的了解，为后续课程的学习奠定基础。

任务目标

1. 理解电阻的定义及电阻定律;
2. 掌握常用电阻器的种类、参数及标注方法并会识读。
3. 会使用万用表测量电阻器和电位器。

任务实施

一、任务准备

MF-47 型万用表一块，色环电阻器（四环或五环），贴片和其他标注方法的电阻器若干。

二、任务过程

步骤 1：认识电阻和电阻定律

1. 电阻的定义

电流通过导体时，定向移动的电荷与导体内的其余粒子不断发生碰撞，因此，电流通过导体时要受到导体的阻碍。表示导体对电流的阻碍作用大小的物理量叫作电阻，用字母 R 来表示。电阻的国际单位是欧姆（Ω），常用单位有千欧（kΩ）和兆欧（MΩ）。它们之间的关系是

$$1\ \text{k}\Omega = 10^3\ \Omega\ ;\ 1\ \text{M}\Omega = 10^6\ \Omega \tag{2-9}$$

2. 电阻定律

在一定的温度下，一般可以认为各种固定电阻器的阻值为常数，与电压或电流无关，称为线性电阻。线性电阻的阻值不仅与导体自身的材料有关，而且与导体的长度成正比，与导体的横截面积成反比，这个结论叫电阻定律。用公式表示为

$$R = \rho \frac{L}{S} \tag{2-10}$$

式中，R——导体的电阻，单位是欧姆（Ω）；

ρ——电阻率，反映材料的导电性能，单位：欧姆·米（Ω·m）；

L——导体的长度，单位：米（m）；

S——导体的横截面积，单位：平方米（m^2）

不同材料的电阻率 ρ 不同，通常在 $\rho = 10^{-8} \sim 10^{18}\ \Omega \cdot \text{m}$ 之间，说明不同材料的导电性能不同，ρ 越大导体的导电性能越差。在金属导体中，银的电阻率最小，导电性能最好，但价格昂贵，铜和铝的电阻率也较小且价格适宜，所以通常用铜或铝作为导电材料，其中铜用得最多。

3. 电阻与温度的关系

各种材料的电阻率都会随温度的变化而变化。一般说来，金属的电阻率随温度升高而增大；电解液、半导体和绝缘体的电阻率则随温度升高而减小；而有些合金如锰铜合金和镍铜合金的电阻率几乎不受温度变化的影响，常用来制作标准电阻。几种常用材料的温度系数见表 2-3。

表2-3　几种常用材料在20℃时的电阻率

用　途	材料名称	电阻率 ρ（Ω·m）	电阻温度系数 α（1/℃）
导电材料	银	1.6×10^{-8}	0.0036
	铜	1.7×10^{-8}	0.004

（续表）

用　途	材料名称	电阻率 ρ（Ω·m）	电阻温度系数 α（1/℃）
导电材料	铝	2.8×10^{-8}	0.0042
	铁	10×10^{-8}	0.005
电阻材料	钨	5.5×10^{-8}	0.0045
	锰铜	44×10^{-8}	0.000006
	康铜	48×10^{-8}	0.000005
	镍镉铁	1.0×10^{-8}	0.00013
	碳	35×10^{-8}	0.00008

利用某些材料对温度的敏感特性，可以制成热敏电阻。电阻值随温度升高而减小的热敏电阻称为负温度系数的热敏电阻（简称 NTC 热敏电阻），电阻值随温度升高而增大的热敏电阻称为正温度系数的热敏电阻（简称 PTC 热敏电阻）。

热敏电阻在家电产品中应用非常广泛。PTC 热敏电阻广泛应用于彩色电视机温度补偿及过载保护电路和消磁电路、电冰箱压缩机启动电路及过热或过电流保护等电路中，它还可用于电驱蚊器和卷发器、电暖器等小家电。NTC 热敏电阻广泛应用于电冰箱、空调器、微波炉、电烤箱、复印机、打印机等家电及办公产品，在温度检测、温度补偿、温度控制、微波功率测量及稳压控制时应用。

步骤 2：会识别电阻器

1. 电阻器的种类和符号

电阻器是由各种不同电阻率的材料制成的。按外形可分为固定式和可变式；按制造材料可分为膜式可变和金属绕线式；按特性分还有常用的敏感型（热敏、光敏和压敏等）。白炽灯、电炉和电烙铁等器件也可以看作电阻器。常见的电阻器如图 2-23 所示。

（a）碳膜电阻器

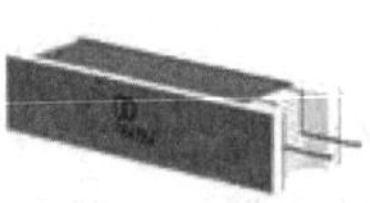
（b）RJ 水泥电阻器

（c）热敏电阻

（d）压敏电阻

（e）贴片电阻器

（f）金属膜电阻器

（g）线绕电阻器

（h）光敏电阻

（i）微调电阻

（j）电位器

图2-23　常见电阻器

常用电阻器的图形符号如图 2–24 所示。

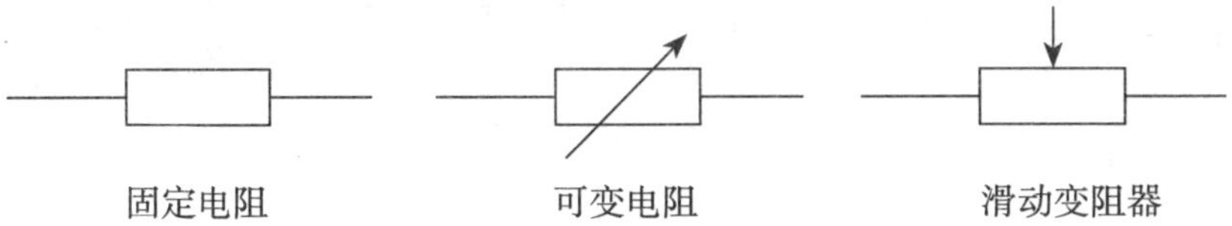

图2–24　常用电阻器的图形符号

2. 电阻器的主要参数

电阻器的主要参数有标称阻值、允许误差和额定功率，见表 2–4。其他参数在特殊要求时才考虑。

表2–4　电阻器的主要参数

名　称	含　义
标称阻值	标志在电阻器表面上的电阻值
允许误差	电阻器的实际值对于标称阻值的最大允许偏差范围
额定功率	电阻器在产品标准规定的气压和温度下，长期连续工作而不损坏或基本不改变电阻器的性能的情况下，电阻器上允许消耗的功率

3. 电阻器参数的标注与识读

（1）直标法

直标法主要用于体积较大（功率大）的电阻器上，标称阻值和允许误差一般都直接标注在电阻体的表面上，如图 2–25 所示。

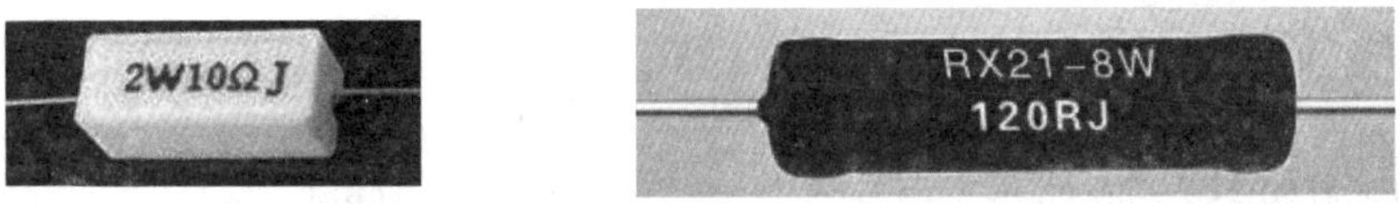

图2–25　直标法

（2）文字符号法

文字符号法是将电阻器的标称值和允许偏差值用数字和文字符号按一定的规律组合标志在电阻体上，分为纯数字表示法和数字字母混标等方法。文字符号法的标注说明见表 2–5。

表2-5　文字符号法

表示方法	特点	说明与举例
纯数字表示法	三位数字	前两位是有效数字，第 3 位表示数字后加“0”的个数，单位是 Ω。例：103 表示 10 000 Ω
	四位数字	前 3 位是有效数字，第 4 位表示数字后加“0”的个数，单位是 Ω。例：1502 表示 15 000 Ω
数字字母混标法（防止小数点在印刷不清时引起误解）	仅表示小数点位置	将小于 1 的数值放在英文字母 R 后面，单位是 Ω。例：6R8 表示电该电阻标称值为 6.8 Ω
	表示小数点位置及电阻的单位	将小于 1 的数值放在英文字母“k”、“M”等后面，单位是 kΩ、MΩ 等。例：3K6 表示电阻值为 3.6 kΩ

（3）色标法

体积较小的电阻器多数采用色标法。颜色实际上代表了一些信息，不同的颜色在不同的位置代表了不同的数值及含义。

① 四色环电阻的识别

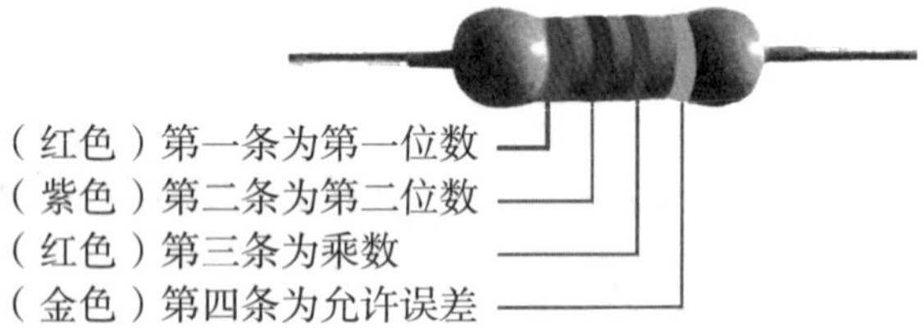

图2-26　四色环电阻

四色环电阻如图 2-26 所示，其中有一条色环与别的色环间相距较大，且色环较粗，读数时应将其放在右边。左边第一条色环表示第一位数字，第二条色环表示第 2 个数字，第三条色环表示乘数（即数字后加“0”的个数），第四条色环也就是离开较远并且较粗的色环，表示误差。由此可知，图中的色环为红、紫、红、金，阻值为 $27\times10^2\Omega = 2.7\ \text{k}\Omega$，其误差为 ±5%。每条色环表示的意义见表 2-6。

表2-6　色环的含义

颜色	Color	第1数字	第2数字	第3数字（5环电阻）	Multiple乘数	Error误差
黑	Black	0	0	0	$10^0=1$	
棕	Brown	1	1	1	$10^1=10$	± 1%
红	Red	2	2	2	$10^2=100$	± 2%
橙	Orange	3	3	3	$10^3=1000$	
黄	Yellow	4	4	4	$10^4=10000$	
绿	Green	5	5	5	$10^5=100000$	± 0.5%
蓝	Blue	6	6	6		± 0.25%
紫	Purple	7	7	7		± 0.1%
灰	Grey	8	8	8		
白	White	9	9	9		
金	Gold	注：第 3 数字是五色环电阻才有			$10^{-1}=0.1$	± 5%
银	Silver				$10^{-2}=0.01$	± 10%

② 五色环电阻的识别

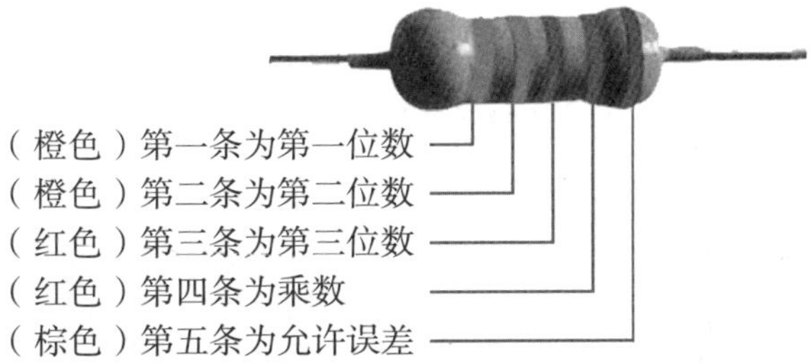

图2-27　五色环电阻

五色环电阻如图 2-27 所示，与四色环电阻相似，首先找出表示误差的色环，将它放在右边（五色环电阻大多数为精密电阻，允许误差多为 ± 1%，用棕色色环表示，因此棕色环一般都在最右边）。然后从左向右，前三条色环分别表示三个数字，第四条色环表示乘数，第五条表示误差。比如：橙橙红红棕表示 $332\times10^2=33.2\ \text{k}\Omega$，误差为 ± 1%。

步骤 3：会用万用表检测电阻器

1. 万用表测量电阻的步骤和注意事项（表 2-7）

表2-7　万用表测量电阻的步骤和注意事项

项目	步骤	注意事项
测量准备	1. 万用表水平放置好 2. 机械调零	
测量过程	1. 根据电阻的标称阻值选择合适的欧姆倍率挡位	指针指示的最佳位置是在欧姆标尺的中间位置；若无法指在中间，偏右比偏左好
	2. 欧姆调零 将红、黑表笔短接，调节欧姆调零旋钮将指针调在欧姆标尺的“0”位置	每换一次挡位，都要重新进行欧姆调零
	3. 测量 红、黑表笔分别搭接在被测电阻两端进行测量	测量过程中，手不能同时接触被测电阻器的两根引脚，以免人体电阻对测量结果的影响；不允许在带电的情况下测电阻，并且被测电阻要与原电路断开
	4. 读数 读取指针所在位置的指示值，再乘以所选倍率，计算出被测电阻的阻值	万用表电阻标尺的刻度线是不均匀的反向刻度线 被测阻值 = 指针指示值 × 所选倍率
	5. 复位	测量完毕，将万用表的转换开关置于交流电压最高挡或“OFF”挡

2. 万用表测电阻步骤图解（图 2–28）

（a）机械调零

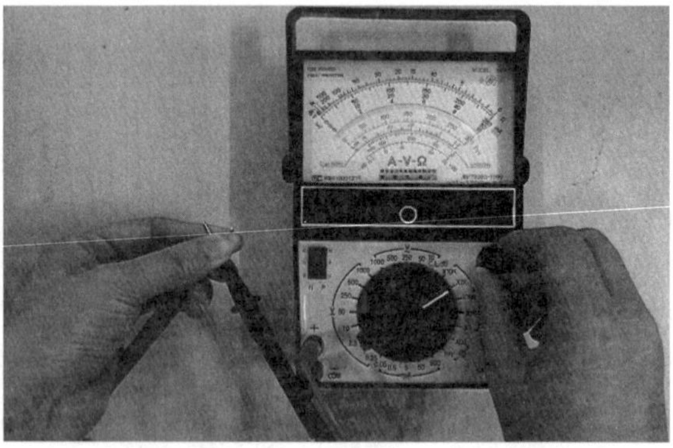

（b）欧姆调零

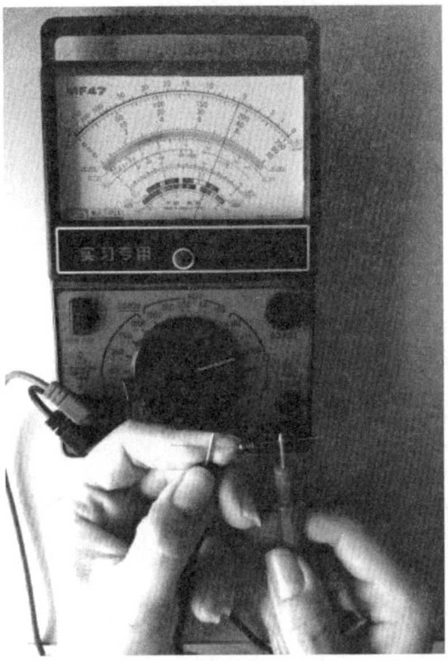

（c）测量

（d）复位

图2-28　万用表测电阻图示

从 5 个不同规格的色环标注的固定电阻器中，每次任意取出一个，将识别和测量的结果记录在表 2-8 中。

表2-8　色环电阻器的识别和测量

序号	识别			测量	
	色环颜色（按顺序填写）	阻值	允许误差	量程	阻值
1					
2					
3					
4					
5					

任务检测

1. 一段铜导线，其长度为 20 cm，截面积为 1.5 mm^2，请计算该导线的电阻值。

2. 请写出以下色环电阻的标称阻值及误差：

橙橙橙金 ______________________；红红棕银 ______________________；

棕黑橙银 ______________________；棕黑红红棕 ____________________；

紫黑黄红棕 ____________________；黄紫棕银 ______________________。

项目小结

1. 电路

电流通过的路径称为电路。电路一般由电源、负载、连接导线和开关四个部分组成。

2. 电路的基本物理量及单位（表 2–9）

表2–9　电路的基本物理量及单位

名称	符号	意义	国际单位
电流	I	单位时间内通过导体横截面的电荷量 $I=\frac{Q}{t}$	A［安］
电压	U	在电场中，单位正电荷在电场力的作用下，在任意两点间移动所做的功 $U=\frac{W}{Q}$	V［伏］
电位	V	单位正电荷在某点所具有的电位能 $V=\frac{W}{Q}$	V［伏］
电动势	E	非静电力把单位正电荷从电源的负极移送到电源正极所做的功 $E=\frac{W}{Q}$	V［伏］
电阻	R	导体对电流的阻碍作用 $R=\rho\frac{1}{S}$	Ω［欧］
电功	W	电流在一段时间内所做的功 $W=UIt$	J［焦］
电功率	P	电流在单位时间内所做的功 $P=UI$	W［瓦］

3. 电阻的主要参数

标称电阻、允许误差和额定功率。可以通过直标法、文字符号法和色标法标注在电阻上，最常用的标注方法是色标法，色码的含义（表 2-10）：

表2-10　电阻的标注方法之一 —— 色标法

颜色	棕	红	橙	黄	绿	蓝	紫	灰	白	黑	金	银
有效数字	1	2	3	4	5	6	7	8	9	0	0.1	0.01
乘积	10^1	10^2	10^3	10^4	10^5	10^6	10^7	10^8	10^9	10^0	10^{-1}	10^{-2}
公偏差	± 1%	± 2%			± 0.5%	± 0.25%	± 1%	± 5% ~20%			± 5%	± 10%

4. 万用表测电阻

万用表测电阻共分五个步骤，分别为：（1）选挡位；（2）欧姆调零；（3）测量；（4）读数；（5）复位。

综合测试

一、填空题

1. 写出下列各物理量在国际单位制中的单位：电流 ________；电压 ________；电阻 ________；电能 ________；电功率 ________。

二、选择题

1. 两根同种材料的电阻丝，长度比 $L_1 : L_2 = 1 : 5$，横截面积比 $S_1 : S_2 = 2 : 3$，则它们的电阻比 $R_1 : R_2$ 是（　　）。

A. 2 ∶ 15　　B. 5 ∶ 10　　C. 3 ∶ 10　　D. 10 ∶ 5

2. 一段导体其电阻为 R，若将其从中间对折合并为一条新导线，其阻值为（　　）。

A. $R/2$　　B. $R/4$　　C. $R/8$　　D. R

3. 有一段 10 Ω 的导线，将它均匀拉长为原来的 2 倍，则其阻值为（　　）。

A. 10 Ω　　B. 40 Ω　　C. 80 Ω　　D. 160 Ω

4. 一根均匀的电阻丝接在 220 V 的电压上，功率为 100 W，现将电阻丝分成等长的两段，将其中的一段接在 110 V 的电压上，其消耗的功率为（　　）。

A. 25 W　　B. 50 W　　C. 100 W　　D. 200 W

5. 下列说法正确的是（　　）。

A. 电阻大的导体电阻率一定大

B. 铜导线的电阻一定比铝导线的电阻小

C. “220 V，40 W”的灯丝比“220 V，100 W”的灯丝细

D. 导体的长度和截面积都增大一倍，其电阻值也增大一倍

6. 电阻的色环是“蓝、灰、绿、金”，可判别其阻值及误差为（　　）。

A. 6.8 MΩ，±5%　　B. 6.8 MΩ，±10%

C. 5.8 MΩ，±5%　　D. 7.9 MΩ，±10%

7. 色环电阻共四位色环，已知该电阻为 390 Ω ±5%，则对应的色环颜色为（　　）。

A. 橙、白、黑、金　　B. 橙、白、棕、金

C. 橙、白、金、金　　D. 橙、白、黑、银

8. 电阻的阻值为 4.5 kΩ，用色环标注其阻值，则相距较近的三道色环的颜色为（　　）。

A. 第一道为黄色，第二道为红色，第三道为橙色

B. 第一道为绿色，第二道为黄色，第三道为绿色

C. 第一道为黄色，第二道为绿色，第三道为红色

D. 第一道为黄色，第二道为绿色，第三道为橙色

9. 用万用表测量电阻时，说法正确的为（　　）。

A. 每更换一次挡位都要重新进行欧姆调零

B. 测量完毕后应将转换开关置于最高欧姆挡

C. 欧姆标尺的刻度是均匀的

D. 选用 R×100 Ω 挡，指针满偏时表示被测电阻为 100 Ω

10. 使用万用表测电阻，选量程时，应尽量使指针指示在标尺满刻度的（　　）。

A. 前 $\frac{1}{3}$ 段　　B. 中间 $\frac{1}{3}$ 段　　C. 后 $\frac{1}{3}$ 段　　D. 任意位置

11. 下列说法错误的是（　　）。

A. 万用表欧姆挡无法调节到零点时，则应更换电池

B. 可以在电路带电时测电阻

C. 测电阻时，万用表转换开关应置于欧姆挡

D. 使用完毕应置于“OFF”档位

12. 用万用表测量 5.1 kΩ 的电阻时，转换开关应置于（　　）。

A. R×1 Ω 挡　　B. R×10 Ω 挡　　C. R×1 kΩ 挡　　D. R×10 kΩ 挡

三、技能题

1. 如图 2–29（a）所示色环电阻。

（1）请根据色环读出电阻的数值（不考虑误差）；

（2）如果用万用表欧姆挡（R×1、R×10、R×100、R×1 K、R×10 K）测量该电阻，请选择合适的量程；

（3）根据图 2–29（b）所示的万用表指针及所选量程，读出被测电阻的实际数值。

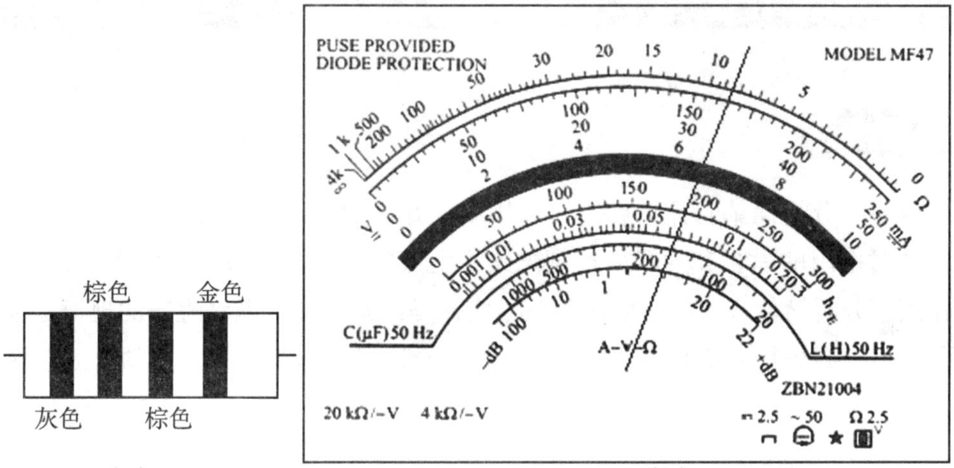

（a）　　　　　　　　（b）

图2–29　技能题1题图

项目三 分析简单直流电路

项目概述

本项目主要分析简单直流电路，可以用串、并联的方法化简的电路。在实际电路中，人们往往通过电阻的串联和并联来控制电路中电流的走向，调整电流的大小，实现分流、分压等作用。分析简单直流电路应用的基本定律是欧姆定律，电路遵守的规律是串联、并联电路的特点。会分析简单直流电路是电工技术要求的基础性内容，必须牢固掌握并会熟练应用。

项目目标

1. 掌握欧姆定律的内容并会熟练应用；
2. 掌握电阻串、并联电路的特点并能灵活应用；
3. 能熟练应用串、并联电路的特点分析混联电路；
4. 掌握绘制混联电路等效电路图的方法。

任务一　探究部分电路欧姆定律

任务描述

当我们打开水龙头使用自来水时，如果水管中的水压大，则水流就较大，如果水管中的水压小，水流也比较小。同样，在电路中，电压和电流也有着类似的规律，即加在同一个电阻上的电压高，则电阻中的电流大，反之，则电流小。这一规律早在 1826 年就由德国物理学家欧姆通过实验总结出来了，所以科学界将它命名为“欧姆定律”。

任务目标

1. 掌握部分电路欧姆定律的内容及相关计算；
2. 能运用部分电路欧姆定律解决实际问题。

任务实施

一、任务准备

分析如图 3–1 所示的电路，思考：用什么方法能让电路中的灯泡变暗些呢？

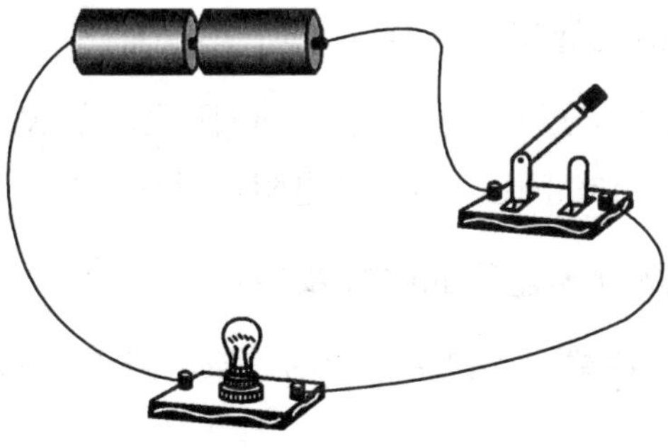

图3–1　电路图

二、任务过程

步骤 1：测试部分电路欧姆定律

要求学生根据图 3-2 所示电路，用所给器材搭建测试电路。并按表 3-1 中的要求，通过滑动变阻器调节电压值，测量各电压对应的电流值，并将数据填入表 3-1 中。

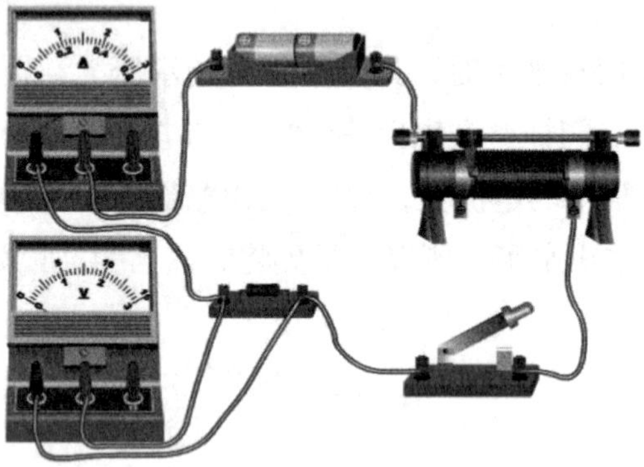

图3-2　测试欧姆定律

表3-1　欧姆定律实验数据

实验次数	电阻 $R=5\ \Omega$	
	电压（V）	电流（A）
1	1	
2	1.5	
3	2	

步骤 2：数据分析和结论导出

要求学生根据测试数据，分析电流、电压、电阻之间的关系，很容易得到以下结论：导体中的电流与它两端的电压成正比，与它的电阻成反比。

步骤 3：学习部分电路欧姆定律的内容及应用

如图 3-3 所示，只含有负载而不包括电源的一段电路称为部分电路。

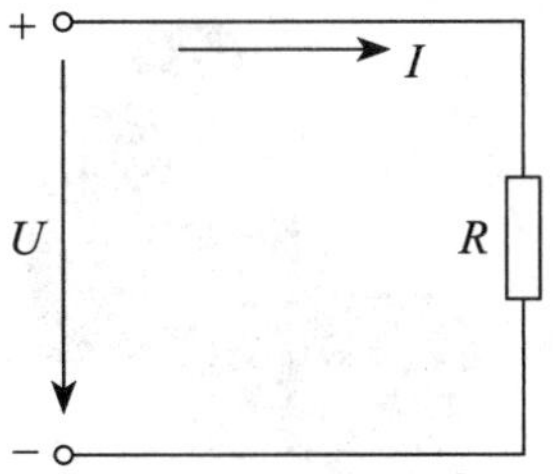

图3–3　部分电路

德国科学家欧姆通过实验证明：流经负载的电流 I 与加在电路两端的电压 U 成正比，与电路的电阻 R 成反比，这一结论称为欧姆定律，用公式表示为

$$I=\frac{U}{R} \tag{3-1}$$

式中，I——流经负载的电流，单位：A（安）；

U——负载两端的电压，单位：V（伏）；

R——电路中的电阻，单位：Ω（欧）。

从式（3–1）中可以看出：如果已知部分电路中的电压、电流、电阻中的任意两个量的数值，就可以求出第三个量，即公式（3–1）还可以写为

$$U=IR$$

或

$$R=\frac{U}{I} \tag{3-2}$$

任务检测

有一电阻炉，接到 220 V 的电压上，通过电炉丝的电流为 20 A，求电炉丝的电阻值。

任务拓展

试电笔是测量电器或设备是否带电的常用工具，其内部装有一只限流电阻（880 kΩ）和发光氖管，当被测量的电器或设备带电时，电流通过限流电阻、发光氖管及人体流入大地，氖管发光指示有电。

图3-4　试电笔测试时流过人体的电流

假设试电笔限流电阻为 880 kΩ，人体电阻为 1 kΩ，如图 3-4 所示，根据部分电路的欧姆定律

$$I=\frac{U}{R}=\frac{220}{(880+1)\times 10^3}=0.25\ \text{mA}$$

此电流很微弱，对人体无伤害。

任务二　研究全电路欧姆定律

任务描述

我们已经学习了部分电路欧姆定律，研究的是不包括电源的电路。而完整的电路都是包含电源在内的，包含电源的电路我们称为全电路。那么，在全电路中电流由哪些因素决定的呢？这就是全电路欧姆定律要研究的内容。

任务目标

1. 理解全电路欧姆定律的内容及其相关计算；
2. 了解电源的外特性。

任务实施

一、任务准备

如图 3−5 所示为最简单的全电路，它由两部分组成，一部分是电源内部的电路，称为内电路，如电池的内部；另一部分是电源外部的电路，称为外电路，包括用电器和导线等。图 3−5 中，虚框内为内电路，电源内部也是有电阻的，我们称为内电阻，用 R_0 代表电源的内电阻，E 代表电源电动势；外电路的电阻称为外电阻，用 R 代表外电阻。

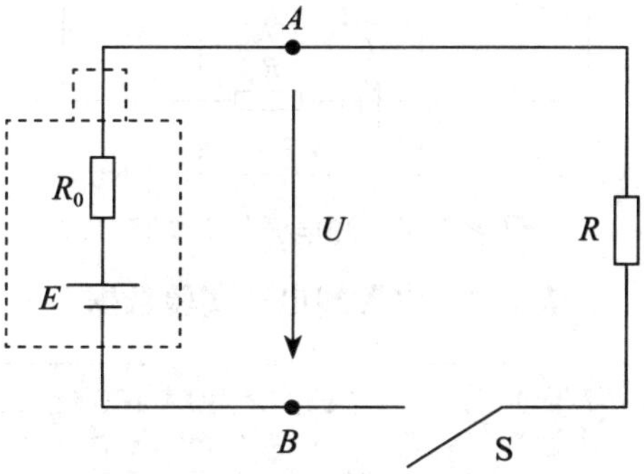

图3−5　全电路

二、任务过程

步骤 1：学习全电路欧姆定律的内容及应用

在全电路中，电流与电源电动势成正比，与电路的总电阻（外电阻和内电阻之和）成反比，这就是全电路欧姆定律。用公式表示为

$$I=\frac{E}{R+R_0} \tag{3-3}$$

【例 3−1】在图 3−5 所示的全电路中，已知电源的电动势 $E=24$ V，内阻 $R_0=2\ \Omega$，外电阻 R = 6 Ω，求：（1）电路中的电流；（2）电源的端电压。

解：

（1）由全电路的欧姆定律可知，电路中的电流为

$$I=\frac{E}{R+R_0}=\frac{24}{6+2}=3\text{A}$$

（2）电源的端电压为

$$U = E - IR_0 = 24 - 3 \times 2 = 18\ \text{V}$$

步骤 2：研究电源的端电压

指导学生在面包板上按图 3-6 搭建实验电路，并按表 3-2 中的要求，通过滑动变阻器调节外电阻的值，测量电路中电流和电源的端电压，并将数据填入表 3-2 中。

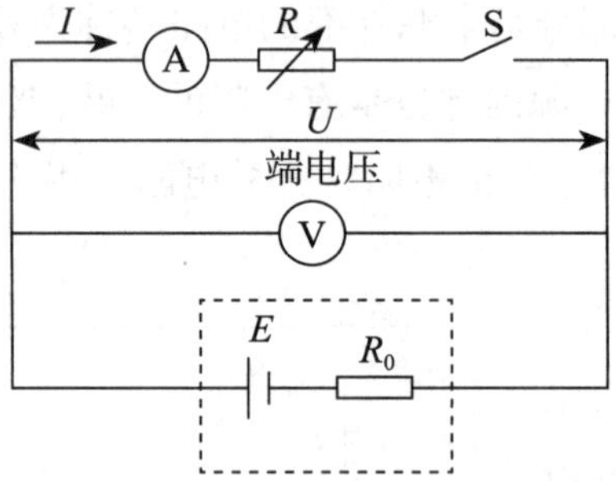

图3-6 测电源的端电压

表3-2 电源端电压实验数据

$E=3\ \text{V}$，$R_0=2\ \Omega$，R为$0\sim100\ \Omega$		
外电阻 R	电流（A）	电压（V）
28Ω		
8Ω		
3Ω		

结论：当负载电阻 R 减小时，电路中电流 I __________，电源端电压 U __________。

想一想

你能将以上测量数据在图 3-7 所示的直角坐标系中描画出 U 和 I 的关系曲线吗？

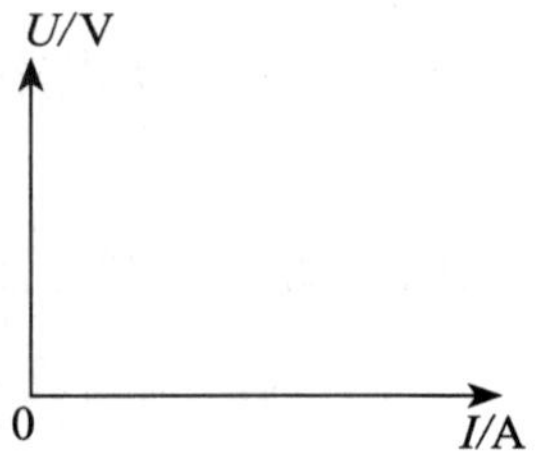

图3-7 U和I的关系曲线

步骤 3：研究电源的外特性

由以上实验数据可以看出：电源端电压是随负载变化的，随着外电阻的增加端电压增加，随着外电阻的减小端电压减小。从描画的 U 和 I 的关系曲线可以看出：它是一条向下倾斜的直线，如图 3–8 所示。为什么是这样呢？利用全电路欧姆定律很容易解释这个现象。

式 3–3 也可以写成

$$E = IR + IR_0 = U + U_0 \tag{3-4}$$

$$U = E - U_0 = E - IR_0 \tag{3-5}$$

当 R 增加时，$(R + R_0)$ 增加，电流 I 减小，$U = E - IR_0$ 增加；同理可证，当 R 减小时，电流 I 增大，U 将减小。

电源端电压随负载电流的增大而下降，这一规律称为电源的外特性，如图 3–8 所示。

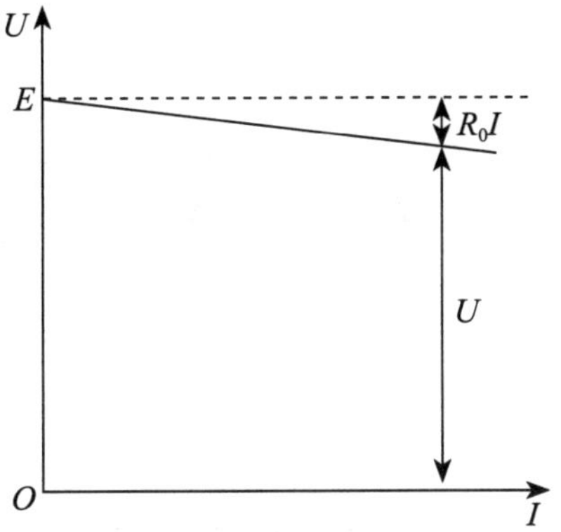

图3–8　电源的外特性

两种特例：

（1）当外电路断路时，R 趋向于无穷大。

$$I = 0$$

$$U = E - IR_0 = E \tag{3-6}$$

电源的电动势等于电源的开路电压。利用这个原理可以用电压表粗略地测定电源的电动势。

（2）当外电路短路时，R 趋近于零，$I = \dfrac{E}{R_0}$，U 趋近于零。电源内阻很小，所以短路时电流很大，会烧坏电源，引起火灾。为防止这类事故，在电力系统中必须安装保险装置，同时，在实验过程中决不允许将导线或电流表直接接到电源上，以防止短路。

任务检测

1. 在图 3-5 中，若已知电源的电动势 $E=24$ V，电源的内阻 $R_0=2\ \Omega$，负载 R 两端的电压 $U=14$ V，试求：

（1）电路的电流 I；（2）负载的电阻 R；（3）电源的内压降。

2. 如图 3-9 所示，已知：$E=6$ V，内电阻 $R_0=0.3\ \Omega$，$R=9.7\ \Omega$，

求：开关 S 分别在 1、2、3 位置时，电流表和电压表的读数各为多少？

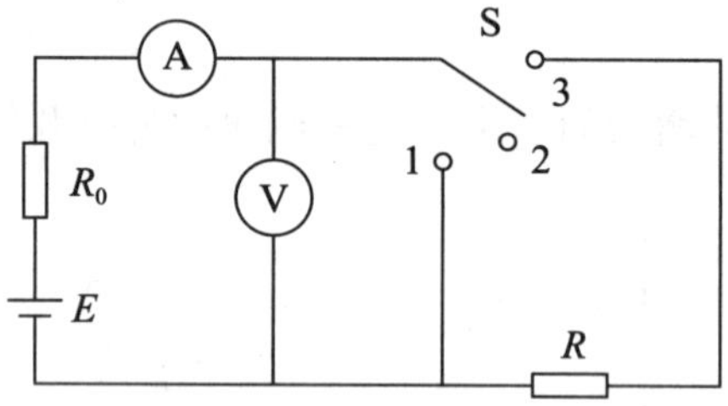

图3-9　电路图

任务三　分析电阻的串联电路

任务描述

圣诞树上挂满了炫丽的彩灯，可是我们发现：有一只小灯坏了，和它邻近的多只彩灯都不亮了；家里配电箱中的熔断器熔断后，所有用电器都断电无法工作。这些现象说明：邻近的多只彩灯是串联的，熔断器和其他用电器也是串联的，串联电路在实际生活中随处可见。

任务目标

1. 了解电阻串联电路的连接方式；
2. 掌握电阻串联的特点及分压和功率分配的规律；
3. 理解扩大电压表量程的原理和方法。

任务实施

一、任务准备

有一盏指示灯额定电压为 110 V，现要接在 220 V 的电路上使用，能直接把指示灯接到电源上吗？若不能如何解决这个问题？

二、任务过程

步骤 1：认识电阻串联电路

将两个或两个以上的电阻首尾依次相接，使电流只有一条通路，这种连接方式称为串联，如图 3–10 所示为三个电阻组成的串联电路。

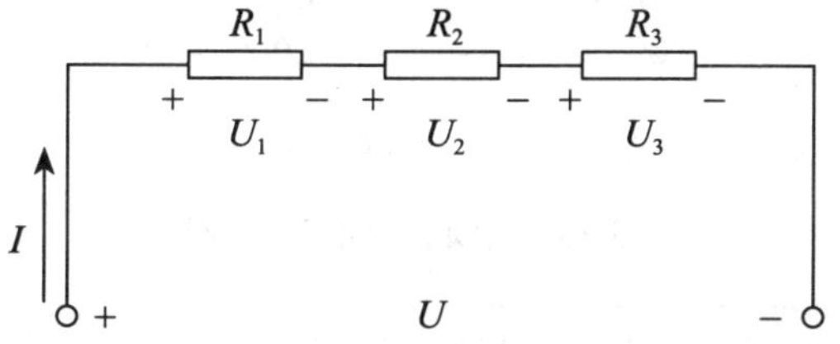

图3–10　串联电路

步骤 2：构建仿真电路并测量串联电路的电流、电压和电阻

要求学生根据任务书的引导用“EWB”仿真软件构建仿真电路，如图 3–11、3–12、3–13 所示。并按表 3–3 中的要求，设置参数，测量各电流值、电压值和总电阻的值，并将数据填入表 3–3 中。

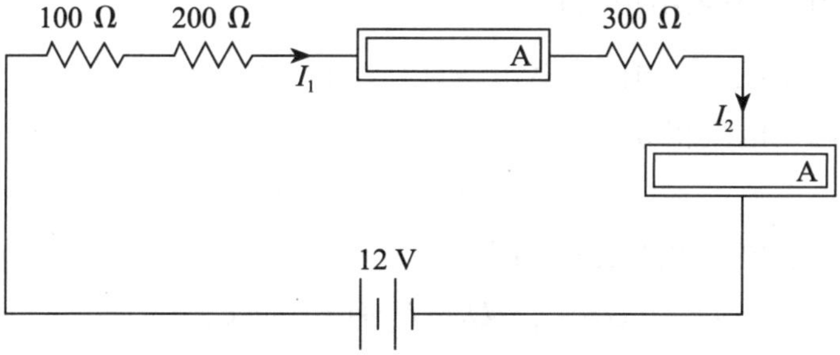

图3–11　串联电路电流

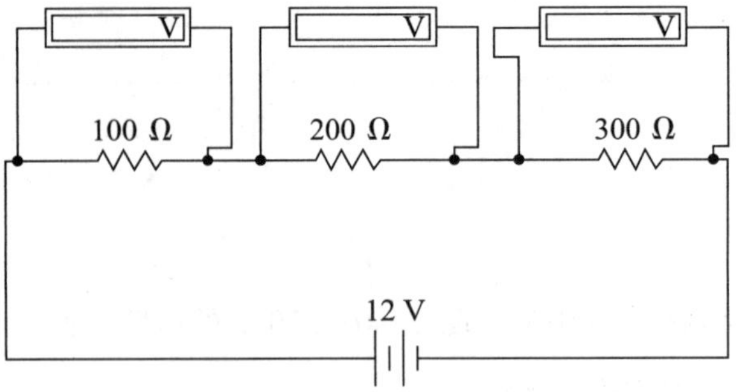

图3-12　串联电路电压

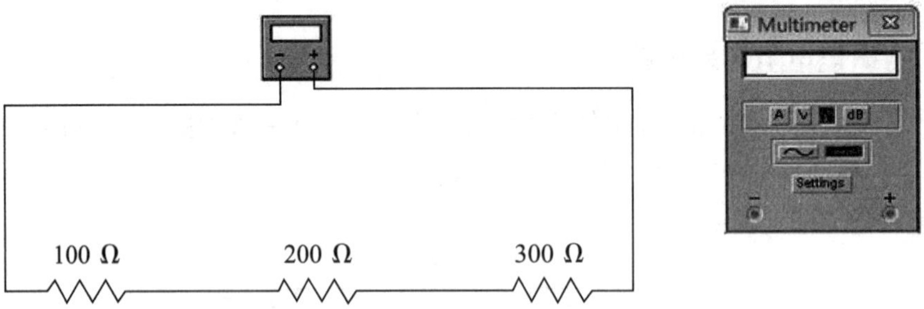

图3-13　串联电路电阻

表3-3　串联电路实验数据

<table>
<tr><td colspan="7">$E = 12$ V，$R_1 = 100$ Ω，$R_2 = 200$ Ω，$R_3 = 300$ Ω</td></tr>
<tr><td rowspan="2">电流（A）</td><td colspan="3">I_1</td><td colspan="3">I_2</td></tr>
<tr><td colspan="3"></td><td colspan="3"></td></tr>
<tr><td rowspan="2">电压（V）</td><td colspan="2">U_1</td><td colspan="2">U_2</td><td colspan="2">U_3</td></tr>
<tr><td colspan="2"></td><td colspan="2"></td><td colspan="2"></td></tr>
<tr><td>总电阻（Ω）</td><td colspan="6">$R =$</td></tr>
</table>

步骤 3：学习电阻串联电路的特点

通过以上实验数据证明，电阻串联电路具有以下主要特点：

（1）通过各电阻的电流相等，即

$$I = I_1 = I_2 = I_3 = \cdots\cdots = I_n \quad (3\text{-}7)$$

（2）总电压等于各电阻电压之和，即

$$U = U_1 + U_2 + U_3 + \cdots\cdots + U_n \quad (3\text{-}8)$$

（3）总电阻等于各个电阻之和，即

$$R = R_1 + R_2 + R_3 + \cdots\cdots + R_n \quad (3\text{-}9)$$

（4）每个电阻两端的电压与它们的阻值成正比，即

$$\frac{U_1}{R_1}=\frac{U_2}{R_2}=\cdots\cdots=I \tag{3-10}$$

每个电阻上分得的电压为

$$U_1=\frac{R_1}{R}U\text{；}U_2=\frac{R_2}{R}U\text{；}U_3=\frac{R_3}{R}U \tag{3-11}$$

（5）每个电阻消耗的功率跟它的阻值成正比，即

$$\frac{P_1}{R_1}=\frac{P_2}{R_2}=\cdots\cdots=I^2 \tag{3-12}$$

步骤 4：电阻串联电路的应用

电阻的串联在实际工作中应用很广泛，例如：利用电阻的串联可以获得较大阻值的电阻；利用串联电阻构成分压器，可使一个电源提供几种不同的电压；在电工测量中，还可以利用串联电阻的方法来扩大电压表的量程等。

【例 3-2】一个 110 V/8 W 的指示灯，如果接到 220 V 的电源上使用。为使该灯泡安全工作，应串联多大的分压电阻？该电阻的功率应为多大？

解：110 V/8 W的指示灯的额定电流为

$$I=\frac{P}{U}=\frac{8}{110}\text{ A}\approx 0.0727\text{ A}$$

将指示灯接到 220 V 的电源上使用时，分压电阻所承受的电压为

$$U_R=(220-110)\text{ V}=110\text{ V}$$

串联的分压电阻为

$$R=\frac{U_R}{I}=\frac{110}{0.072}\ \Omega\approx 1513\ \Omega$$

分压电阻的功率为

$$P=U_RI=110\times 0.0727\text{ W}=8\text{ W}$$

【例 3-3】直流电压表有两个挡位，如图 3-14 所示，使用时电阻 R_1 和 R_2 不慎烧毁，现准备进行维修，已知表头的内阻 $R_g=1\text{ k}\Omega$，满偏电流为 $I_g=100\ \mu\text{A}$，$U_1=10\text{ V}$，$U_2=50\text{ V}$，请分析所要更换电阻 R_1 和 R_2 的阻值是多少？

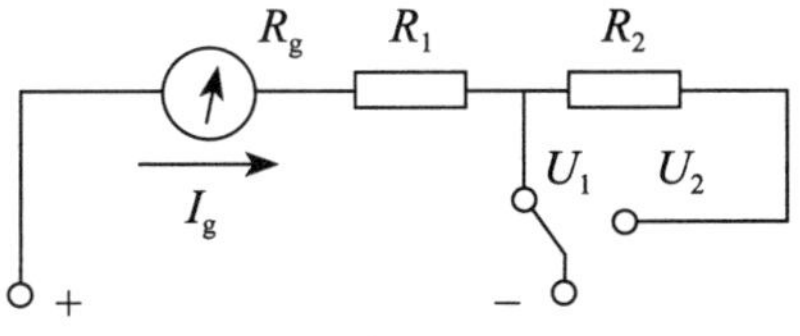

图3-14　电路图

解：$U_g = I_g R_g = 100 \times 10^{-6} \times 1 \times 10^3 = 0.1\ \text{V}$

$$R_1 = \frac{U_1 - U_g}{I_g} = \frac{10 - 0.1}{100 \times 10^{-6}} = 9.9 \times 10^4\ \Omega = 99\ \text{k}\Omega$$

$$R_2 = \frac{U_2 - U_1}{I_g} = \frac{50 - 10}{100 \times 10^{-6}} = 4 \times 10^5\ \Omega = 400\ \text{k}\Omega$$

任务检测

有四个电阻串联，其中 $R_1 = 20\ \Omega$，$R_2 = 15\ \Omega$，$R_3 = 10\ \Omega$，$R_4 = 10\ \Omega$，接在 110 V 的电压上。求：（1）电路的总电阻及电流；（2）R_1 电阻上的电压。

任务四　分析电阻的并联电路

任务描述

家里的电器中若有一个损坏了，其他用电器不会因此断电而停止工作。这说明：家里面的用电器都是并联的，这样既可以保证每台用电器都能在额定电压下正常工作，又能在对其中一个用电器操作时不影响其他用电器。

任务目标

1. 了解电阻并联电路的连接方式；
2. 掌握电阻并联的特点及分流和功率分配的规律。

任务实施

一、任务准备

如图 3-15 所示，四台电子设备同时使用一个插排，这四台设备是如何连接的？你能用电路图表示出来吗？

图3-15　插排

二、任务过程

步骤 1：认识电阻并联电路

把几个电阻并列连接在电路中相同两点之间的方式称为电阻并联。图 3-16 所示为三个电阻组成的并联电路。

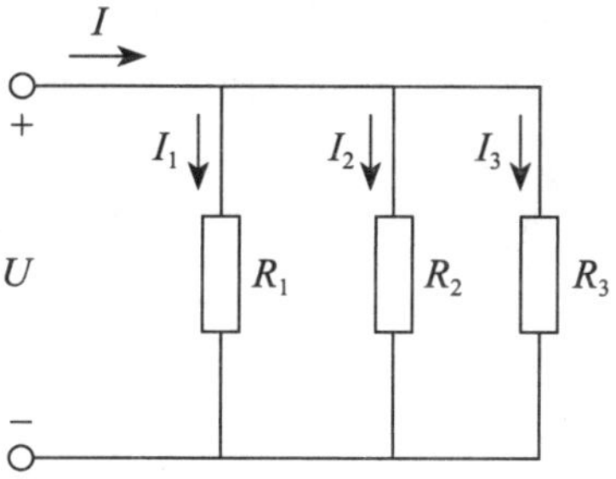

图3-16　并联电路

步骤 2：构建仿真电路并测量并联电路的电流、电压和电阻

要求学生根据任务书的引导用“EWB”仿真软件构建仿真电路，如图 3-17、3-18、3-19 所示。并按表 3-4 中的要求，设置参数，测量各电流值、电压值和总电阻的值，并将数据填入表 3-4 中。

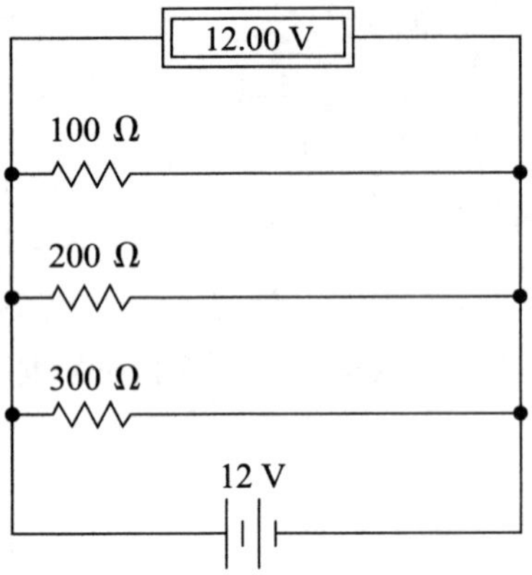

图3-17　并联电路的电压

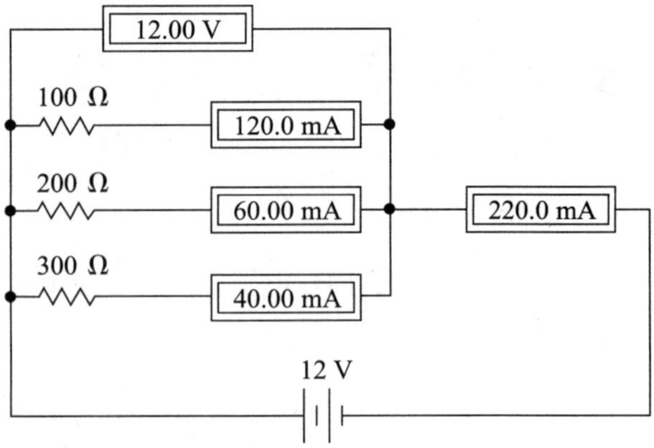

图3-18　并联电路的电流

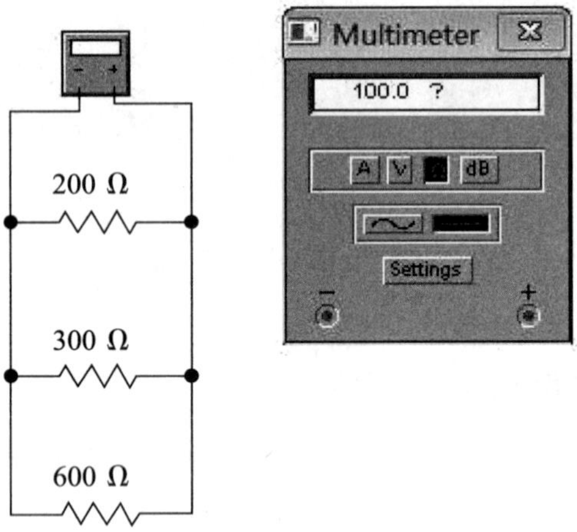

图3-19　并联电路的电阻

表3-4　并联电路实验数据

$E=12\ \text{V}$，$R_1=100\ \Omega$，$R_2=200\ \Omega$，$R_3=300\ \Omega$				
电压（V）	U_1		U_2	U_3
电流（A）	I	I_1	I_2	I_3
总电阻（Ω）	$R=$			

步骤 3：学习电阻并联电路的特点

通过以上实验数据证明，电阻并联电路具有以下主要特点：

（1）每个并联电阻承受同一电压。即

$$U = U_1 = U_2 = U_3 = \cdots\cdots = U_n \tag{3-13}$$

（2）每个电阻的电流之和等于总电流。即

$$I = I_1 + I_2 + I_3 + \cdots\cdots + I_n \tag{3-14}$$

（3）等效电阻的倒数等于各并联电阻的倒数之和。即

$$\frac{1}{R} = \frac{1}{R_1} + \frac{1}{R_2} + \frac{1}{R_3} + \cdots\cdots + \frac{1}{R_n} \tag{3-15}$$

如果两个电阻并联，可得

$$R = \frac{R_1R_2}{R_1+R_2} \tag{3-16}$$

（4）通过各电阻的电流与其阻值成反比。即

$$IR = I_1R_1 = I_2R_2 = I_3R_3 = \cdots\cdots = I_nR_n = U \tag{3-17}$$

两个电阻并联时通过各个电阻的电流分别为

$$I_1 = \frac{R_2}{R_1+R_2}I \qquad I_2 = \frac{R_1}{R_1+R_2}I \tag{3-18}$$

（5）并联电路中各个电阻消耗的功率跟它的阻值成反比。即

$$PR = P_1R_1 = P_2R_2 = P_3R_3 = \cdots\cdots = U^2 \tag{3-19}$$

步骤 4：电阻并联电路的应用

电阻并联电路的应用也很广泛。例如：利用电阻的并联可以获得较小的阻值；额定工作电压相同的负载都是并联工作的，如家用电器的连接；在电工测量中，也可用并联电阻的办法来扩大电流表的量程。如图 3–20 是教室中 6 盏灯的连接电路图。

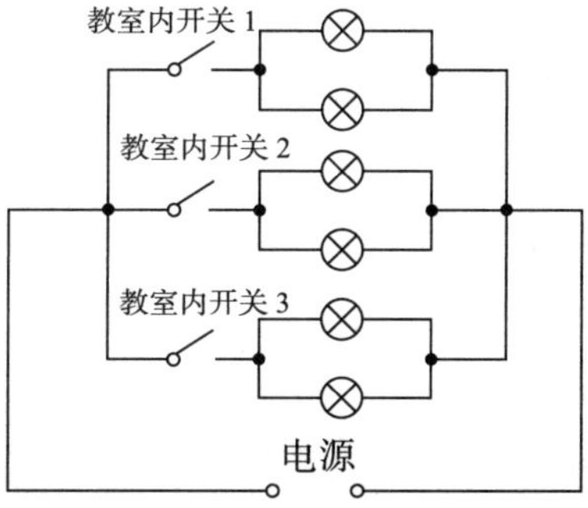

图3–20　教室中6盏灯的连接

【例 3-4】如图 3-21 所示电路中，电流表 A 的读数为 9 A，电流表 A1 的读数为 3 A，$R_1 = 4\ \Omega$，$R_2 = 6\ \Omega$，求：电阻 R_3 和总电阻 R。

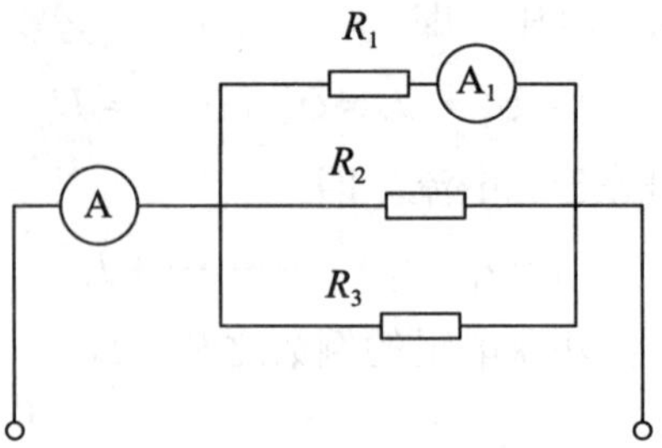

图3-21　例3-4题图

解：$U_1 = I_1R_1 = 3 \times 4 = 12\ \text{V} = U_2 = U_3 = U$

$$I_2 = \frac{U_2}{R_2} = \frac{12}{6} = 2\ \text{A}$$

$$I_3 = I - I_1 - I_2 = 9 - 3 - 2 = 4\ \text{A}$$

$$R_3 = \frac{U_3}{I_3} = \frac{12}{4} = 3\ \Omega$$

$$R = \frac{U}{I} = \frac{12}{9} \approx 1.33\ \Omega$$

任务检测

在 60 V 的线路上并列连接 15 Ω、30 Ω、40 Ω 电热器各一个，试求：

（1）每个电热器上的电流；

（2）总电流及总电阻；

（3）总功率及各电热器消耗的电功率。

任务五　分析电阻的混联电路

任务描述

在实际电路中，既有电阻串联又有电阻并联，称为电阻的混联电路。对于混联电路的计算，只要按串联和并联的计算方法，一步一步地把电路化简，最后就可以求出总的等效电阻。但是，在有些混联电路里，往往很难一下子就看清各电阻之间的连接关系，难以下手分析，这时就要根据电路的具体结构，按照串联和并联的性质，对电路进行等效变换，使其电阻之间的关系一目了然，然后再进行计算。

任务目标

1. 掌握简单混联电路的分析和计算；
2. 掌握混联电路等效图的画法。

任务实施

一、任务准备

如图 3-22 所示电路，你能分析出图中三个电阻是如何连接的吗？

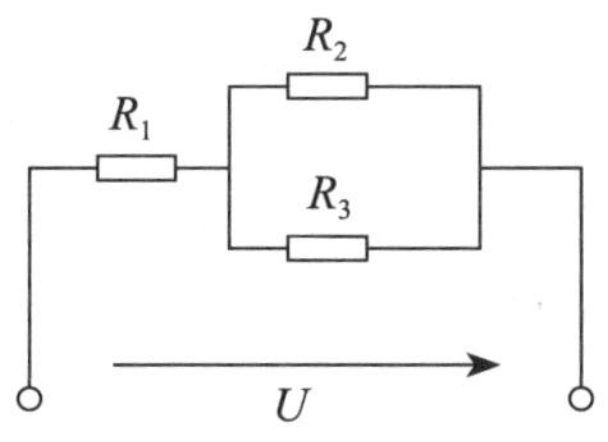

图3-22　电阻的混联电路

二、任务过程

步骤 1：认识电阻混联电路

图 3−22 所示电路中，R_2 与 R_3 并联，再与 R_1 串联，这种既有电阻串联又有电阻并联的电路，称为电阻的混联电路。

步骤 2：简单混联电路的计算

【例 3−5】如图 3−22 所示电路，$R_1=10\ \Omega$，$R_2=40\ \Omega$，$R_3=60\ \Omega$，$U=68\ \text{V}$，试求：

（1）电路的总电阻 R；

（2）通过 R_1 的电流；

（3）通过 R_3 的电流；

（4）R_1 消耗的电功率 P_1。

解：（1）

$$R_{23}=\frac{R_2\cdot R_3}{R_2+R_3}=\frac{40\times60}{40+60}=24\ \Omega$$

$$R=R_1+R_{23}=10+24=34\ \Omega$$

（2）

$$I_1=I=\frac{U}{R}=\frac{68}{34}=2\ \text{A}$$

（3）

$$I_3=\frac{R_2}{R_2+R_3}I_1=\frac{40}{40+60}\times2=0.8\ \text{A}$$

（4）

$$P_1=I_1^2\cdot R_1=2^2\times10=40\ \text{W}$$

步骤 3：电阻混联等效电路的画法

【例 3−6】如图 3−23 所示电路，已知：$R_1=R_2=R_3=R_4=60\ \Omega$，$R_5=20\ \Omega$，画出等效电路图，并求总电阻 R_{AB}。

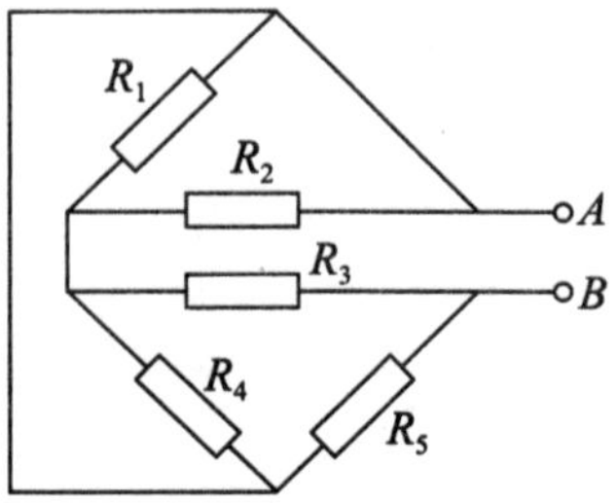

图3−23 例3−6题图

画等效电路的步骤：

1. 在原电路中，给每一个连接点标注一个字母。

注意：导线相连的点为同一点，标同一字母。如图 3-24（a）所示。

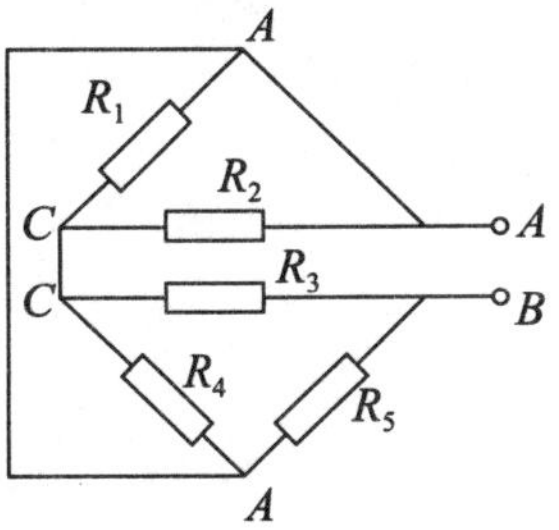

（a）

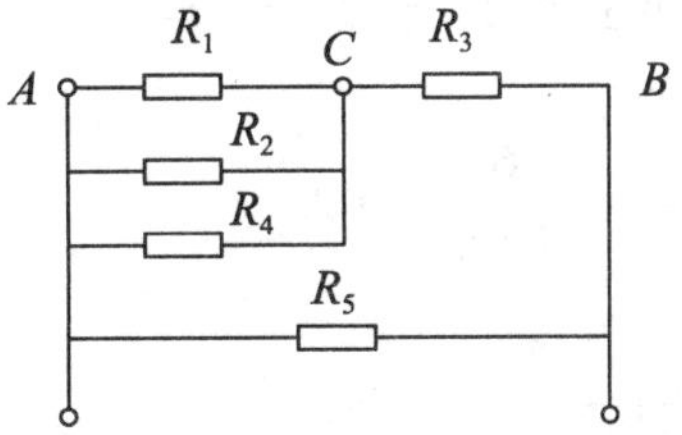

（b）

图3-24　画等效电路

2. 按顺序将每个字母沿水平方向排列。

注意：待求端的两字母必须置于始、末两端。

3. 将各电阻依次填入相应的字母之间。如图 3-24（b）所示。

解：$R_{124}=\dfrac{R_1}{3}=\dfrac{60}{3}=20\ \Omega$

$R_{1234}=R_3+R_{124}=20+60=80\ \Omega$

$R_{AB}=\dfrac{R_{1234}\cdot R_5}{R_{1234}+R_5}=\dfrac{80\times 20}{80+20}=16\ \Omega$

【例3-7】如图3-25所示电路，已知：$R_1=3\ \Omega$，$R_2=8\ \Omega$，$R_3=6\ \Omega$，$R_4=10\ \Omega$，电源电动势 $E=6$ V，内阻 $r=1\ \Omega$，试求：（1）电阻 R_4 中的电流 I_4；（2）电源输出的功率 P。

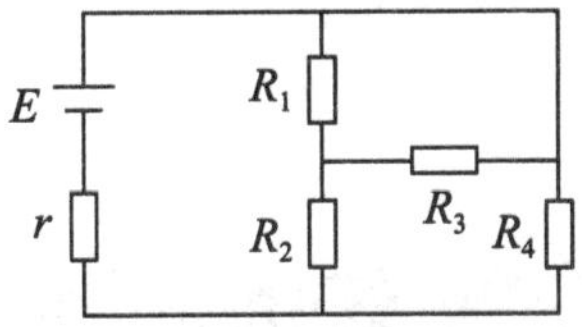

图3-25　例3-7题图1

解：在原图上标出连接点，如图 3-26（a）所示；再画出等效电路，如图 3-26（b）所示。

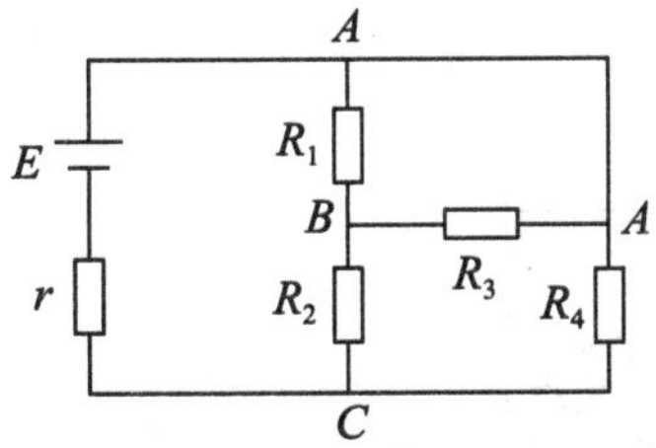

（a）

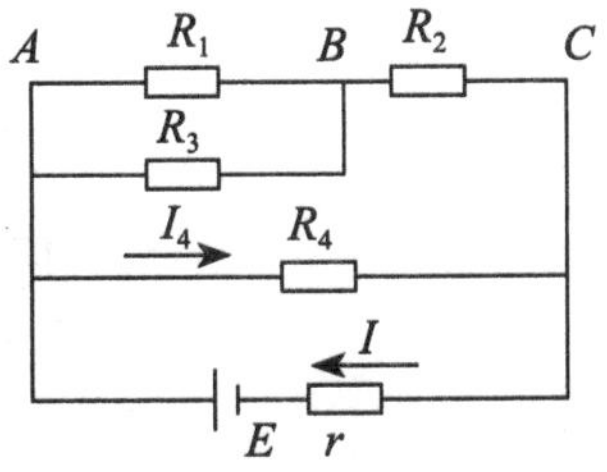

（b）

图3-26　例3-7题图2

（1）$R_{13}=\dfrac{R_1\cdot R_3}{R_1+R_3}=\dfrac{3\times 6}{3+6}=2\ \Omega$

$R_{123}=R_{13}+R_2=2+8=10\ \Omega$

$R=R_4//R_{123}=\dfrac{R_4}{2}=\dfrac{10}{2}=5\ \Omega$

$I=\dfrac{E}{R+r}=\dfrac{6}{5+1}=1\ \text{A}$

$I_4=\dfrac{I}{2}=0.5\ \text{A}$

（2）$P=I^2R=1^2\times 5=5\ \text{W}$

任务检测

如图 3-27 所示电路，已知：$R_1=R_2=R_3=R_4=60\ \Omega$，$R_5=20\ \Omega$，画出等效电路图，并求总电阻 R_{AB}。

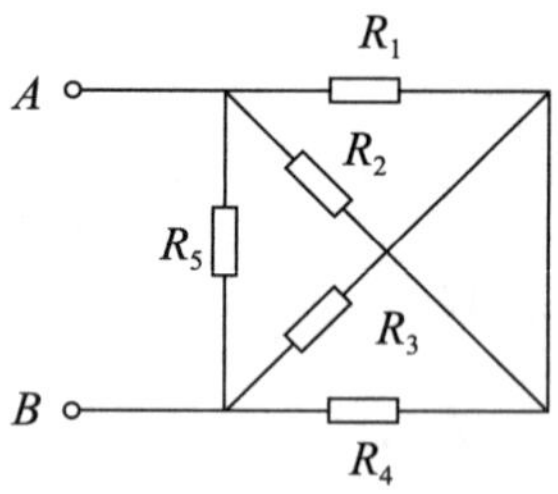

图3-27　任务检测题图

任务拓展

如图 3-28 所示电路，当电路中的可变电阻的阻值减小时，各电压表、电流表的示数将如何变化？

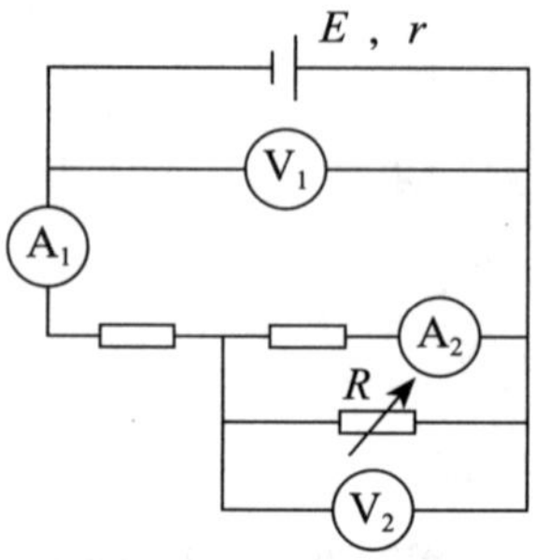

图3-28　任务拓展题图

项目小结

1. 部分电路的欧姆定律

在一段电路中，电路中的电流 I 与电路两端的电压 U 成正比，与电阻 R 成反比，这个关系称为部分电路欧姆定律。其公式为

$$U=RI \text{ 或 } I=\frac{U}{R}$$

2. 全电路的欧姆定律

一个由电源和负载组成的闭合电路，叫作全电路。全电路中的电流与电源电动势成正比，与电路的总电阻（负载电阻和电源内阻之和）成反比，这就是全电路欧姆定律。公式为

$$I=\frac{E}{R+R_0}$$

3. 电阻串联的特点

通过各电阻的电流相等；总电压等于各电阻电压之和；总电阻为各个电阻之和；各个电阻两端的电压与它的阻值成正比；各个电阻消耗的功率与它的阻值成正比。

两个电阻串联时分压公式为

$$U_1=\frac{R_1}{R_1+R_2}U\text{；}U_2=\frac{R_2}{R_1+R_2}U$$

4. 电阻并联的特点

每个并联电阻承受同一电压；各电阻电流之和等于总电流；总电阻的倒数等于各并联电阻的倒数之和；通过各电阻的电流与它的阻值成反比；各个电阻消耗的功率跟它的阻值成反比。

两个电阻并联后总电阻为

$$R=\frac{R_1R_2}{R_1+R_2}$$

n 个阻值为 R 的相同电阻并联后的总电阻为

$$R_{总}=\frac{R}{n}$$

两个电阻并联时分流公式为

$$I_1=\frac{R_2}{R_1+R_2}I \qquad I_2=\frac{R_1}{R_1+R_2}I$$

5. 在实际应用中经常遇到的是混联电路，计算混联电路的方法较灵活，首先要对混联电路进行等效化简，然后应用电阻串联和并联的特点，即可对混联电路进行分析和计算。

综合测试

一、填空题

1. 某导体两端的电压为 3 V，通过导体的电流为 0.5 A，导体的电阻为 ____________，当电压改变为 6 V 时，电阻为 ____________。

2. 有三个 6 Ω 的电阻，若把它们串联，等效电阻是 ____________Ω；若把它们并联，等效电阻是 __________Ω；若把两个并联后，再与第三个串联，等效电阻是 _________Ω。

3. 有两个电阻串联，其中 R_1 = 4 Ω，R_2 = 20 Ω，已知 R_1 两端的电压 U_1 = 2 V，则 R_2 两端的电压 U_2 = __________，串联电路的总电压 U = __________。

4. 有两个电阻并联，其中 R_1 = 10 Ω，R_2 = 20 Ω，已知 R_1 消耗的功率 P_1 = 28 W，则 R_2 消耗功率 P_2 为 __________。

二、选择题

1. 某导体两端的电压为 10 V，通过的电流为 0.5 A；当电压变为 20 V 时，导体的电阻为（　　）。

A. 10 Ω　　B. 20 Ω　　C. 30 Ω　　D. 40 Ω

2. 两个阻值相同的电阻器串联后的等效电阻与并联后的等效电阻之比是（　　）。

A. 4 : 1　　B. 1 : 4　　C. 1 : 2　　D. 2 : 1

3. 串联电路中，若 $R_1 = 2R_2$，则通过电阻 R_1 中的电流 I_1 与电阻 R_2 中的电流 I_2 之比为（　　）。

A. 1 : 2　　B. 1 : 1　　C. 2 : 1　　D. 1 : 4

4. 如图 3-29 所示，当电路中的 R_1 增大时，A、B 两点间的电压将（　　）。

A. 不变　　B. 增大　　C. 减小　　D. 无法确定

5. 如图 3-30 所示，R = 9 Ω，则 R_{AB} 为（　　）。

A. 12 Ω　　B. 36 Ω　　C. 2.25 Ω　　D. 9 Ω

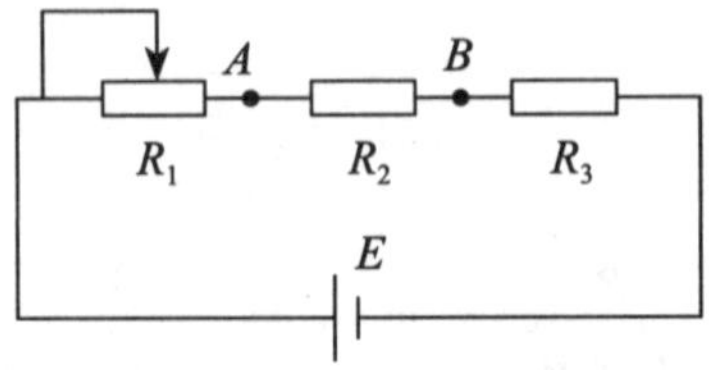

图3-29　选择题4题图

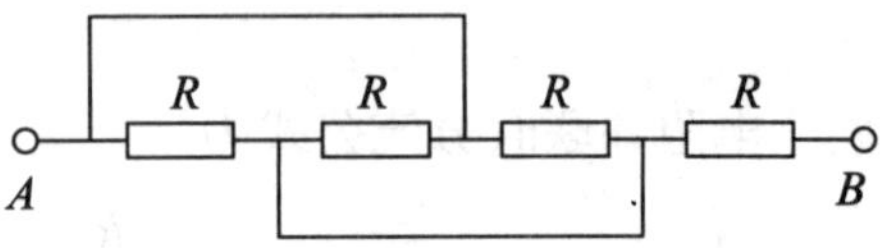

图3-30　选择题5题图

三、分析计算题

1. 如图3−31所示，已知电源的电动势为6 V，内阻为1 Ω，外电路有三个电阻，其中 $R_1 = 12\ \Omega$，$R_2 = R_3 = 4\ \Omega$，试求：（1）干路、支路中的电流；（2）外电路各电阻上的电压降；（3）每个电阻消耗的功率。

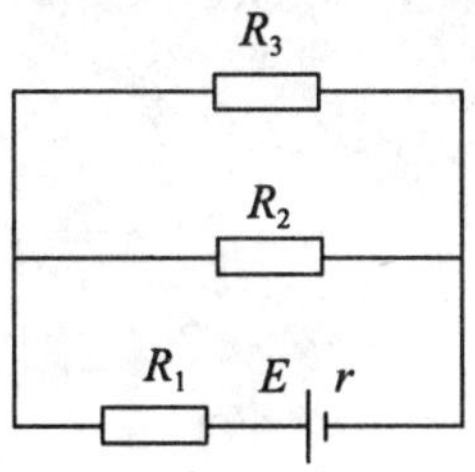

图3−31　分析计算题1题图

2. 如图3−32所示，已知：$U_{AB} = 20$ V，I = 1 A，$R_2 = 20\ \Omega$，$R_3 = 20\ \Omega$。求：

（1）R_1 等于多少？（2）R_3 消耗的功率是多少？

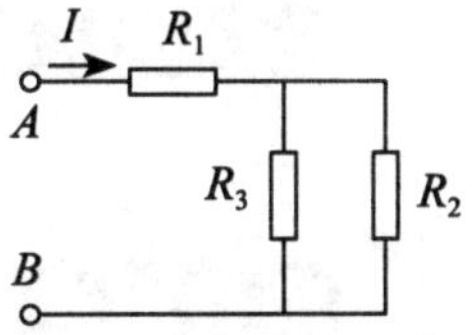

图3−32　分析计算题2题图

3. 如图3−33所示，已知：$R_1 = 2\ \Omega$，$R_2 = 4\ \Omega$，$R_3 = 3\ \Omega$，$R_4 = 8\ \Omega$，$R_5 = 10\ \Omega$，$U = 20$ V

求：（1）总电流 I；（2）R_1、R_3、R_4 两端的电压。

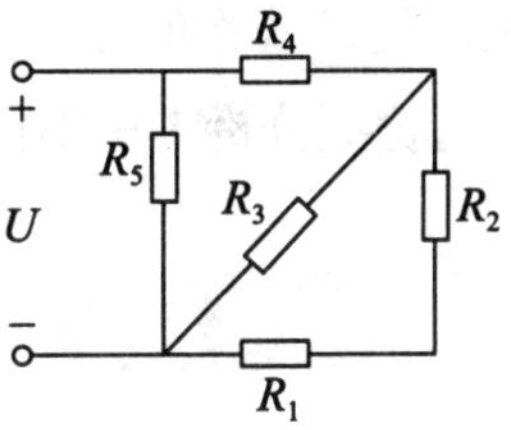

图3−33　分析计算题3题图

项目四 分析复杂直流电路

项目概述

本项目着重介绍复杂直流电路的基本分析和计算方法，基尔霍夫定律是基础，支路电流法是最基本的分析方法，必须牢固掌握并会熟练应用。本项目是全书的重点内容之一，因为这些分析方法不仅适用于直流电路而且也适用于交流电路。

项目目标

1. 掌握复杂直流电路中的支路、节点、回路和网孔的概念；
2. 熟练掌握基尔霍夫电流定律和基尔霍夫电压定律；
3. 能应用支路电流法分析计算两个网孔的电路；
4. 能正确应用戴维南定理和叠加定理分析和计算复杂电路。

任务一　探究基尔霍夫电流定律

任务描述

本次任务要求同学们能通过“EWB”仿真软件搭建仿真电路，按要求测量电流数据，并对数据进行分析，得出重要结论——基尔霍夫电流定律。并能利用基尔霍夫电流定律列出方程式，求解未知电流。

任务目标

1. 会区分简单电路和复杂电路；
2. 会分析复杂直流电路中的支路、节点、回路和网孔；
3. 会用实验的方法探究基尔霍夫电流定律；
4. 熟练运用基尔霍夫电流定律列出电流方程。

任务分析

比较图 4-1（a）、（b）所示两电路的不同之处。

如果已知：$E_1 = 18\ \text{V}$，$E_2 = 28\ \text{V}$，$R_1 = 1\ \Omega$，$R_2 = 2\ \Omega$，$R_3 = 10\ \Omega$，求：流过电阻 R_3 的电流 I_3。利用前面所学知识，你能解决这个问题吗？

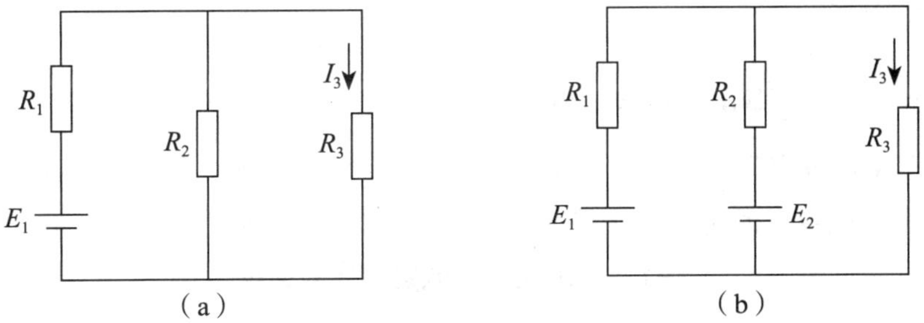

图4-1　电路图

图（a）中电流 I_3 可以利用前面所学欧姆定律和电阻串并联特点来求解，但图（b）中电流 I_3 用现有知识还无法求解。因为图（a）属于简单直流电路，而图（b）不能用电阻串、并联的方法化简，属于复杂直流电路。对于复杂电路，若想求得电路中的电流和电压值，需要应用新的定律——基尔霍夫定律来解决。

任务实施

一、任务准备

为学习基尔霍夫定律做好准备，首先弄清复杂电路的组成，先认识几个用于复杂电路的专用名词。

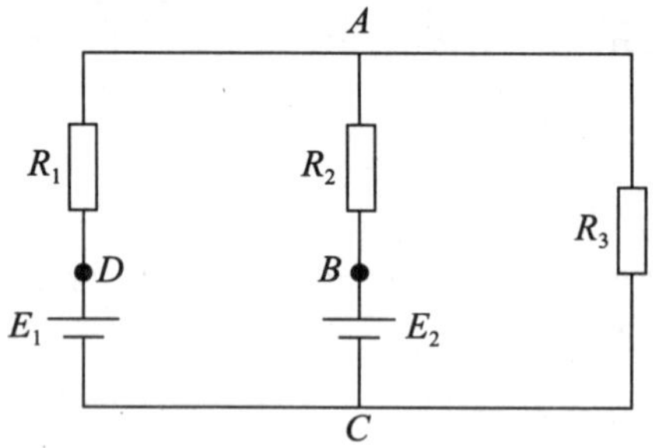

图4-2　电路图

支路：由一个或几个元件首尾相接构成的无分支电路。在同一支路中，流过所有元件的电流相等。如图 4-2 中：E_1 和 R_1，E_2 和 R_2、R_3 分别组成三条支路。

节点：三条或三条以上支路的连接点称为节点。如图 4-2 中：A 和 C 都是节点，而 B 和 D 不是节点。

回路：电路中的任意一个闭合路径。如图 4-2 中：AR_3CBA、$ABCDA$、AR_3CDA 都是回路。

网孔：内部不含支路的回路。如图 4-2 中：AR_3CBA 和 $ABCDA$ 都是网孔，而回路 AR_3CDA 中含有由 E_2 和 R_2 组成的支路，因而不是网孔。

二、任务过程

步骤 1：构建仿真电路并测量电流

要求学生根据任务书的引导用“EWB”仿真软件构建仿真电路，如图 4-4 所示。并按表 4-1 中的要求，设置电源电压值，测量各电流值，并将数据填入表 4-1 中。

表4-1　基尔霍夫电流定律实验数据

E_1/V	E_2/V	I_1/mA	I_2/mA	I_3/mA	(I_1+I_2)/mA
	3				
15	6				
	9				

温馨提示

连接电流表时一定要注意表的正、负极，记录时注意数值的“+”和“−”。

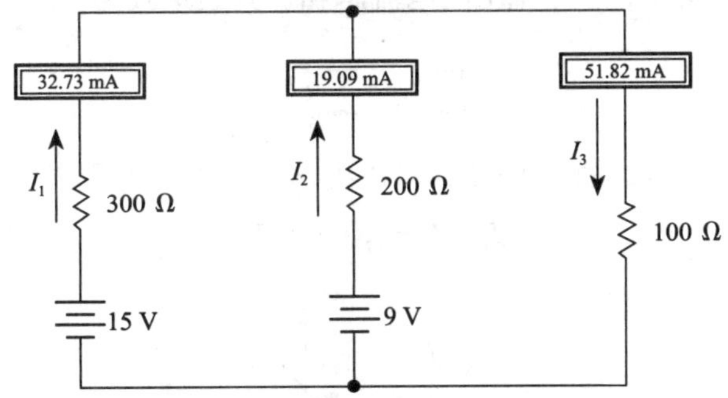

图4-3　测量各支路电流的仿真电路

步骤 2：搭接实物电路验证仿真结果

也可以指导学生用电工原理实验箱按图 4-4 所示搭建实物电路，并用直流电流表测量各电流，得出表 4-1 中的测量数据。

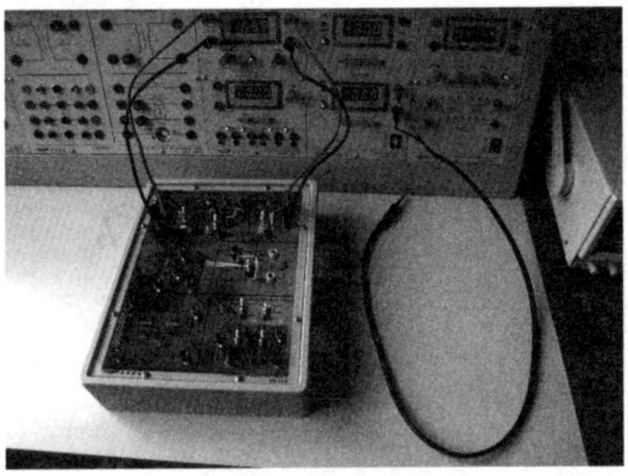

图4-4　测量各支路电流的实物电路

想一想

在测量过程中，如遇电流表指针反偏，应如何处理？

步骤 3：数据分析和结论导出

要求学生根据任务书的引导，分析流入电流数据和流出电流数据间的关系，很容易得到以下结论：流入电流之和等于流出电流之和。

步骤 4：学习基尔霍夫电流定律的内容及应用

基尔霍夫电流定律，简称 KCL，又称节点电流定律。其内容为：在任意瞬间，流入任一节点的电流总和等于从这个节点流出的电流总和。其表达式为

$$\sum I_{入} = \sum I_{出}$$

如图 4-5 所示的节点 A，根据 KCL，可以列出节点电流方程式为：

$$I_1 + I_3 = I_2 + I_4 + I_5$$

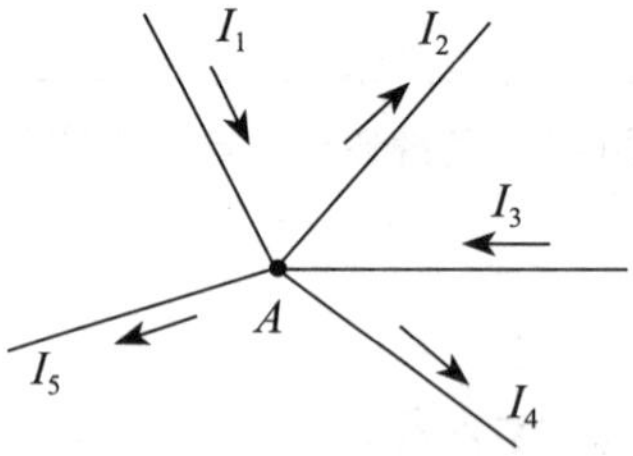

图4-5　电路图

【例 4-1】如图 4-6 所示电桥电路，已知 $I_1 = 25$ mA，$I_3 = 16$ mA，$I_4 = 12$ mA，试求：其余电阻中电流 I_2、I_5、I_6。

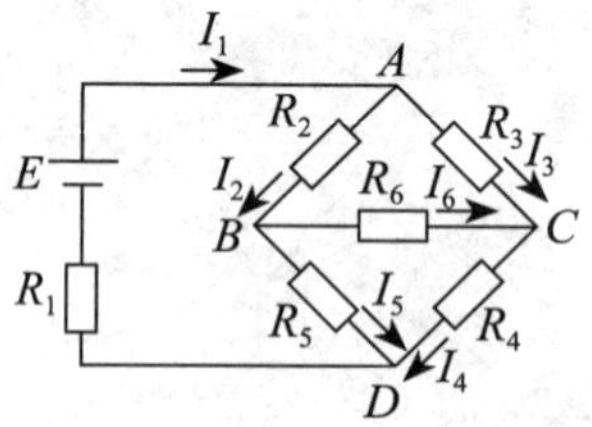

图4-6　例4-1题图

解：对节点 A

$$I_1 = I_2 + I_3$$

$$I_2 = I_1 - I_3 = 25 - 16 = 9 \text{ mA}$$

对节点 D

$$I_1 = I_4 + I_5$$

$$I_5 = I_1 - I_4 = 25 - 12 = 13 \text{ mA}$$

对节点 B

$$I_2 = I_6 + I_5$$

$$I_6 = I_2 - I_5 = 9 - 13 = -4 \text{ mA}$$

$I_6 = -4$ mA，说明：I_6 的实际方向与图中所标的参考方向相反。

任务检测

1. 在图 4-7 所示电路中有几条支路？几个节点？几个网孔？几个回路？

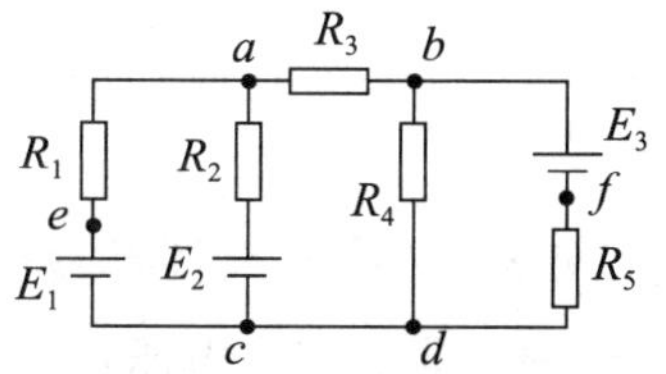

图4-7　任务检测1题图

2. 如图 4-8 所示电路，求 I_1、I_2 的大小。

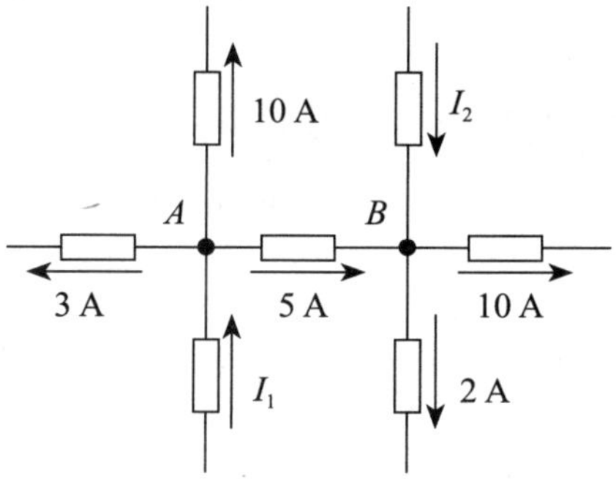

图4-8　任务检测2题图

任务拓展

基尔霍夫电流定律不仅应用于一个节点，也可推广应用于任意一个封闭面，任何一个封闭面都可看作一个广义的节点，即流入该封闭面的电流之和等于流出该封闭面的电流之和。如图 4-9 所示，*abc* 组成了一个封闭面，因此

$$I_1 = 3\ \text{A} + 2\ \text{A} = 5\ \text{A}$$

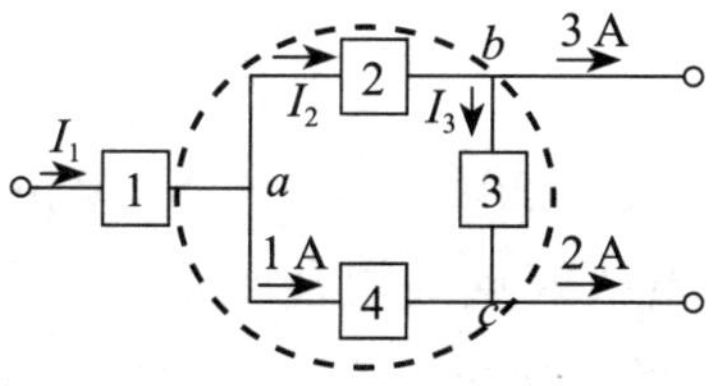

图4-9　电路图

任务二　探究基尔霍夫电压定律

任务描述

本次任务要求同学们能通过“EWB”仿真软件搭建仿真电路，按要求测量电压数据，并对数据进行分析，得出重要结论——基尔霍夫电压定律。并能利用基尔霍夫电压定律列出回路电压方程式。

任务目标

1. 会用实验的方法探究基尔霍夫电压定律；
2. 能熟练运用基尔霍夫电压定律列出回路电压方程。

任务分析

基尔霍夫电流定律告诉我们电路中各电流之间关系，那么电路中各电压之间有什么关系呢？例如：图 4-10 中各电压 U_{AB}、U_{BC}、U_{CA} 之间以及电压 U_{AD}、U_{DB}、U_{BA} 之间存在什么关系？这就是基尔霍夫电压定律要研究的内容。

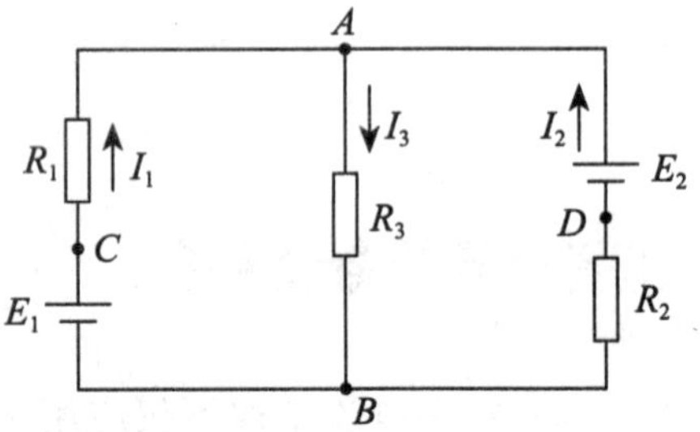

图4-10　电路图

任务实施

一、任务准备

假设图 4-9 中的 B 点为参考点，然后沿 $B-A-C-B$ 的方向绕行一周，电位有时升高，有时降低，但不论怎样变化，当从 B 点绕闭合回路一周回到 B 点时，B 点电位不变，仍为零，也就是说，沿途所有电位的变化量（升高为“+”、降低为“−”）为零。

图 4-10 中：I_3R_3、I_1R_1 和 E_1 分别是回路 $B-A-C-B$ 中的三段电压，这三段电压的代数和应等于零，下面我们通过实验来验证这一规律。

二、任务过程

步骤 1：构建仿真电路并测量电压

要求学生根据任务书的引导用“EWB”仿真软件构建仿真电路，如图 4-11 所示。并按表 4-2 中的要求，设置电源电压值，测量各电压值，并将数据填入表 4-2 中。

温馨提示

电压表连接时，正极必须接在被测电压下标的第一个字母点，负极接第二个字母点。记录时注意数值的“+”和“-”。

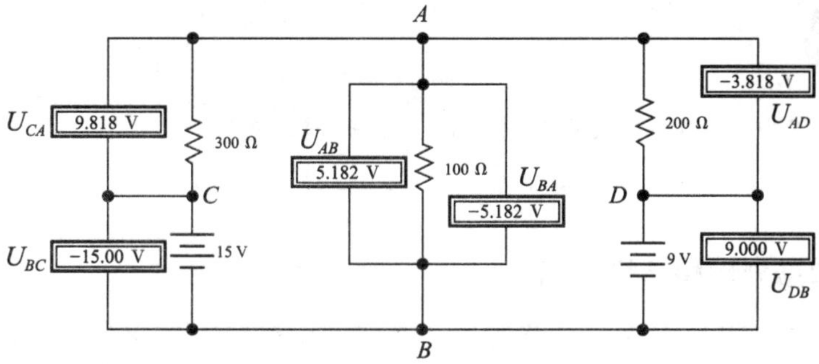

图4-11　测量回路电压的仿真电路

表4-2　基尔霍夫电压定律实验数据

E_1/V	E_2/V	U_{AB}/V	U_{BC}/V	U_{CA}/V	回路Ⅰ $\sum_{U/V}$	U_{AD}/V	U_{DB}/V	U_{BA}/V	回路Ⅱ $\sum_{U/V}$
15	3								
	6								
	9								

步骤 2：搭接实物电路验证仿真结果

也可以指导学生用电工原理实验箱按图 4-12 搭建实物电路，并用万用表直流电压挡（或直流电压表）测量各电压，得出表 4-2 中的测量数据。

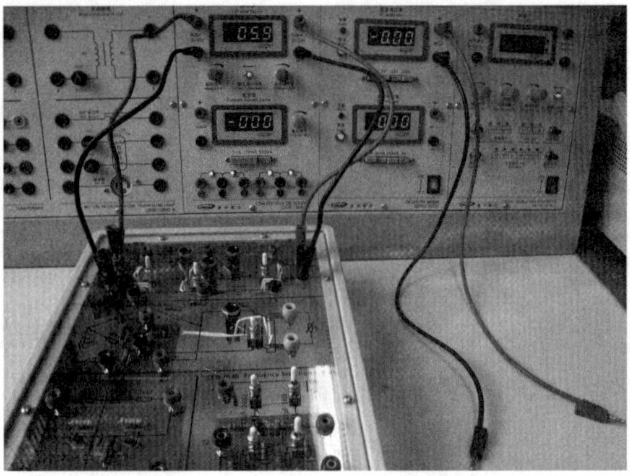

图4–12 测量回路电压的实物电路

想一想

在测量过程中，如遇电压表指针反偏，应如何处理？

步骤 3：数据分析和结论导出

指导学生在任务书的引导下，分析任一个回路中各段电压之间的关系，很容易得到以下结论：回路中各段电压的代数和等于零。

温馨提示

代数和的含义：各段电压有的“加”，有的“减”。

步骤 4：学习基尔霍夫电压定律的内容及应用

基尔霍夫电压定律，又称回路电压定律，简称 KVL。其内容为：在任意瞬间，沿电路中任一回路绕行一周，各段电压的代数和恒为零。用公式表示为：$\sum U=0$ 。

应用 KVL 列电压方程的步骤：

（1）选取回路绕行方向。可按顺时针方向，也可按逆时针方向，通常选择前者。

（2）确定各段电压的正负。凡电压的参考方向和回路绕行方向一致时，该电压取正值；反之，则取负值。

①电阻电压降的正负确定：如果电流的参考方向与回路绕行方向相同，则电阻上的电压降为正值，反之为负值；

②电源电压的正负确定：如果电压的方向与回路绕行方向相同，则电源电压为正值，反之为负值。

如图 4-13 所示电路中，按顺时针方向绕行，根据 KVL，可以列出回路电压方程为

$$U_1 - U_2 + U_3 + U_4 = 0$$

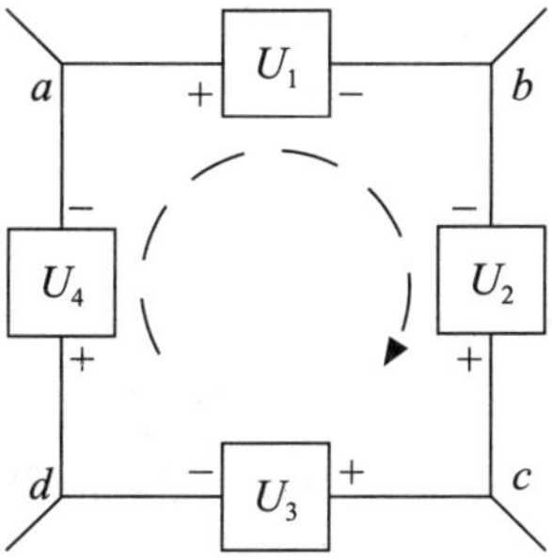

图4-13　电路图

【例 4-2】求：如图 4-14 所示电路的电动势 E。

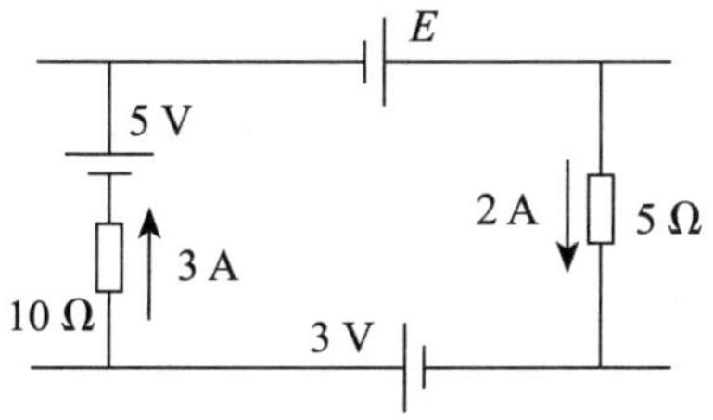

图4-14　例4-2题图

解：选顺时针绕行方向，可列出回路电压方程为

$$-E + 2\times5 - 3 + 3\times10 - 5 = 0$$

$$E = 32\ \text{V}$$

【例 4-3】如图 4-15（a）所示，已知：$I_1 = -4$ A，$I_3 = 1$A，$R_1 = 4\ \Omega$，$R_2 = 3\ \Omega$，$E = 18$ V。求：I_4、I_5、I_2。

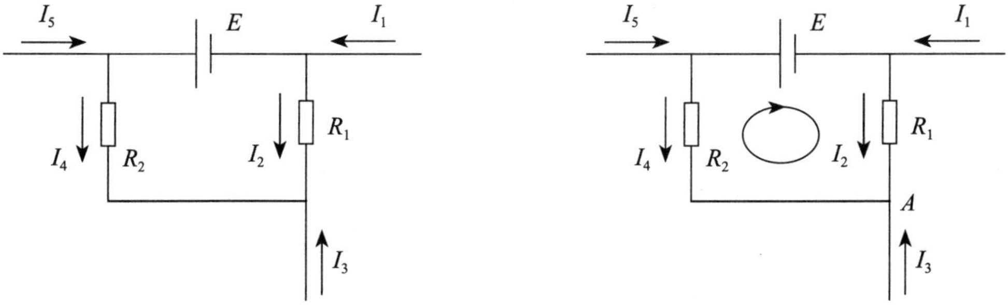

（a）　　　　（b）

图4-15　例4-3题图

解：将闭合回路看作广义节点，根据 KCL 可得

$$I_1 + I_3 + I_5 = 0$$

$$I_5 = -I_1 - I_3 = -(-4) - 1 = 3\ \text{A}$$

如图 4-15（b）所示：

对于节点 A，根据 KCL 可得

$$I_2 + I_4 + I_3 = 0$$

对回路，根据 KVL 可得

$$E + I_2R_1 - I_4R_2 = 0$$

可得联立方程组

$$\begin{cases} I_2 + I_4 + I_3 = 0 \\ E + I_2R_1 - I_4R_2 = 0 \end{cases}$$

代入已知条件得

$$\begin{cases} I_2 + I_4 = -1 \\ 4I_2 - 3I_4 = -18 \end{cases}$$

解方程组得

$$I_2 = -3\ \text{A},\ I_4 = 2\ \text{A}$$

任务检测

1. 列出图 4-16 所示回路的电压方程。

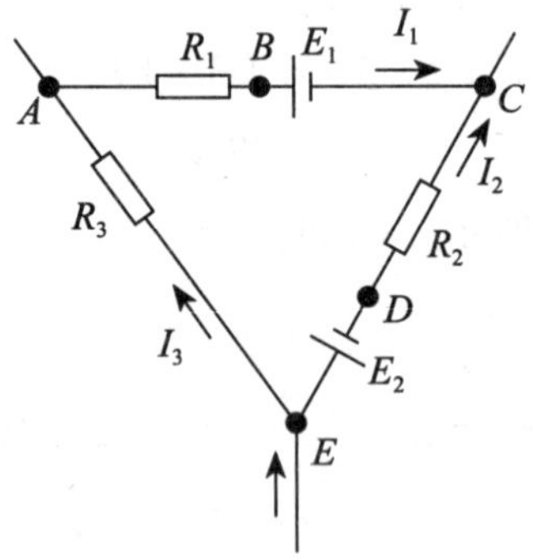

图4-16　任务检测1题图

2. 电路如图 4−17 所示，应用基尔霍夫电压定律，计算未知电压 U。

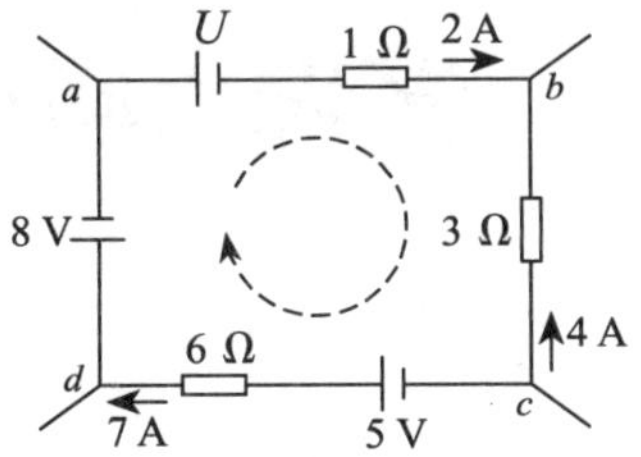

图4−17　任务检测2题图

3. 如图 4−18 所示，已知：$I = 2$ A，$I_2 = 12$ A，$R_1 = 1\ \Omega$，$R_2 = 2\ \Omega$，$R_3 = 10\ \Omega$。求：A_1 和 A_2 的读数。

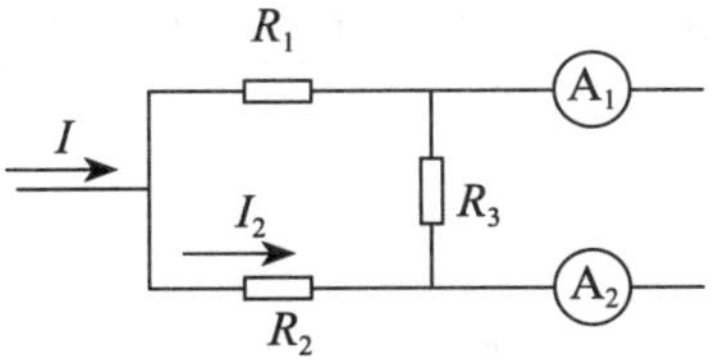

图4−18　任务检测3题图

任务拓展

基尔霍夫电压定律不仅可以应用于任一闭合回路，还可以用于任一不闭合的回路，如图 4−19 所示电路，可列出回路电压方程为：

$$U_{ab} + R_3I_3 + R_1I_1 - E_1 - R_2I_2 + E_2 = 0$$

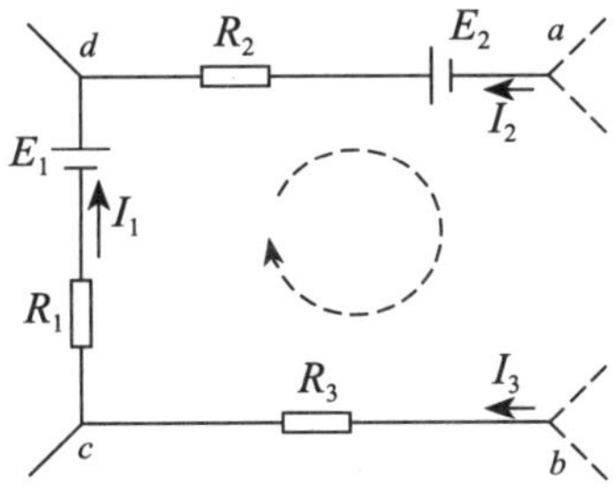

图4−19　任务拓展题图

温馨提示

必须把开路电压 U_{ab} 列入方程式中。

任务三　掌握支路电流法

任务描述

前面我们学习了基尔霍夫的电流定律和电压定律，本次任务要求同学们能应用这两个定律分析解决实际的电路问题，也就是要掌握一种分析复杂直流电路的方法——支路电流法。该方法是解决复杂直流电路问题的最基本的方法，通过对支路电流法的学习不仅可以使我们加深对基尔霍夫定律的理解，而且对于提高我们求解复杂直流电路的逻辑思维能力有重要的作用。

任务目标

1. 进一步巩固基尔霍夫电流定律和霍夫电压定律；
2. 掌握支路电流法定义及解题的一般步骤；
3. 能熟练运用支路电流法分析计算两个网孔的电路。

任务分析

如图 4−20 所示电路中，已知：$R_1=5\ \Omega$，$R_2=10\ \Omega$，$R_3=15\ \Omega$，$E_1=18\ \text{V}$，$E_2=8\ \text{V}$，求三条支路的电流 I_1、I_2 和 I_3 的值是多少？

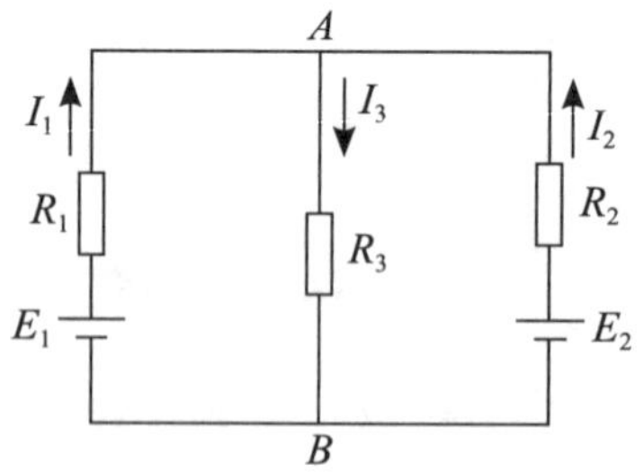

图4−20　电路图

该电路为一个复杂直流电路，共有 3 条支路、2 个节点、3 条回路、2 个网孔。我们可以将三个支路电流作为三个未知数，通过前面所学的基尔霍夫定律列出包含三个未知电流的方程式，从而得到一个方程组，然后解方程组即可得到各支路电流的值。

任务实施

一、任务准备

若想解得三个未知数，则需有 3 个方程组成的三元一次方程组才能求解。因此，我们要根据基尔霍夫定律列出三个方程式，然后解这个三元一次方程组可得到三个未知电流。解三元一次方程组常用的方法为“加减消元法”。

二、任务过程

步骤 1：应用基尔霍夫电流定律列出节点电流方程。

图 4–20 所示电路中有 2 个节点 A 和 B，分别可以列出两个节点电流方程：

节点 A：$I_1 + I_2 = I_3$

节点 B：$I_3 = I_1 + I_2$

由此可知：电路中有 2 个节点时，只能列出 1 个独立方程，可以在 2 个节点中任选其中 1 个来列出节点电流方程。

特别提示：

电路中有 n 个节点，只能列出 $n-1$ 个独立的节点电流方程。

步骤 2：应用基尔霍夫电压定律列出回路电压方程。

图 4–20 所示电路中有三条回路，如图 4–21 所示，根据这三条回路可以列出三个回路电压方程，即

回路Ⅰ：$I_1R_1 + I_3R_3 - E_1 = 0$

回路Ⅱ：$I_2R_2 + I_3R_3 - E_2 = 0$

回路Ⅲ：$I_1R_1 - I_2R_2 - E_1 + E_2 = 0$

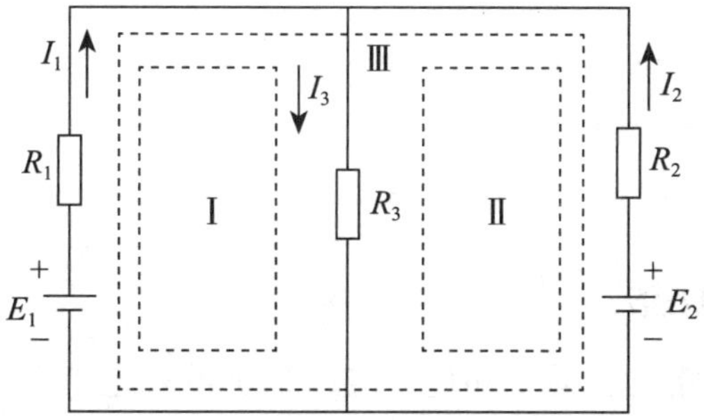

图4–21　电路图

因为根据 KCL 我们已经可以得到一个节点电流方程，所以只要再有两个电压方程就可以补足我们所需要的三个方程，因此，从上面三个方程中任选两个即可。一般情况下，我们都选择网孔为对象来列写电压方程，这样可以防止列出的电压方程不独立。所以，我们选择回路 I 和回路 II 列出的两个电压方程来组成方程组。

温馨提示

在列出回路电压方程式时，可以先标出各元件两端电压的正、负极性，如图 4–21 所示，在用 $\sum U=0$ 时，各段电压的正、负号可以这样确定：如果在回路绕行的过程中，从某元件电压的正极点绕到负极点，则该电压取“+”，反之从元件电压的负极点绕到正极点，则该电压取“–”。简言之：“先遇正取 +，先遇负取 –”。

想一想

若电路共有 n 个节点、m 条支路，我们需要列出几个节点电流方程？几个回路电压方程？

步骤 3：代入已知数据得联立方程组

将已知的 $R_1=5\ \Omega$，$R_2=10\ \Omega$，$R_3=15\ \Omega$，$E_1=18\ \text{V}$，$E_2=8\ \text{V}$ 代入以上我们所选择的三个方程中，可得三元一次方程组：

$$I_1+I_2-I_3=0$$

$$5I_1+15I_3=18$$

$$10I_2+15I_3=8$$

步骤 4：解联立方程组，求出各支路的电流

解上列三元一次方程组可得

$$I_1=1.2\ \text{A},\ I_2=-0.4\ \text{A},\ I_3=0.8\ \text{A}$$

温馨提示

求得结果中 I_1 和 I_3 为正值，说明电流的实际方向与参考方向一致；I_2 为负值，说明电流的实际方向与参考方向相反。

步骤 5：总结支路电流法

支路电流法是以各支路电流为未知量，应用基尔霍夫定律列出节点电流方程和回路电压方程，通过解方程组，解得各支路电流的分析方法。它是分析复杂电路最基本的一种方法，也是基尔霍夫定律在复杂电路中的具体应用。

支路电流法的一般解题步骤如下（假设电路有 m 条支路，n 个节点）：

（1）假定各支路的电流方向和回路的绕行方向；

（2）用基尔霍夫电流定律列出（$n-1$）个节点电流方程式；

（3）用基尔霍夫电压定律列出［$m-(n-1)$］个网孔电压方程式；

（4）代入已知数据，解联立方程组，求出各支路的电流；

（5）确定各支路电流的实际方向。

【例 4-4】电路如图 4-22 所示，已知：$E_1=42$ V，$E_2=21$ V，$R_1=12\ \Omega$，$R_2=3\ \Omega$，$R_3=6\ \Omega$，试求：各支路电流 I_1、I_2、I_3 的值。

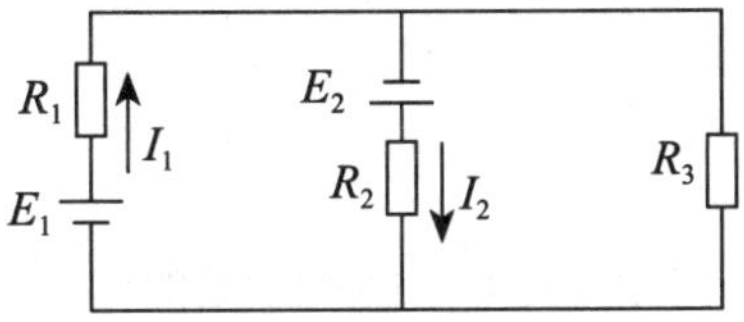

图4-22　例4-4题图1

解：（1）标出各支路电流方向和网孔的绕行方向，如图 4-23 所示。

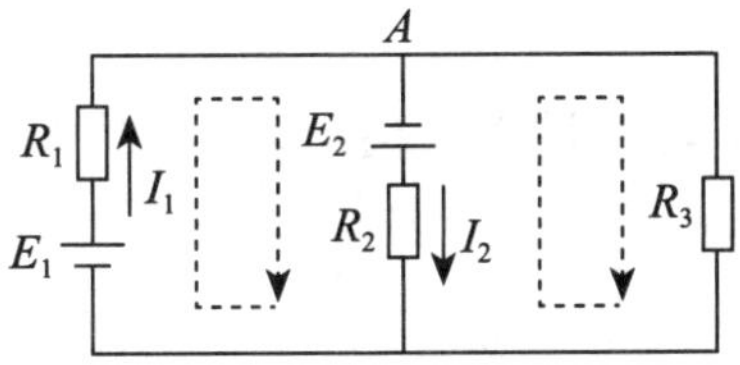

图4-23　例4-4题图2

（2）根据 KCL 列出节点电流方程。

节点 A：$I_1=I_2+I_3$

（3）根据 KVL 列出回路电压方程。

左网孔：$-E_1+I_1R_1-E_2+I_2R_2=0$

右网孔：$-I_2R_2+E_2+I_3R_3=0$

（4）代入数据得方程组。

$$\begin{cases} I_1-I_2-I_3=0 \\ 4I_1+I_2=21 \\ 2I_3-I_2=-7 \end{cases}$$

解方程组得

$$I_1=4\text{ A},\ I_2=5\text{ A},\ I_3=-1\text{ A}$$

（5）说明电流实际方向。

I_1 和 I_2 为正值，说明电流的实际方向与参考方向一致；I_3 为负值，说明电流的实际方向与参考方向相反。

任务检测

如图 4-24 所示电路，已知：$E_1=6$ V，$E_2=1$ V，$R_1=1\ \Omega$，$R_2=2\ \Omega$，$R_3=3\ \Omega$，试用支路电流法求解各支路电流。

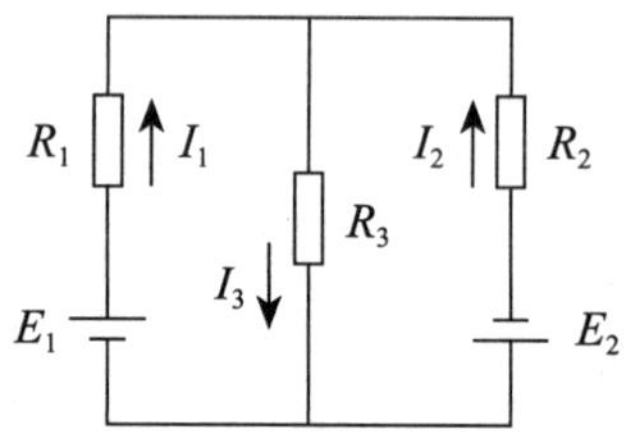

图4-24　任务检测题图

任务拓展

如图 4-25 所示电路，已知：$E_1=10$ V，$E_2=6$ V，$R_1=5\ \Omega$，$R_2=1\ \Omega$，$R_3=10\ \Omega$，$R_4=5\ \Omega$，试求：各支路电流。

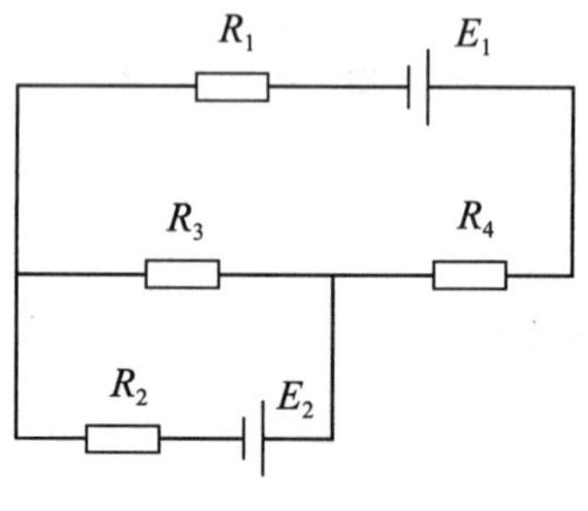

图4-25　任务拓展题图

任务四　理解戴维南定理

任务描述

图 4−26 所示电路中，已知：$E_1 = 15$ V，$E_2 = 12$ V，$E_3 = 3$ V，$R_1 = R_2 = R_3 = R_4 = 1\ \Omega$，$R_5 = 11\ \Omega$，试求：通过电阻 R_5 中的电流 I_5。

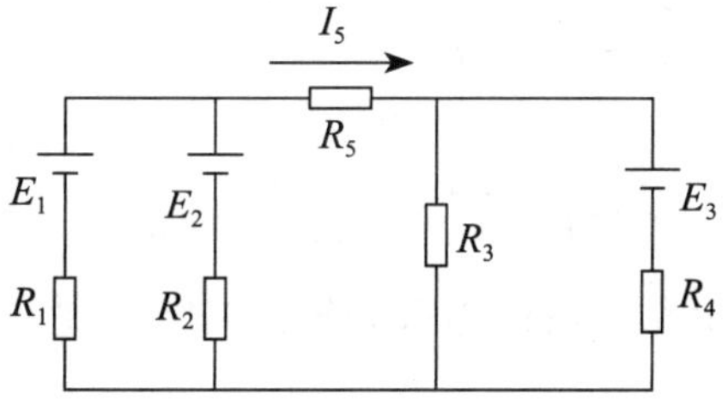

图4−26　电路图

分析该电路可知：该电路为 5 条支路、3 个网孔的复杂电路，若用我们前面学习的支路电流法来求解，则需列出 2 个节点电流方程、3 个回路电压方程，最后解五元一次方程组就能得出 I_5 的值。就目前我们所掌握的数学知识，五元一次方程组我们是解不出来的，那碰到这种问题怎么解决呢？我们发现：在这个复杂电路中，并不需要把所有支路电流都求出来，而只要求出 R_5 这一支路的电流，在这种情况下，用前面的方法来计算就很复杂，应用本任务介绍的戴维南定理求解就较方便。

任务目标

1. 了解有源二端网络的概念及其化简方法；
2. 理解戴维南定理的内容及应用；
3. 能利用戴维南定理计算复杂电路中的相关电学量。

任务实施

一、任务准备

如图 4-27（a）所示的电阻混联电路，可以用一个等效电阻代替，如图 4-27（b）所示。

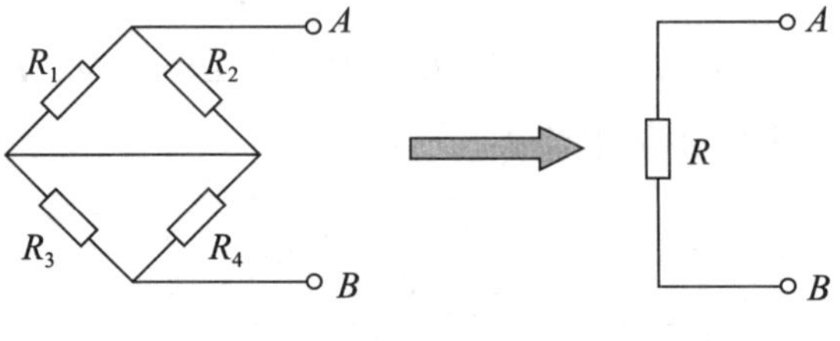

（a）　（b）

图4-27　无源二端网络

那么，如图 4-28 所示的电路，可以等效为怎样的结构呢？

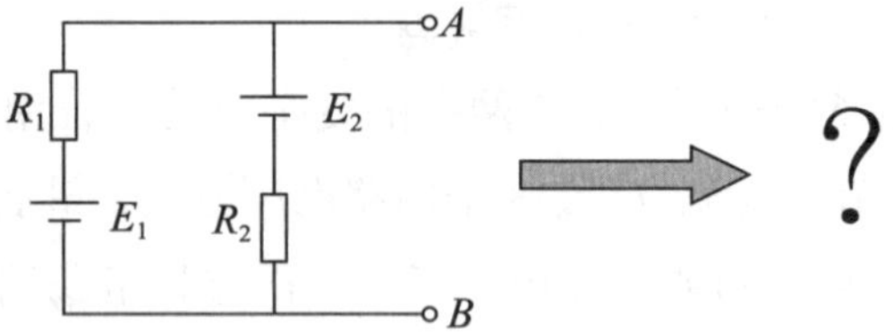

图4-28　有源二端网络

二、任务过程

步骤 1：认识有源二端网络

电路也称为电网络或网络。如果网络具有两个引出端与外电路相连，就称为二端网络。其中不含有电源的二端网络称为无源二端网络，如图 4-27（a）所示。电阻的串联、并联和混联电路都属于无源二端网络，无源二端网络可以等效成一个电阻。内部含有电源的二端网络称为有源二端网络，如图 4-28 所示。有源二端网络可以等效为怎样的结构呢？法国的电信工程师戴维南通过大量的实验数据，在 1883 年发表了著名的戴维南定理，用于将一个有源二端网络进行等效，有时也译为戴维宁定理。

步骤 2：学习戴维南定理的内容

戴维南定理的内容：任何一个线性有源二端网络都可以用一个等效电压源来代替。等

效电压源的电动势 E_0 等于该二端网络的开路电压；其内阻 R_0 等于该二端网络除去电源后的等效电阻，如图 4-29 所示。

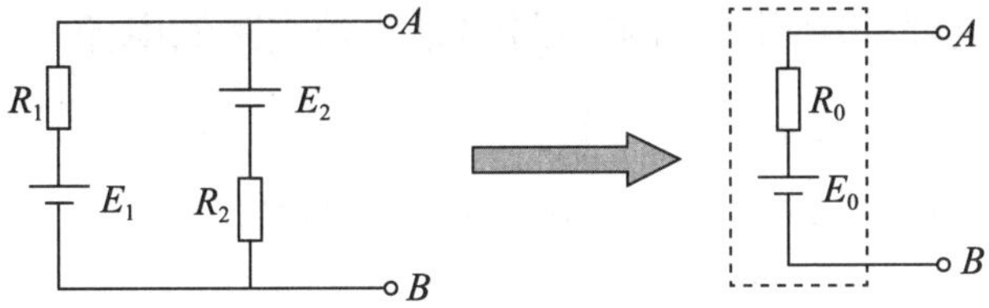

图4-29　戴维南定理的内容

注意：除去电源时，就是让所有电源均不起作用，理想电压源作短路处理，理想电流源作开路处理。

步骤 3：会有源二端网络的等效化简

【例 4-5】用戴维南定理化简图 4-30 所示的有源二端网络。

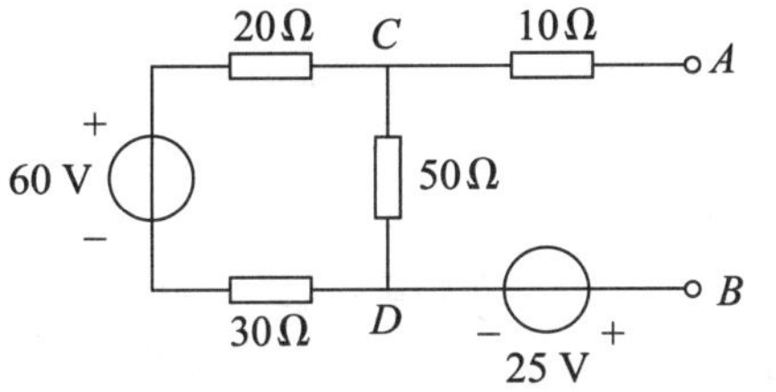

图4-30　例4-5题图1

解：(1) 求开路电压 U_{AB}。开路电压 U_{AB} 等于从 A 点到 B 点所经路径上全部电压的代数和。由图可知

$$U_{AB}=\frac{50}{30+20+50}\times 60-25=5\text{ V}$$

(2) 求等效内阻 R_0。将二端网络中的电压源短路，得无源二端网络，如图 4-31 (a) 所示，由图可知，其等效内阻为

$$R_0=R_{AB}=10+\frac{(20+30)\times 50}{(20+30)+50}=35\ \Omega$$

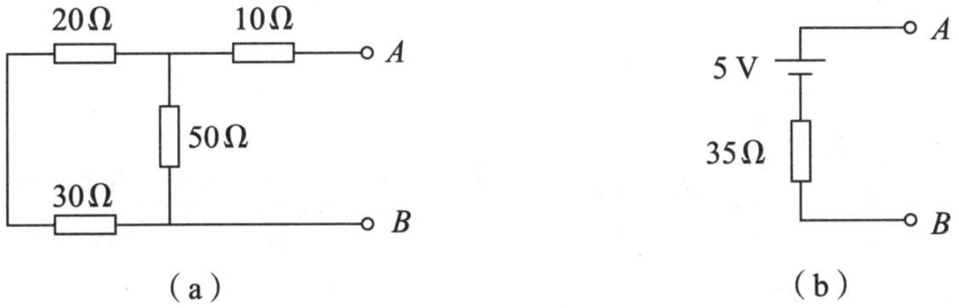

图4-31　例4-5题图2

（3）画出等效电压源模型。作图时，应注意使等效电源电压的极性与原二端网络开路端电压的极性一致，等效电路如图 4-31（b）所示。

步骤 4：戴维南定理的应用—— 求电路中某一条支路的电流

【例 4-6】电路如图 4-32 所示，已知：$E_1 = 12$ V，$E_2 = 6$ V，$R_1 = 2\ \Omega$，$R_2 = 2\ \Omega$，$R_3 = 8\ \Omega$，利用戴维南定理求：流过电阻 R_3 的电流 I_3 的值。

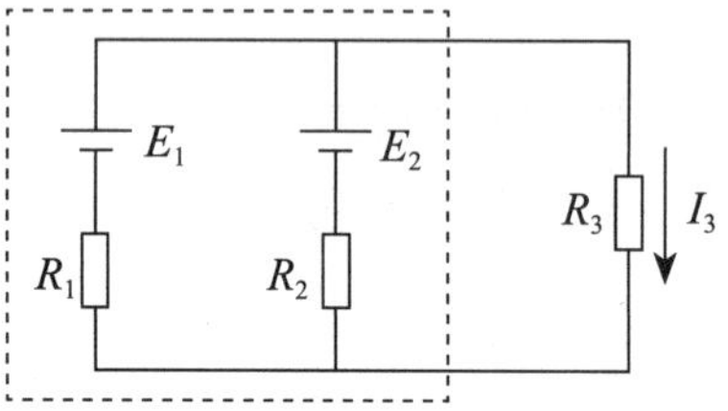

图4-32　例4-6题图1

解：（1）断开待求支路，得有源二端网络，如图 4-33（a）所示。

试求开路电压 U_{AB}。

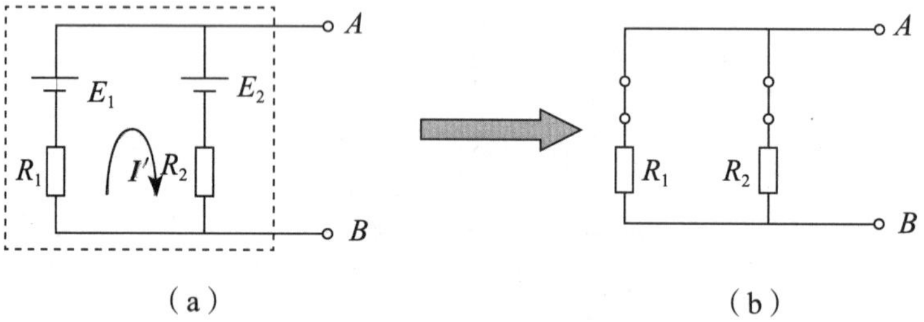

图4-33　例4-6题图2

回路中的电流 I' 为：$I' = \dfrac{E_1 - E_2}{R_1 + R_2} = \dfrac{12-6}{2+2}\text{ A} = 1.5\text{ A}$

开路电压 U_{AB} 为：$U_{AB} = E_2 + I'R_2 = 6 + 1.5 \times 2 = 9\text{ V} = E_0$

（2）将有源二端网络除源后，如图 4-34（b）所示，求等效内电阻 R_0

$$R_0 = \frac{R_1R_2}{R_1+R_2} = \frac{2\times 2}{2+2}\ \Omega = 1\ \Omega$$

（3）画出等效电路，如图 4-34 所示，求待求支路电流。

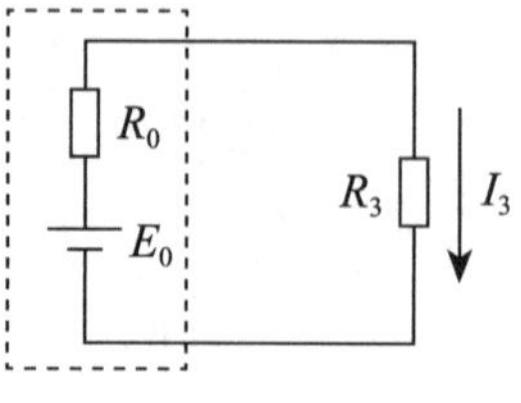

$$I_3 = \frac{E_0}{R_0+R_3} = \frac{9}{1+8}\text{ A} = 1\text{ A}$$

图4-34　例4-6题图3

任务检测

1. 将图 4−35 所示有源二端网络等效为一个电压源。

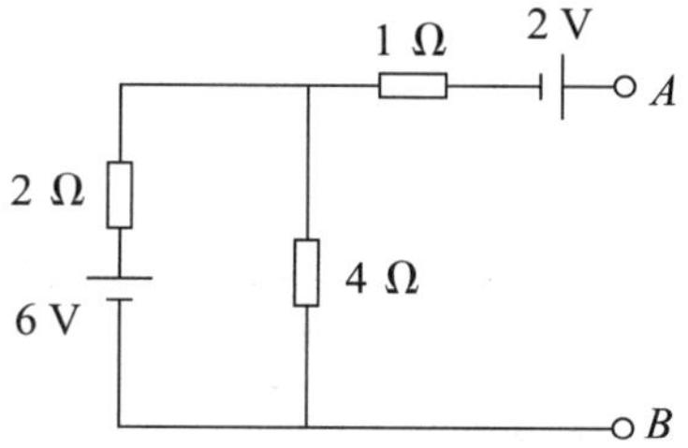

图4−35　任务检测1题图

2. 如图 4−36 所示，已知：$E_1=15\ \text{V}$，$E_2=12\ \text{V}$，$E_3=3\ \text{V}$，$R_1=R_2=R_3=R_4=1\ \Omega$，$R_5=11\ \Omega$，试求：（1）S 断开时，$R_5$ 中的电流及其两端的电压值；
（2）S 闭合时，R_5 中的电流值。

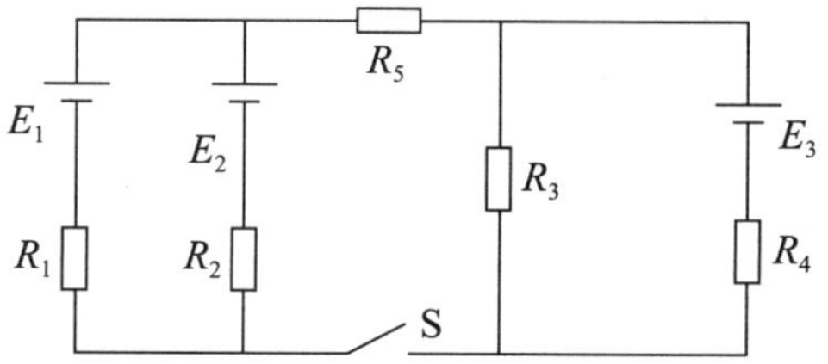

图4−36　任务检测2题图

任务拓展

如图 4−37 所示电路，已知：$E=8\ \text{V}$，$R_1=3\ \Omega$，$R_2=5\ \Omega$，$R_3=R_4=4\ \Omega$，$R_5=0.125\ \Omega$，应用戴维南定理求电阻 R_5 中的电流 I 值。

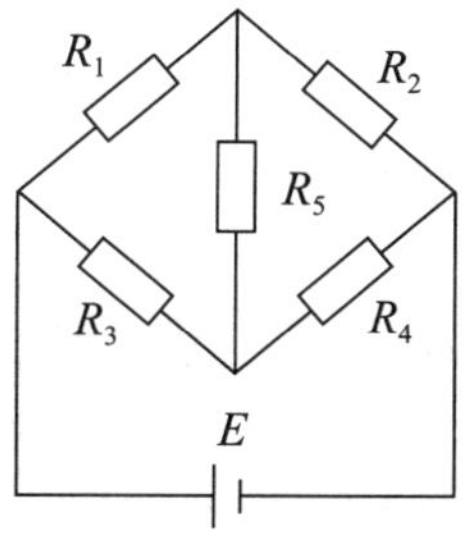

图4−37　任务拓展题图

任务五 了解叠加定理

任务描述

在拔河比赛中，大家一起拔一根绳子，绳子最后的状态取决于大家共同作用的结果。叠加定理与之类似，当一个电路中有多个电源作用时，电路中的电流是各个电源共同作用的结果。如图 4-38（a）所示电路中的电流为

$$I=\frac{E_1+E_2}{R_1+R_2+R_3}=\frac{E_1}{R_1+R_2+R_3}+\frac{E_2}{R_1+R_2+R_3}$$

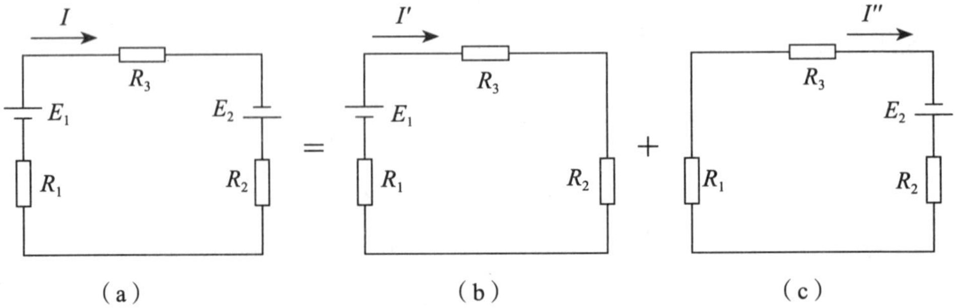

图4-38 电路图

图 4-38（a）中两个电源共同作用产生的电流相当于（b）图和（c）图中两个电源单独作用时产生电流的叠加。利用这种理念，我们可以把一个复杂电路分解为若干个简单电路来进行分析，最后再把结果合成，就可以求出原有电路中的电压、电流，避免了对联立方程组的求解。这种化繁为简，应用简单电路的知识来解决复杂电路的问题，对于初学者不失为一种解决复杂电路的好方法。

任务目标

1. 掌握叠加定理的内容；
2. 能利用叠加定理计算复杂电路中的电流或电压。

任务实施

一、任务准备

在实际电路中，某元件两端有电压，元件中就有电流流过，我们常用纵坐标表示电流 I、横坐标表示电压 U。这样画出的 $I-U$ 函数图像叫作导体的伏安特性曲线，如图 4-39 所示。

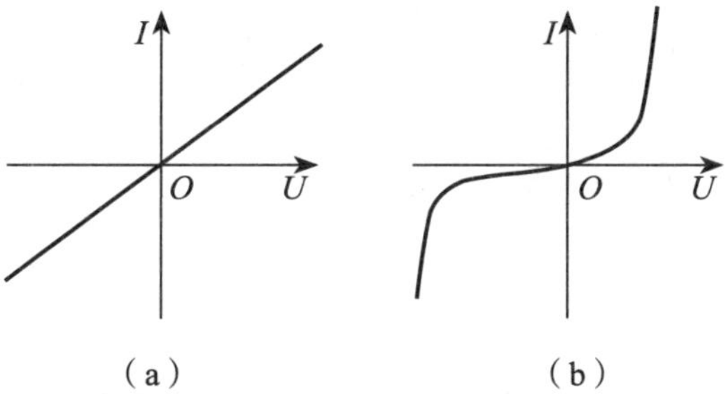

图4-39　线性元件和非线性元件

图 4-39（a）所示元件的伏安特性曲线是通过坐标原点的直线，这种元件叫作线性元件。线性元件的阻值是常数，不随外加电压及通过其中的电流变化而变化，除敏感性电阻，一般的电阻元件均为线性元件；图 4-39（b）所示元件的伏安特性曲线是一条曲线，这种元件叫作非线性元件。非线性元件的阻值不是常数，随外加电压及通过其中的电流变化而变化，电子线路中的半导体元件一般为非线性元件。由线性元件组成的电路叫线性电路。

二、任务过程

步骤 1：学习叠加定理的内容

在线性电路中，当有几个电源共同作用时，各支路的电流（或电压）等于各个电源单独作用时在该支路产生的电流（或电压）的代数和（叠加）。

这里所说的某个电源单独作用，是指其余的电源不作用，对不作用的电压源应该用短路线代替，但要注意保留电压源的内阻。

步骤 2：叠加定理的应用举例

【例 4-7】如图 4-40 所示，已知 $E_1 = 17\ \text{V}$，$E_2 = 17\ \text{V}$，$R_1 = 2\ \Omega$，$R_2 = 1\ \Omega$，$R_3 = 5\ \Omega$，试应用叠加定理求各支路电流 I_1、I_2、I_3 的值。

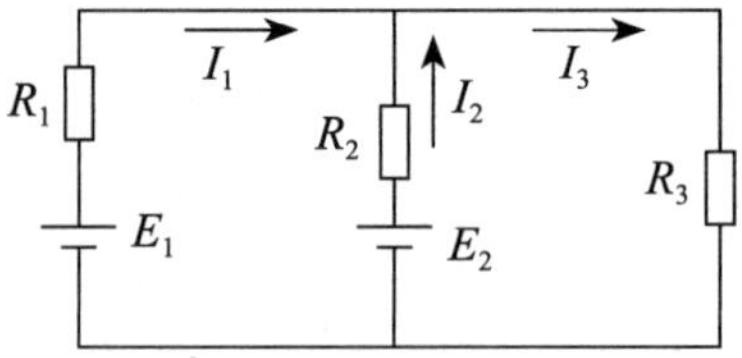

图4-40　例4-7题图1

解：（1）E_1 单独作用时，如图 4-41（a）所示，则

$$I_1'=\frac{E_1}{R_1+\dfrac{R_2R_3}{R_2+R_3}}=\frac{17}{2+\dfrac{1\times 5}{1+5}}\text{ A}=6\text{ A}$$

$$I_2'=\frac{R_3}{R_3+R_2}I_1'=\frac{5}{6}\times 6\text{ A}=5\text{ A}$$

$$I_3'=I_1'-I_2'=(6-5)\text{ A}=1\text{ A}$$

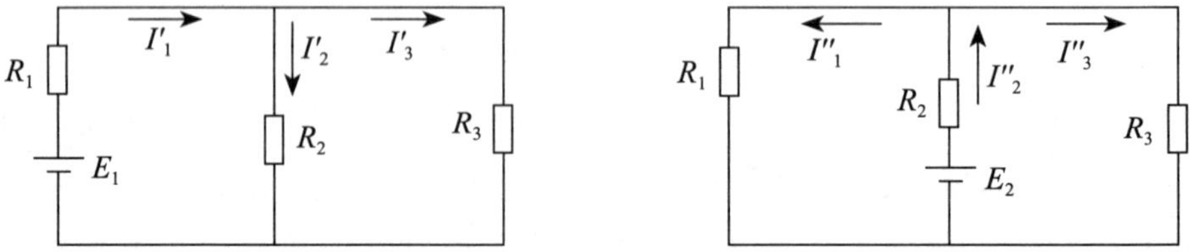

（a）　　　　（b）

图4-41　例4-7题图2

（2）E_2 单独作用时，如图 4-41（b）所示，则

$$I_2''=\frac{E_2}{R_2+\dfrac{R_1R_3}{R_1+R_3}}=\frac{17}{1+\dfrac{2\times 5}{2+5}}\text{ A}=7\text{ A}$$

$$I_1''=\frac{R_3}{R_1+R_3}I_2''=\frac{5}{7}\times 7\text{ A}=5\text{ A}$$

$$I_3''=I_2''-I_1''=(7-5)\text{ A}=2\text{ A}$$

（3）将各分电流进行叠加（即求出代数和）

$I_1=I_1'-I_1''=1\text{ A}$（$I_1$ 的方向与 I_1' 相同与 I_1'' 相反）

$I_2=I_2''-I_2'=2\text{ A}$（$I_2$ 的方向与 I_2'' 相同与 I_2' 相反）

$I_3=I_3''+I_3'=3\text{ A}$（$I_3$ 的方向与 I_3'、I_3'' 均相同）

注意：在进行叠加时，若某电流分量与原电路电流参考方向相同时，取“+”；反之取“−”。

步骤 3：了解叠加定理使用注意事项

应用叠加定理应注意以下几点：

1. 叠加定理只适用于线性电路，不适用于非线性电路；

2. 在线性电路中，叠加定理只能用来计算电路中的电压和电流，不能用于计算功率，因为功率与电压或电流之间不是线性关系，而是平方关系；

3. 对不作用的电压源应视为短路，但内阻应保留；

4. 最后进行叠加时要注意电流或电压的方向，正确选取各分量的正、负号。

任务检测

1. 如图 4−42 所示电路中，已知开关 S 打在位置 1 时，电流表读数为 3 A，求当开关打在位置 2 时，电流表的读数应为 ________。

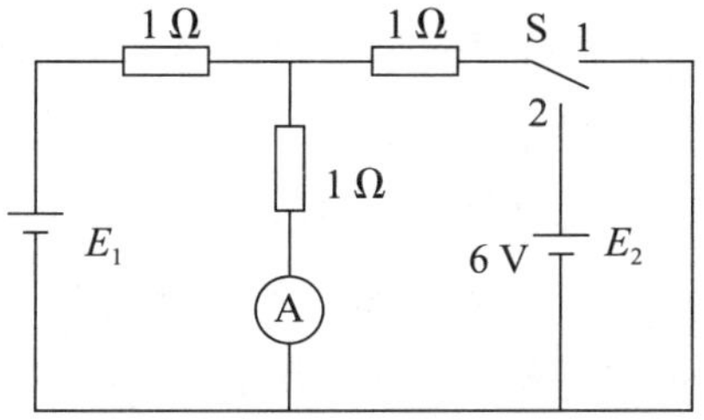

图4−42　任务检测1题图

2. 如图 4−43 所示，已知 $E_1 = 12$ V，$E_2 = 15$ V，$R_1 = 6\ \Omega$，$R_2 = R_3 = 3\Omega$，用叠加定理求各支路电流 I_1、I_2、I_3 的值。

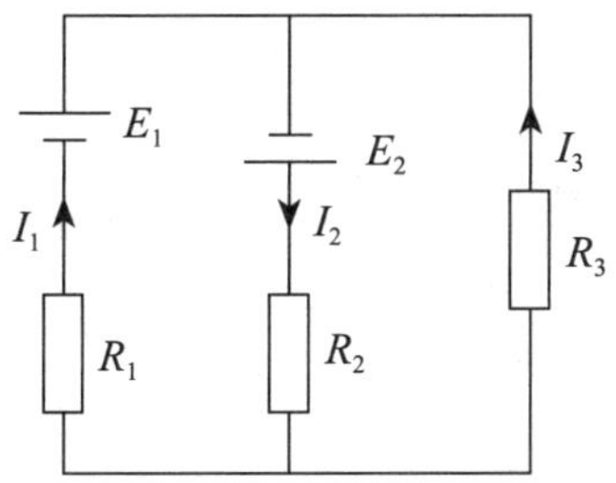

图4−43　任务检测2题图

项目小结

1. 基尔霍夫定律是分析计算复杂电路的基本定律，它阐明了电路中各部分电流和电压之间的相互关系，是计算复杂电路的基础，该定律的内容包括：

（1）基尔霍夫电流定律（KCL）：对电路中任意一节点，流入节点的电流之和等于流出节点的电流之和 。

（2）基尔霍夫电压定律（KVL）：在任意瞬间，沿电路中任一回路绕行一周，各段电压的代数和恒等于零 。

2. 支路电流法是计算复杂电路最基本的方法。它是以各条支路电流为未知量，根据基尔霍夫定律列出联立方程组，然后求解方程组得各支路电流。若复杂电路有 m 条支路、n 各节点，则可列出（$n-1$）各独立节点电流方程和 $m-$（$n-1$）各独立回路电压方程。

3. 戴维南定理适用于求复杂电路中的某一条支路的电流。它的内容是：任何一个线性有源二端网络都可以用一个等效电压源来代替。等效电压源的电动势 E_0 等于有源二端网络的开路电压；其内阻 R_0 等于有源二端网络除源后的等效电阻。

4. 叠加定理是用简单电路的分析方法来解决复杂电路的问题，它也是求解复杂电路的一种方法。其内容是：在线性电路中，当有几个电源共同作用时，任何一条支路的电流（或电压），都是各个电源单独作用时在该支路中产生的电流（或电压）的代数和。

综合测试

一、填空题

1. 在如图4-44所示电路中，其节点数为________个，支路数为________条，回路数为________个，网孔数为________个。

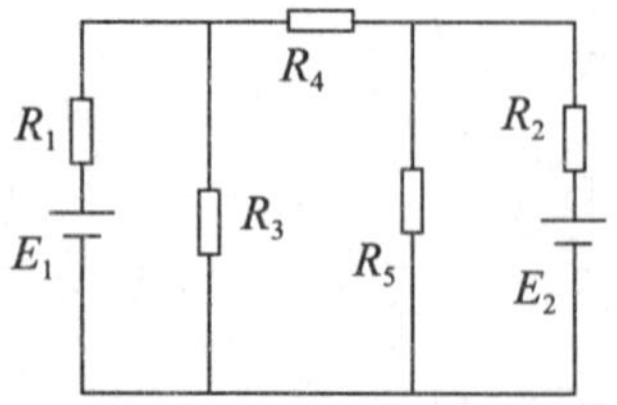

图4-44　填空题1题图

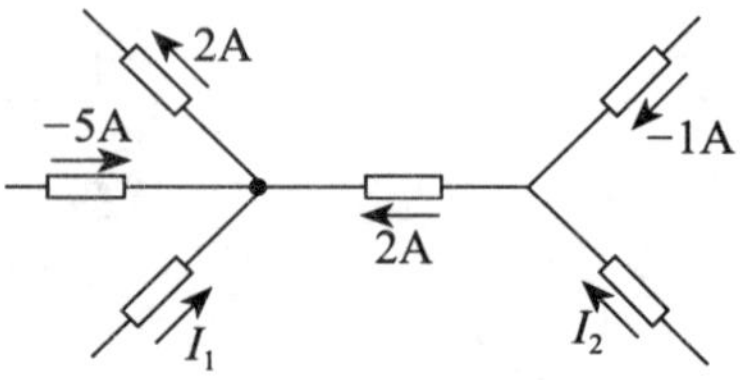

图4-45　填空题2题图

2. 如图 4-45 所示电路中，I_1= ____________ A，I_2= ____________ A。

3. 应用支路电流法解复杂支流电路时，若电路中有 b 条支路，n 个结点，m 个网孔，则需要列出 ____________ 个节点电流方程式；____________ 个网孔电压方程，即可以得到 ____________ 个独立方程，最后联立求解。

4. 测试一个有源二端网络参数的实验电路，如图 4-46 所示，由测试数据可知该有源二端网络的等效电压为 ____________，等效内阻为 ____________。

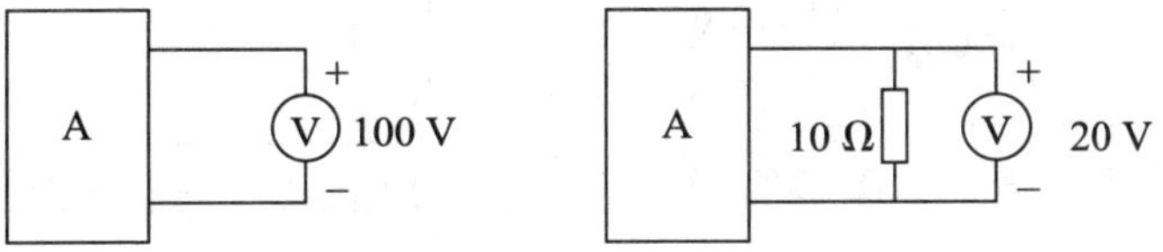

图4-46　有源二端网络

5. 叠加定理只适用于 ____________ 电路，而且叠加定理只能用来计算 ____________ 和 ____________，不能直接用于计算 ____________。

二、选择题

1. 如图 4-47 所示电路中，回路的 KVL 方程为（　　）。

A. $U_1 + U_2 + U_3 = 0$　　B. $U_1 - U_2 - U_3 = 0$

C. $U_1 + U_2 - U_3 = 0$　　D. $U_1 - U_2 + U_3 = 0$

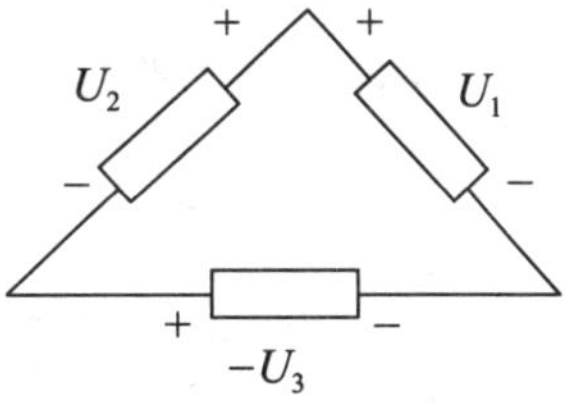

图4-47　选择题1题图

2. 电路如图 4-48 所示，正确的关系式是（　　）。

A. $I_1 = \dfrac{E_1 - E_2}{R_1 + R_2}$　　B. $I_2 = \dfrac{E_2}{R_2}$

C. $I_1 = \dfrac{E_1 - I_3 R_3}{R_1 + R_2}$　　D. $I_2 = \dfrac{-E_2 - I_3 R_3}{R_2}$

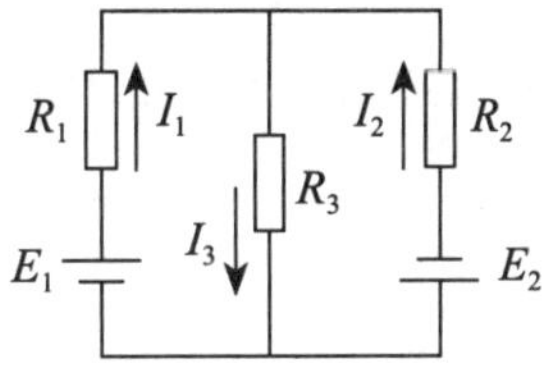

图4-48　选择题2题图

3. 如图4-49所示，电源电动势 $E_1 = E_2 = 6$ V，内电阻不计，$R_1 = R_2 = R_3 = 3$ Ω，则 A、B 两点间的电压是（　　）。

A. 0 V　　B. −3 V

C. 6 V　　D. −9 V

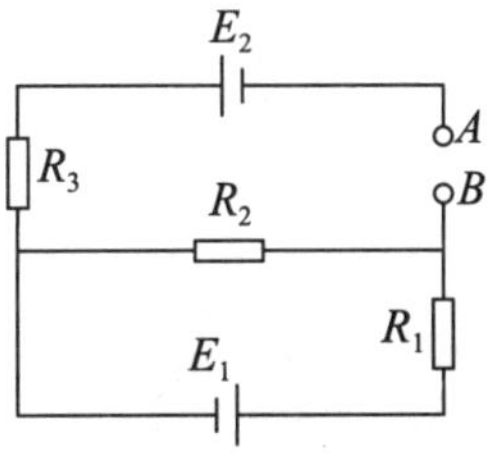

图4-49　选择题3题图

4. 一个有源二端网络，测得其开路电压为 100 V，短路电流为 10 A，当外接 10 Ω 负载时，负载电流为（　　）。

A. 2 A　　B. 5 A

C. 10 A　　D. 20 A

三、分析计算题

1. 如图 4−50 所示，求：R_2 的阻值和流过它的电流 I_2 值。

2. 如图 4−51 所示，已知 $E_1 = 18$，$E_2 = 9\ \text{V}$，$R_1 = R_2 = 1\ \Omega$，$R_3 = 4\ \Omega$，用支路电流法求各支路电流值。

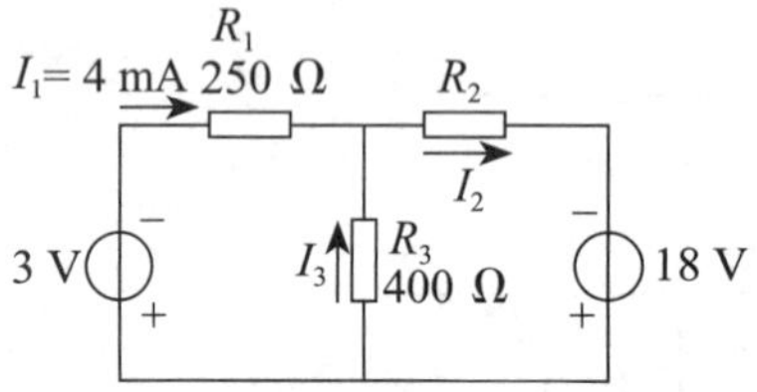

图4−50　分析计算题1题图

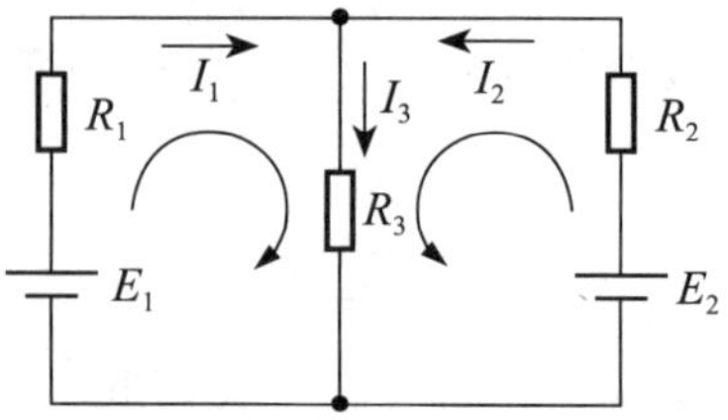

图4−51　分析计算题2题图

3. 如图 4−52 所示电路中，$E_1 = 40\ \text{V}$，$E_2 = 5\ \text{V}$，$E_3 = 25\ \text{V}$，$R_1 = 5\ \Omega$，$R_2 = R_3 = 10\ \Omega$，用支路电流法求各支路电流值。

4. 如图 4−53 所示，$E_1 = 10\ \text{V}$，$E_2 = 4\ \text{V}$，$R_1 = R_2 = R_6 = 2\ \Omega$，$R_3 = 1\ \Omega$，$R_4 = 10\ \Omega$，$R_5 = 8\ \Omega$，试用戴维南定理求通过电阻 R_3 的电流值。

5. 如图 4−54 所示，已知：电源电动势 $E_1 = 48\ \text{V}$，$E_2 = 32\ \text{V}$，电阻 $R_1 = 4\ \Omega$，$R_2 = 6\ \Omega$，$R_3 = 16\ \Omega$，试用叠加定理求通过 R_1、R_2、R_3 的电流值。

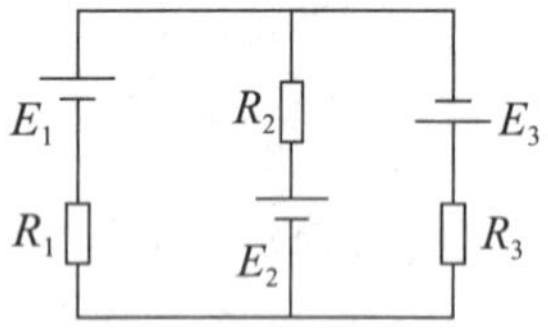

图4−52　分析计算题3题图

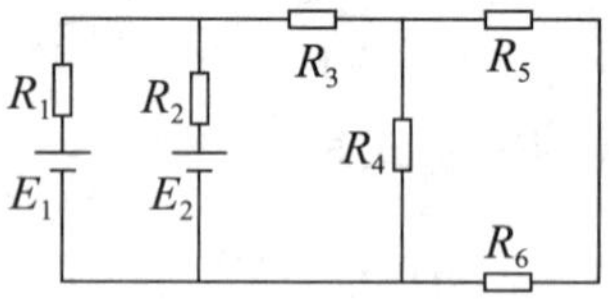

图4−53　分析计算题4题图

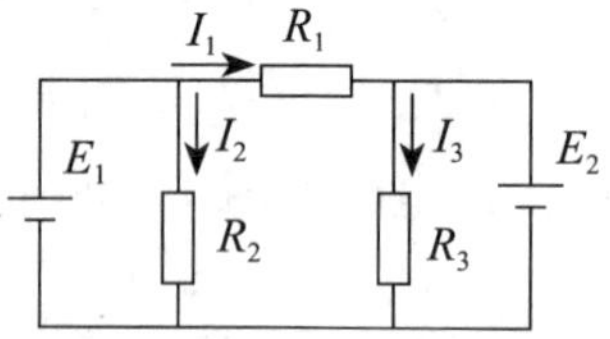

图4−54　分析计算题5题图

项目五 认识电容器

项目概述

打开电视机、收音机后盖或其他电子产品，都会看到电路板，如图 5-1 所示，电路板上有琳琅满目的元器件，除了前面我们认识的电阻外，排第二位的就是各种各样的电容器。

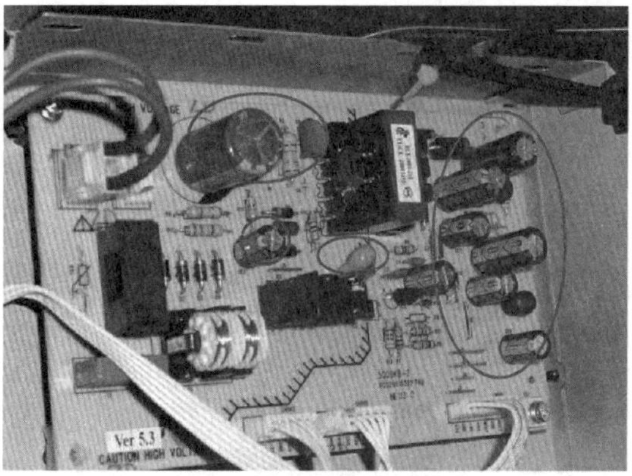

图5-1　线路板

在电路中电容器就是储存电荷、容纳电荷的器件，在电工电子技术中扮演着十分重要的角色，理解电容和电容器的基础知识，将为学好交流电路和电子技术打下基础。本项目主要介绍电容器的结构、特点、种类、连接以及检测方法，通过本项目的学习，希望学生能够达到以下目标。

项目目标

1. 了解常用电容器的结构、种类和参数；
2. 理解电容量的概念以及影响电容量大小的因素；
3. 理解电容器充、放电的规律；
4. 会检测电容器的质量和好坏；
5. 掌握电容器串联、并联的性质以及相关计算。

任务一 认识电容器的结构

任务描述

拿出一个杯子，往里面倒水，倒满水后，再把杯子里的水喝掉。在这里，杯子就是一个盛水的容器，那么有没有能储存电荷的容器呢？一个杯子能容纳多少水取决于杯子的容积，那么储存电荷的容器能储存多少电荷取决于什么呢？

任务目标

1. 了解电容器的结构、符号和外形；
2. 理解电容量的概念及其影响因素。

任务实施

一、任务准备

准备 9 V 的电池一节、2200 μF 的电解电容器一只，100 Ω 电阻一只，小灯泡一只，连接导线的接线夹一对，如图 5-2 所示。

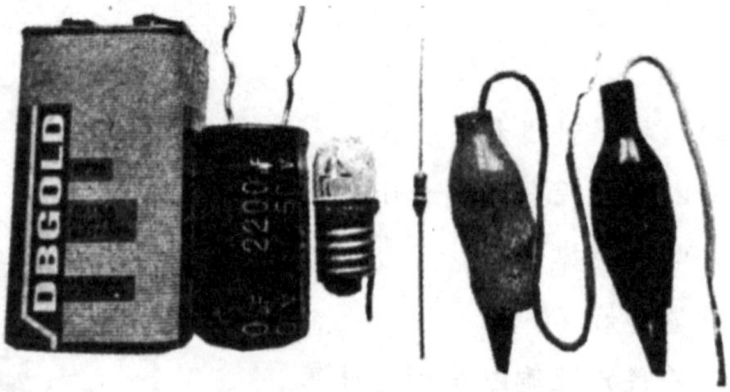

图5-2　准备器材

二、任务过程

步骤 1：认识电容器的结构和符号

任何两个彼此绝缘又相互靠近的导体都可以构成电容器，如图 5-3（a）所示，就像三明治一样。这两个导体称为电容器的两个极板，中间的绝缘材料称为电容器的介质，引出的两根引线称为电极。实际的电容器一般都卷成圆柱形，如图 5-3（b）所示，之所以要卷成圆柱形是为了尽可能增大两块极板的面积。电容器在电路中的图形符号如图 5-3（c）所示。

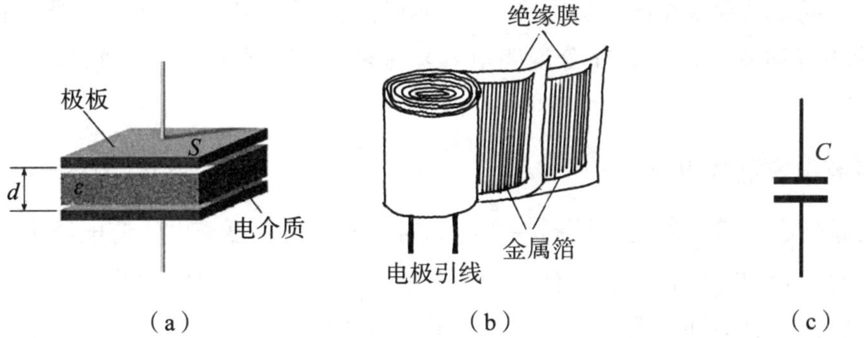

图5-3　电容器结构和符号

步骤 2：研究电容器的储能特性

1. 搭接实验电路对电容器充电

将电容器串联一只 100 Ω 的限流电阻后与 9 V 的电池接成闭合回路，电容引脚长的一端（正极）接电池的正极，如图 5-4 所示。接通几分钟后，移开电池。

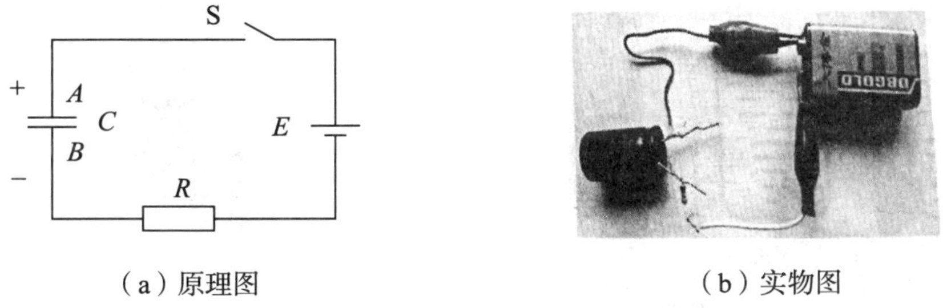

图5-4　电容器充电

2. 把小灯泡接在充电后的电容器两端

把小灯泡接与充电后的电容器接成闭合回路，如图 5-5 所示。

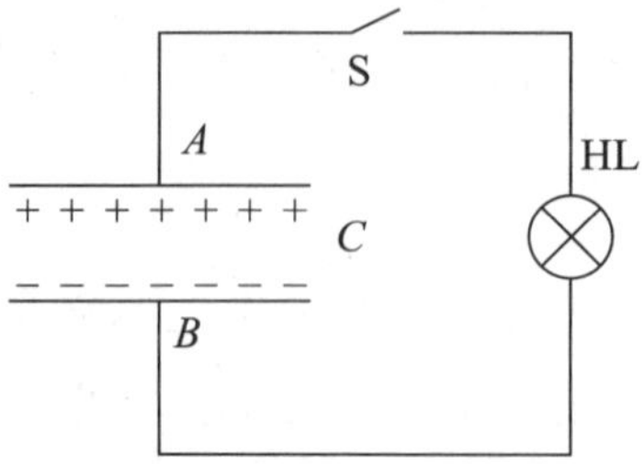

（a）原理图

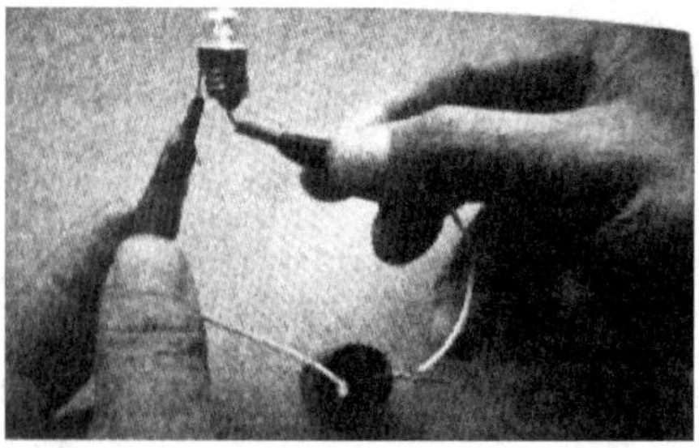

（b）实物图

图5-5　电容器对小灯泡放电

现象：小灯泡接成闭合回路的一瞬间亮了，小灯泡发光的电能是哪里来的呢？是电容器储存的电能让小灯泡发光的。这充分说明电容器是能储存电荷的容器，它是一种储能元件。

步骤 3：研究电容器的电容量

在电容器的储能小实验中发现，用同一个电源对不同的电容器充电，充电结束后，有的电容器使小灯泡发光的时间长一点，有的电容器使小灯泡发光的时间短些，这是为什么呢？我们很容易想到，使小灯泡发光的时间长的电容器在充电时储存的电能多，使小灯泡发光的时间短的电容器在充电时储存的电能少。在充电电源相同的情况下，电容器储存电能的多少跟什么因素有关呢？为表示电容器储存电荷本领的大小，我们引入“电容量”这个物理量。

为了更好地理解电容量的物理意义，我们先来看看图 5-6 中电容器与水容器的对比示意图。

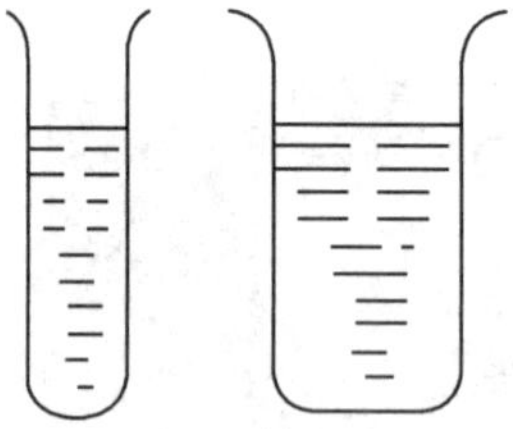

（a）水容器

（b）电容器

图5-6　水容器与电容器容量对比

在图 5-6（a）中有两个水容器，虽然它们的水面高度一样，但是右边的水容器装的水会多一些，那是因为它的容积大一些。如果把水面高度理解为电容器的电压，那么水容器的容积就可理解为电容器的电容量，我们就很容易理解，当电容器两端的电压一样时，电容量大的电容器所储存的电荷多，如图 5-6（b）所示。

把电容器两极板间加 1 V 电压，电容器所带的电荷量叫作电容器的电容量，简称电容，

用符号 C 表示。电容量 C、电荷量 Q、电压 U 三者具有如下的关系

$$C=\frac{Q}{U} \tag{5-1}$$

式中，Q——极板上所带电荷量，单位为 C（库仑）；

U——极板间的电压，单位为 V（伏）；

C——电容器的电容量，单位为 F（法拉）。

电容量的单位是法拉，简称法，用 F 表示，这个单位太大，使用不方便，常用较小的单位有微法（μF）和皮法（pF）。它们间的换算关系

$$1\,\mu F=10^{-6}\,F；1pF=10^{-12}\,F$$

注意：电容量是电容器的固有属性，它只与电容器的极板正对面积、极板间距离以及极板间电介质的材料有关。而与外加电压的大小、电容器带电多少等外部条件无关。

$$C=\varepsilon\frac{s}{d} \tag{5-2}$$

式中：s 表示两极板的正对面积，单位是 m^2，d 表示两极板间的距离，单位是 m，ε 是电介质的介电常数，与电介质的材料有关，单位是 F/m，C 是电容量，单位是 F。

【例 5-1】有一电容器加 10 V 电压时所带电荷量为 10^{-6} C，试求：

（1）电容器的电容量；

（2）当电容器两端加 20 V 电压时，所带电荷量。

解：（1）$C=\frac{Q}{U}=\frac{10^{-6}}{10}=10^{-7}\,F=0.1\,\mu F$

（2）$Q=CU=20\times10^{-7}=2\times10^{-6}\,C$

任务检测

1. 用绝缘材料隔开的两个导体的组合叫作电容器，这两个导体称为电容器的两个____________，中间的绝缘材料称为电容器的____________。

2. 一个电容器，当它接到 50 V 直流电源上时，所带电荷量为 2×10^{-6} C，则该电容器的电容量为____________，若把它接到 100 V 直流电源上时，电容量为____________，所带电荷量为____________。

3. 电容量的单位是____________，比它小的单位还有____________和____________，它们之间的换算关系是____________________________________。

4. 有人说电容器带电时有电容，不带电就没有电容。这种说法对吗？为什么？

任务二　探究电容器的充电和放电

任务描述

在光线较暗处拍照片时，通常要使用照相机上的闪光灯，闪光灯工作需要在闪光管两端有几千伏以上的触发电压，而照相机都是用几伏的电池作为电源，那么闪光管上几千伏的电压是怎么产生的呢?

任务目标

1. 了解电容器的充、放电过程；
2. 理解电容器充、放电的规律和特点。

任务实施

一、任务准备

按图 5-7 准备实验器材：100 Ω 电阻两只，2 000 μF/25 V 电容器一只，发光二极管两只，开关一只，直流稳压电源一台。

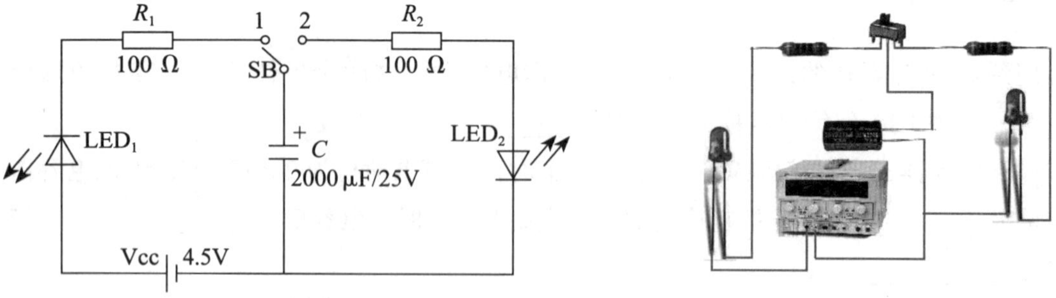

（a）原理图　　　　（b）实物接线图

图5-7　充放电电路图

二、任务过程

步骤 1：研究电容器的充电过程

使电容器带上电荷的过程称为电容器的充电。

1. 按图 5-7 搭接实验电路，将开关拨到 1 位置，观察发光二极管的亮度变化情况。

现象：开关接通瞬间发光二极管 LED1 最亮，然后逐渐变暗，最后熄灭，LED2 不亮。

2. 用 EWB 仿真软件搭接如图 5-8 所示的仿真实验电路，将开关 S 置于 1 位置，观察电流表和电压表的读数变化情况。

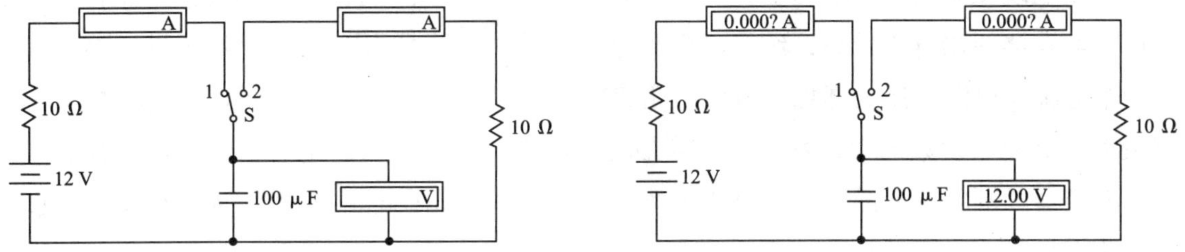

（a）充电开始　　（b）充电结束

图5-8　电容器充电仿真电路

现象：电压表读数由 0 慢慢上升至 12 V，电流表读数由最大值 1.2 A 慢慢下降为 0。

3. 充电现象分析：开关 SB 拨向 1 瞬间，电容器极板上还没有电荷，电容器两端电压为零，电压表读数为零。此时，电源电压全部加在充电电阻 R_1 和发光二极管 LED1 上，电路中充电电流最大，电流表读数最大，发光二极管 LED1 最亮；随着充电的进行，电容器储存的电荷越来越多，电容器两端电压慢慢上升，电压表读数慢慢上升，电源加在电阻 R_1 和发光二极管 LED1 上的电压慢慢减小，电路中充电电流也越来越小，电流表读数慢慢下降，发光二极管逐渐变暗；最终电容器两端电压上升至电源电压，充电电流减小为零，发光二极管熄灭，充电结束。

步骤 2：研究电容器的放电过程

充电后的电容器失去电荷的过程叫电容器的放电。

1. 在图 5-7 所示的实验电路，将开关拨到 1 位置充电结束后，将开关 S 由“1”位置拨至“2”位置，观察发光二极管的亮度变化情况。

现象：开关拨至“2”位置瞬间发光二极管 LED2 最亮，然后逐渐变暗，最后熄灭，发光二极管 LED1 不亮。

2. 用 EWB 仿真软件搭接如图 5-9 所示的仿真实验电路，将开关 S 由“1”位置拨至“2”位置，观察电流表和电压表的读数变化情况。

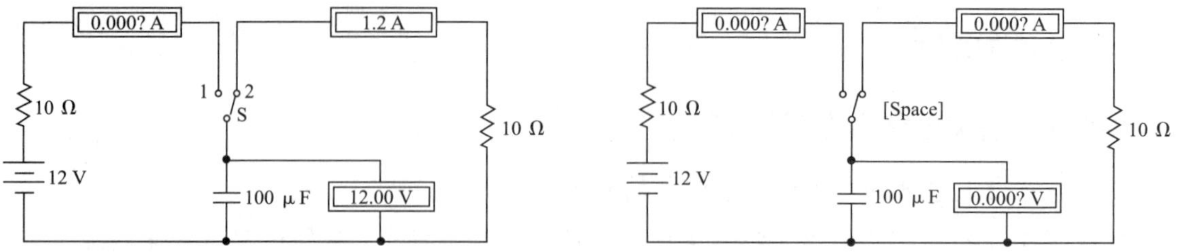

（a）放电开始　　（b）放电结束

图5-9　电容器放电仿真电路

现象：电压表读数由 12 V 慢慢下降至 0，电流表读数由最大值 1.2 A 慢慢下降为 0。

3. 放电现象分析：开关 S 由“1”位置拨至“2”位置瞬间，电容器极板上储存了很多电荷，电容器两端电压最高，约等于电源电压，电压表读数为 12 V。充满电的电容器相当于一个电源，电源电压全部加在放电电阻 R_2 和发光二极管 LED2 上，此时，电路中放电电流最大，电流表读数最大，发光二极管最亮；随着放电的进行，电容器储存的电荷越来越少，电容器两端电压慢慢下降，电压表读数慢慢下降，加在电阻 R_2 和发光二极管 LED2 上的电压慢慢减小，电路中放电电流也越来越小，电流表读数慢慢下降，发光二极管逐渐变暗；最终电容器储存的电荷全部释放完毕，电容两端电压降为零，放电电流也减小为零，发光二极管熄灭，放电结束。

步骤 3：总结电容器充、放电规律

1. 电容器的充电规律

（1）电容器充电开始的一瞬间，电容器两端电压为零，充电电流最大。

（2）电容器充电过程中，电容器两端电压慢慢上升，充电电流逐渐减小。

（3）充电结束时，电容器两端电压近似等于电源电压，充电电流为零，充满电荷的电容器相当于一个电源，对直流电源而言就像一个断开的开关。

2. 电容器的放电规律

（1）电容器放电开始的一瞬间，电容器两端电压最高，放电电流最大。

（2）电容器放电过程中，电容器两端电压慢慢下降，放电电流也逐渐减小。

（3）放电结束时，电容器两端电压为零，放电电流为零。

电容器充、放电过程中，电容器端电压不能突变，电容器能储存电荷。

任务检测

1. 电容器在充电过程中，充电电流逐渐 ______，电容器两端电压逐渐 ______；在放电过程中，放电电流逐渐 ______，电容器两端电压逐渐 ______。

2. 电容器充、放电过程中，电路中的 R 与 C 的大小对其充放电过程有什么样的影响？

3. 电容器的充放电电流实际通过电容器的绝缘介质吗？当电容器加上交流电压时，电路中有电流通过吗？为什么？

任务三　会识别和检测电容器

任务描述

电容器的种类很多，如何识别不同类型的电容器？在观察电容器时，电容器的外壳上标注着各种各样的字母和数字，它们表示什么意义呢？怎么测量一只电容器的质量好坏？这些问题就是本次任务要搞明白的问题。

任务目标

1. 能识别常用电容器；
2. 学会电解电容器极性的判别；
3. 学会用万用表的电阻挡判别较大容量电容器质量的好坏。

任务实施

一、任务准备

准备好以下实验器材：各种类型的电容器若干，指针式万用表一只。

二、任务过程

步骤 1：认识常见电容器的种类和外形

电容器按其结构可分为固定电容器、可变电容器和微调电容器三类。

电容量不可以调节的电容器叫作固定电容器。电容量能在较大范围内调节的电容器叫作可变电容器。电容量在较小范围内可以调节的电容器叫微调电容器。按介质材料的不同电容器可以分为：瓷介电容、涤纶电容、电解电容、云母电容、有机薄膜电容等，它们各有不同的用途。例如，瓷介电容常用于高频旁路，电解电容用于电源滤波等。常见电容器的外形如图 5-10 所示。

（a）瓷片电容器　（b）涤纶电容器　（c）云母电容器　（d）电解电容器

（e）电力电容器　（f）贴片电容器　（g）微调电容器　（h）空气可变电容器

图5-10　常见电容器的外形

电容器在电路图中的符号如图 5-11 所示。

固定　可变　微调

图5-11　电容器在电路图中的符号

步骤 2：认识电容器的主要参数及其标注方法

1. 电容器的参数

电容器的用途广泛，选用时应根据电容器的标称值和额定工作电压等参数来选择电容器，电容器的主要参数及含义如表 5-1 所示。

表5-1　电容器的主要参数

名称	含义
标称容量	电容器上所表明的电容量
允许误差	电容器电容量的实际值对于标称值的最大允许偏差范围 按允许误差的精密度分为 ±1%（00级）、±2%（0级）、±5%（Ⅰ级）、±10%（Ⅱ级）、±20%（Ⅲ级）等五级（不包括极性电容器） 一般极性电容器的允许误差范围较大，如铝极性电容器的允许误差范围是 −20% ~ +100%
额定工作电压	电容器外壳上所标明的电压值。是指电容器能长时间稳定工作，并且保证电解质性能良好的直流电压的数值。它是电容器能承受的最高直流电压，又称耐压值，使用时不能超过。电容器接入交流电路，应使交流电压的最大值不超过它的额定电压

2. 电容器参数的标注方法

（1）直标法

直标法是指在电容器的表面直接用数字或字母标出标称容量、额定电压等。如图 5-12（a）所示。电容器上标有“10 μF、400 V”字样，就表示这一电容器的标称容量 10 μF，耐压是 400 V。

（2）文字符号法

用 2 ~ 4 位数字和一个字母混合表示电容器的容量大小。如图 5-12（b）所示。其中数字表示有效数值，字母表示容量单位。使用文字符号法时，电容量整数部分写在容量单位符号的前面，容量的小数部分写在容量单位符号的后面。不标单位的，单位均为 PF，当数值小于 1 时，单位均为 μF。允许误差用文字符号 D（±0.5%）、F（±1%）、G（±2%）、J（±5%）、K（±10%）、M（±20%）表示。

例如：电容器上标有“47 n”字样，就表示标称容量是 47 nF。

电容器上标有“3n9J”字样，就表示标称容量是 3.9 nF，允许误差为 ±5%。

（3）数码法

一般用 3 位数字表示电容器容量的大小，其单位为 PF。其中第一、二位为有效数字，第三位表示倍乘数，即表示有效值后“零”的个数。如图 5-12（c）所示。

例如：电容器上标有“105”字样，就表示标称容量是 $10 \times 10^5 = 1000000$ PF = 1 μF。

电容器上标有“682 J”字样，就表示标称容量是 $68 \times 10^2 = 6800$ PF ± 5%。

电容器上标有“104、500 V”字样，就表示标称容量是

$10 \times 10^4 = 100000$ PF = 0.1 μF，额定工作电压 500 V。

（a）直标法　　（b）文字符号法　　（c）数码法

图5-12　电容器参数标注方法

3. 电容器极性的标注方法

对于有极性的电容器，使用时一定要区分电容的正负极，不可接反。可根据电容器引脚长短识别，引脚长为正极，引脚短为负极，如图 5-13（a）所示，也可以根据电容器上的“-”极标志来识别，如图 5-13（b）所示。

（a）电容器引脚长短识别　　（b）电容器的负极标识

图5-13　电容器极性的标注

4. 检测较大容量的电容器质量

（1）将万用表拨到电阻挡（“R × 1K”或“R × 100”）。

（2）将万用表的红表笔接电容器的负极，黑表笔接电容器的正极。

（3）如果指针向右有一定的偏转，并很快回到接近起始位置的地方，表示电容器的质量很好，漏电很小。如图 5-14（a）、（b）所示。

如果指针回不到起始位置，而停在刻度的某处，表示电容器的漏电量很大，这时指针所指出的电阻数值即表示该电容器的漏电阻值。如图 5-14（c）所示。

如果指针偏转到零位置之后不再回去，则说明电容器内部已经短路。如图 5-14（d）所示。

如果指针根本不偏转，则说明电容器内部可能断路，或电容量很小，充电、放电电流很小，不足以使指针偏转。如图 5-14（e）所示。

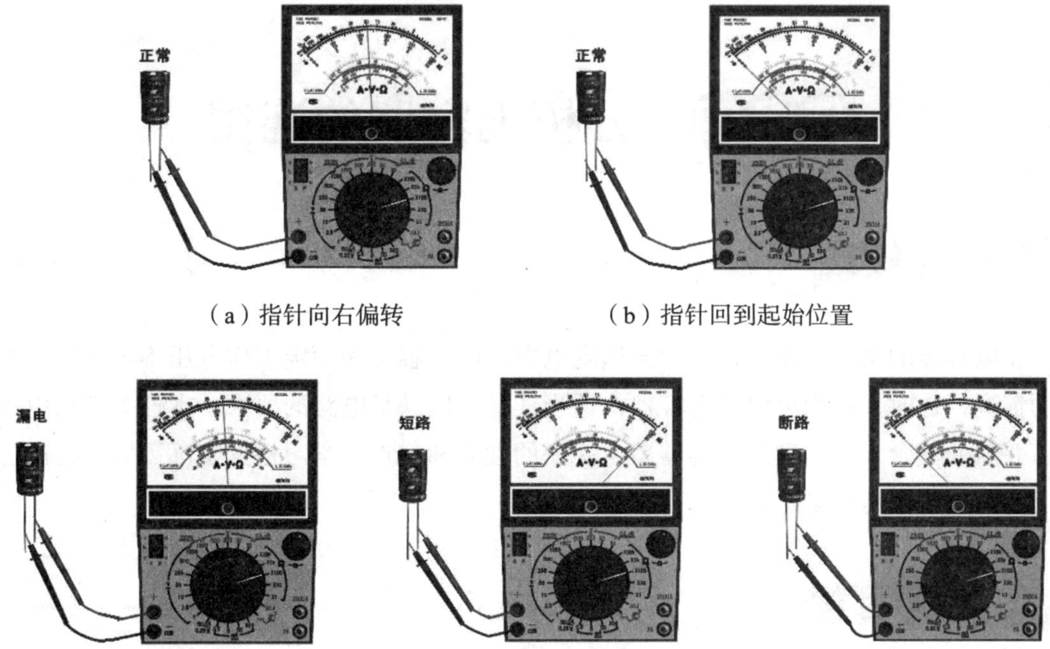

（a）指针向右偏转　（b）指针回到起始位置

（c）电容器漏电　（d）电容器短路　（e）电容器断路

图5-14　检测较大容量电容器

温馨提示

检测刚从线路上拆下来的电容器和大容量、高电压电容器时，应对电容器充分放电后再进行测量，以防电容器中的残存电荷向仪表和人体放电，造成伤害和损失。

任务四　分析电容器的连接

任务描述

在电容器的实际应用中，经常会遇到电容器的电容量和额定工作电压不能满足电路要求的情况，这时，我们可以将电容器作适当连接，以满足电路的要求。本任务将从电容器串、并联的概念入手，理解电容器串、并联的性质和特点，学习根据实际需要，正确选择合适的电容器及其连接方式。

任务目标

1. 理解电容器串联、并联的特点；
2. 掌握等效电容和安全电压的计算方法；
3. 能根据要求正确选择串联、并联方式获得合适的电容。

任务实施

一、任务准备

小王家吊扇中的启动电容坏了，他拆下来发现是一只“2.5 μF，400 V”的电容器，但现只有“5 μF，200 V”的电容器若干只，那么他怎样做才能解决这个问题？

二、任务过程

步骤 1：认识电容器的串联电路

1. 电容器串联的定义

将两只或两只以上的电容器首尾依次相连，中间无分支的连接方式叫作电容器的串联，如图 5–15 所示。

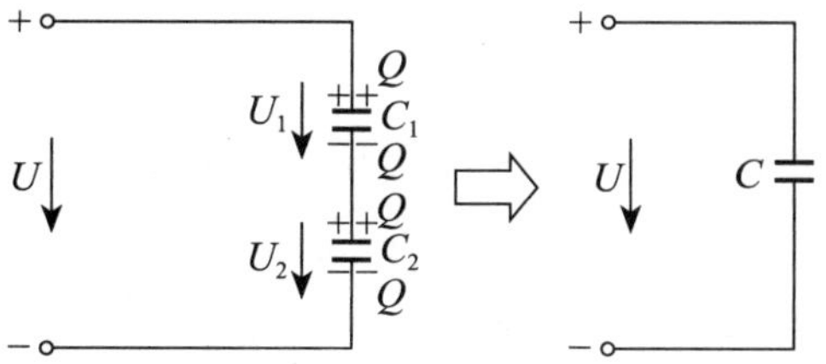

图5-15　电容器的串联

2. 电容器串联的特点

（1）电容器串联电路各电容器所带的电荷量相等。

在电容串联电路中，将电源接到这个电容器组的两个极板上，当给电容 C_1 上面的极板充上电荷量 $+Q$ 时，则下面的极板由于静电感应而产生电荷量 $-Q$，这样电容器 C_2 上面的极板出现电荷量 $+Q$，下面的极板带电量 $-Q$。因此，每个电容器的极板充有等量异种电荷，即每个电容器所带的电荷量相等，都等于串联后等效电容器上所带的电荷量，即

$$Q_1 = Q_2 = \cdots\cdots = Q_n \tag{5-3}$$

（2）电容器串联电路的总电压等于每个电容器两端电压之和。即

$$U = U_1 + U_2 + \cdots\cdots + U_n \tag{5-4}$$

（3）电容器串联电路的总电容的倒数等于各个分电容的倒数之和。

将 $U = U_1 + U_2 + \cdots\cdots + U_\mathrm{n}$ 同除以电荷量 Q，得

$$\frac{U}{Q} = \frac{U_1}{Q} + \frac{U_2}{Q} + \cdots\cdots + \frac{U_n}{Q}$$

即

$$\frac{1}{C} = \frac{1}{C_1} + \frac{1}{C_2} + \cdots\cdots + \frac{1}{C_n} \tag{5-5}$$

当 C_1、C_2 两个电容器串联时，其总电容的计算公式为

$$C = \frac{C_1 C_2}{C_1 + C_2} \tag{5-6}$$

当 n 个容量相等的电容器串联时，其等效电容为

$$C = \frac{C_0}{n} \tag{5-7}$$

电容器串联之后，相当于增大了两极板间的距离，所以总电容小于每个电容器的电容。

（4）电容器串联每只电容器上分配的电压与其电容量成反比。

如有两只电容器 C_1 和 C_2 串联，则每只电容器上分配的电压分别为

$$U_1=\frac{C_2}{C_1+C_2}U \qquad U_2=\frac{C_1}{C_1+C_2}U \tag{5-8}$$

【例 5-2】有一电路需要一只 10μF，耐压为 250 V 的电容器，现在我们只有两只 20μF，耐压为 160 V 的电容器，你有办法满足要求吗？

解：现有电容器的耐压不够，可以通过电容器串联来提升电容器的耐压。用现有两只电容器 $C_1=C_2=20\mu F$，耐压 $U_1=U_2=160$ V，根据电容器串联的特点，两只电容器串联后，总的耐压 U 为

$$U=U_1+U_2=160+160=320\text{ V}$$

电容器串联后，耐压可以符合电路的要求。

两只电容器串联后，总的电容量 C 为

$$C=\frac{C_1}{2}=\frac{20}{2}=10\mu\text{F}$$

电容器串联后，电容量也符合电路的要求。

答：可以把两只电容器串联起来接在电路中使用。

从上例中可以看出，当一个电容器的额定工作电压值太小不能满足需要时，除选用额定工作电压值高的电容器外，还可以采用电容器串联的方式来获得较高的额定工作电压。

【例 5-3】现有两个电容器，一个电容器的电容 $C_1=2\mu F$，额定工作电压为 160 V，另一个电容器的电容 $C_2=10\mu F$，额定工作电压为 250 V，若将这两个电容器串联起来，接在 300 V 的直流电源上，每个电容器上的电压是多少？这样使用是否安全？

解：两个电容器串联后，每只电容器上分配的电压分别为

$$U_1=\frac{C_2}{C_1+C_2}U=\frac{10}{2+10}\times 300=250\text{ V}$$

$$U_2=U-U_1=300-250=50\text{ V}$$

U_1 大于其额定工作电压 160 V，所以将被击穿。C_1 被击穿后，300 V 电压全部加到电容器 C_2 上，这一电压也大于 C_2 的额定工作电压，因而 C_2 也将被击穿，所以这样使用也是不安全的。

步骤 2：认识电容器的并联电路

1. 电容器并联的定义

将两个或两个以上电容器接在相同的两点之间的连接方式叫作电容器的并联，如图 5-16 所示。

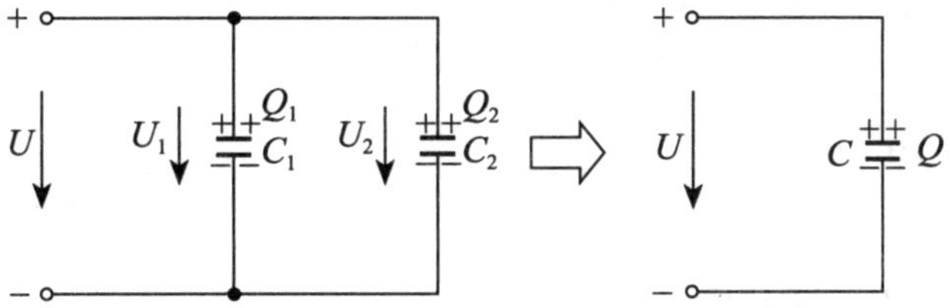

图5-16 电容器的并联

2. 电容器并联的特点

（1）电容器并联电路每个电容器两端的电压相同，等于外加电源电压，即

$$U_1 = U_2 = \cdots\cdots = U_n = U \tag{5-9}$$

（2）电容器并联后的总电荷量等于各个电容器的电荷量之和。

由于并联电容器两端的电压相同，每个电容器所充有的电荷量为

$$Q_1 = C_1U，Q_2 = C_2U$$

所以，总电荷量为

$$Q = Q_1 + Q_2 + \cdots\cdots + Q_n \tag{5-10}$$

（3）电容器并联后的等效电容量等于各个电容器的电容量之和，即

$$C = \frac{Q}{U} = \frac{Q_1 + Q_2 + \cdots\cdots + Q_n}{U} = \frac{C_1U + C_2U + \cdots\cdots + C_nU}{U}$$

即

$$C = C_1 + C_2 + \cdots\cdots C_n \tag{5-11}$$

当有 n 个等值电容并联时，其等效电容为：$C = n\,C_0$

【例 5-4】有两只电容器，分别为 10 μF 和 20 μF。它们的额定工作电压分别为 25 V 和 15 V，并联后，接在 10 V 电源上。试求：

（1）Q_1、Q_2 及 C ；（2）并联后最大允许的工作电压。

解：$Q_1 = C_1U_1 = 10 \times 10^{-6} \times 10\ C = 10^{-4}\ C$

$Q_2 = C_2U_2 = 10 \times 10^{-6} \times 10\ C = 2 \times 10^{-4}\ C$

并联后的等效电容为

$C = C_1 + C_2 = 10 + 20 = 30\ \mu F$

并联后的最大允许电压为

$U_{max} = 15\ V$

【例 5-5】电容器 A 的电容为 10 μF，充电后电压为 30 V，电容器 B 的电容为 20 μF，充电后电压为 15 V，把它们并联在一起，其电压是多少？

解：电容器 A、B 连接前所带电荷量分别为

$Q_1 = C_1U_1 = 10 \times 10^{-6} \times 30\ C = 3 \times 10^{-4}\ C$

$Q_2 = C_2U_2 = 20 \times 10^{-6} \times 15\ C = 3 \times 10^{-4}\ C$

它们的总电荷量为

$Q = Q_1 + Q_2 = 6 \times 10^{-4}\ C$

并联后的总电容为

$C = C_1 + C_2 = 10 + 20 = 30\ \mu F = 3 \times 10^{-5}\ F$

连接后的共同电压为

$$U = \frac{Q}{C} = \frac{6 \times 10^{-4}}{3 \times 10^{-5}}\ V = 20\ V$$

综上所述，电容器串联后，耐压增大，常用于提高电容器耐压的场合；电容器并联后，电容量增大，常用于需要大电容量电容器的场合。要注意的是，在电容器并联电路中，每只电容器均承受外加电压，因此每只电容器的耐压均应大于外加电压。如果一只电容器被击穿，整个并联电路被短路，会对电路造成危害。因此，等效电容的耐压与耐压值最小的电容器耐压值相等。

任务检测

1. 两个 10 μF 的电容器，耐压分别为 10 V 和 20 V，则串联后总的耐压值是多少？并联后总的耐压值又是多少？

2. 两个电容器，$C_1 = 2\ \mu F$，耐压值 100 V；$C_2 = 3\ \mu F$，耐压值 100 V，串联后接在 160 V 电源上，C_1、C_2 两端电压分别为多少？等效电容是多大？

3. 如图 5-17 所示，已知 $C_1 = 20$ pF，$C_2 = 30$ pF，$C_3 = 30$ pF，$C_4 = 20$ pF，试求：（a）、（b）两图中 A、B 两点间的等效电容。

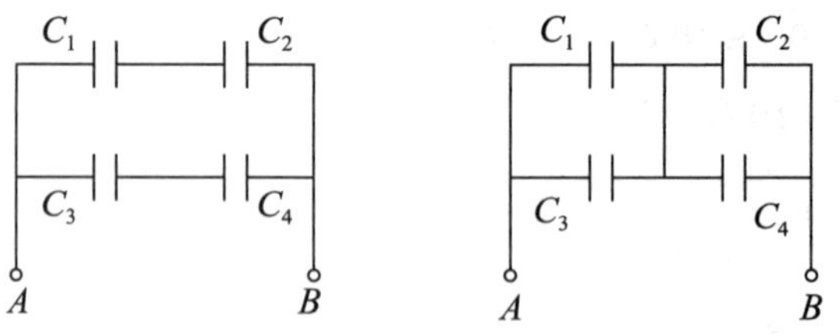

（a）　　（b）

图5-17　任务检测3题图

项目小结

1. 电容器的基础知识

电容器是储存电荷的器件。任何两块金属导体，中间以绝缘介质相隔，就构成了一个电容器。电容器任一极板上的电荷量 Q 与极板间电压 U 的比值称为电容器的电容量 C，即：$C=\dfrac{Q}{U}$

决定电容量大小的因素是介质种类、极板面积和极板间距离。介质的介电常数越大，极板有效面积越大，极板间距离越小，则电容量越大。

2. 电容器的识别与检测

（1）电容器的识别

电容器按其结构可分为固定电容器、可变电容器和微调电容器三类；固定电容器按介质又可分纸介电容器、云母电容器、油质电容器、陶瓷电容器、涤纶电容器、铝电解电容器等。其中电解电容器在使用时尤其要注意其极性：正极（新电容引脚长的一端）接高电位，负极（外壳上标负号一侧的引脚）接低电位。

（2）电容器的检测

利用电容器充放电原理，可以用万用表简单测量大容量电容器质量的好坏。

电容器在装入电路前要检测有没有短路、断路和漏电等现象，并且核对它的电容值与电路要求是否一致。

3. 电容器串联、并联的特点（表 5-2）

表5-2　电容器串、并联的特点

名称	串联	并联
等效电容	等效电容的倒数等于各串联电容倒数之和 两电容串联时 $C=\dfrac{C_1C_2}{C_1+C_2}$	并联电容器的总电容量等于各电容器的电容量之和
电荷量	各电容中的电荷量相同	总电荷量为各电容器电荷量之和
电压	总电压等于各电容器上的电压之和 两电容串联时： $U_1=\dfrac{C_2}{C_1+C_2}U$　　$U_2=\dfrac{C_1}{C_1+C_2}U$ 电压分配与电容量成反比	各电容上电压相等

综合测试

一、填空题

1. 用绝缘材料隔开的两个导体的组合叫作电容器，这两个导体称为电容器的两个 ＿＿＿＿＿＿，中间的绝缘材料称为电容器的 ＿＿＿＿＿＿。

2. 一个电容器，当它接到 50 V 直流电源上时，极板所带电荷量为 2 C，则该电容器的电容量为 ＿＿＿＿＿＿，若把它接到 100 V 直流电源上时，电容量为 ＿＿＿＿＿＿，每个极板所带电荷量为 ＿＿＿＿＿＿。

3. 电容量的单位是 ＿＿＿＿＿＿，比它小的单位还有 ＿＿＿＿＿＿ 和 ＿＿＿＿＿＿，它们之间的换算关系为 ＿＿＿＿＿＿＿＿＿＿＿＿＿＿＿＿＿＿＿＿＿＿＿＿＿＿。

4. 单位换算 2 μF= ＿＿＿＿ F；1000 PF= ＿＿＿＿ F，0.05 F= ＿＿＿＿ μF = ＿＿＿＿ PF。

5. 电容量是电容器的固有属性，它只与电容器的 ＿＿＿＿＿＿＿＿＿＿＿＿＿＿＿＿、＿＿＿＿＿＿＿＿＿＿＿＿＿ 以及 ＿＿＿＿＿＿＿＿＿＿＿＿＿＿ 有关，与带电多少等外部条件无关。

二、判断题

1. 根据 $C=Q/U$，当电量 Q 为零时，电容量 C 也为零。 (　　)
2. 任一固定电容器的电容量是一个常数，与外加电压和电量无关。 (　　)
3. 充电电流能穿过电容器，从一个极板到达另一个极板。 (　　)
4. 有两个电容器，且 $C_1 > C_2$，如果它们两端的电压相等，则 C_1 所带电荷量较多。(　　)
5. 增大电容器的相对极板面积，可增大其电容量。 (　　)

三、选择题

1. 电容量的单位是（　　）。

A. 亨利　　B. 法拉　　C. 赫兹　　D. 韦伯

2. 下面关于电容器的电容量说法正确的是（　　）。

A. 电容器的电容量与外加电压成正比，与电荷量成反比

B. 电容器的电容量与外加电压的变化率成正比

C. 电容器的电容量与电容器本身的几何尺寸及介质有关

D. 电容器的电容量与所储存的电荷量成正比，与外加电压成反比

3. 一只电容器上标有“104”字样，它的电容量为（　　）。

A. 10×10^4 μF　　B. 10×10^4 pF　　C. 10^4 pF　　D. 10^4 μF

4. 有两个电容器一个电容大，一个电容小，若加在它们两端的电压相等，则两个电容器所带的电荷量是（　　）。

A. 容量小得多　B. 容量大得多　C. 一样多　D. 不确定

5. 有一个电容器两端的电压为 40 V，它所带的电量是 0.4 C，若把它两端的电压降到 20 V，则（　　）。

A. 电容器的电容量降低一半　B. 电容量保持不变

C. 电容器所带电荷量增加一倍　D. 电荷量不变

6. 有两只电容器 $C_1 > C_2$，如果将它们并联在通电的电路中，则（　　）。

A. C_1 所带的电量较多　B. C_2 所带的电量较多

C. 它们所带的电量一样多　D. 无法确定带电量多少

7. 关于电容器的充放电，下列说法正确的是（　　）。

A. 充、放电过程中外电路有瞬间电流

B. 充、放电过程中外电路有恒定电流

C. 充电电流逐渐增大，放电电流逐渐减小

D. 充、放电过程中电容器两端的电压不变

8. 将万用表的表笔分别与电容器的两端相接，检查电容器的质量，若指针回不到起始位置，停在标度盘右方某处，说明电容器（　　）。

A. 漏电　B. 断路　C. 质量好　D. 不能确定

9. 将万用表的表笔分别与电容器的两端相接，检查电容器的质量，若指针指在万用表的 0 欧姆位置，说明电容器（　　）。

A. 漏电　B. 断路　C. 质量好　D. 短路

10. 用万用表的 R × 1 K 挡检测一只 10 μ F 电容器时，将表笔搭接在电容两端，发现指针迅速右偏，然后逐渐退回到起始位置，说明电容（　　）。

A. 已击穿　B. 漏电　C. 内部断路　D. 质量好

四、计算题

1. 一个电容器的电容量为 30 μ F，在它两端加上 500 V 直流电压时，该电容器极板上所带的电荷量是多少？

2. 由电容器组成的电路如图 5-18 所示，已知：$C_1=4\ \mu F$，$C_2=C_3=3\ \mu F$，$U=10\ V$。试求：（1）C_1 两端电压 U_1；（2）C_2 所带电量 Q_2。

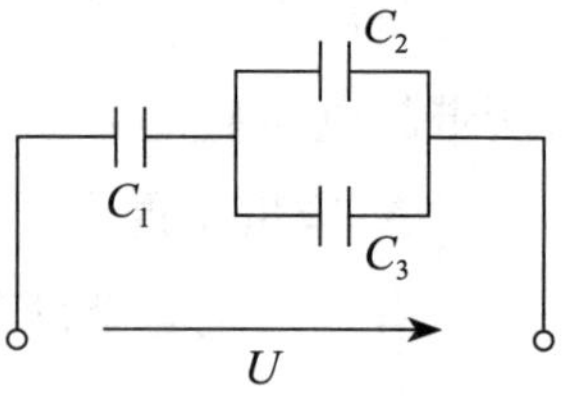

图5-18　计算题2题图

3. 如图 5-19 所示，$E=100\ V$，$R_1=30\ \Omega$，$R_2=20\ \Omega$，$C_1=10\ \mu F$，$C_2=2.5\ \mu F$。试求：（1）每个电容器两端的电压；（2）每个电容器所带的电荷量。

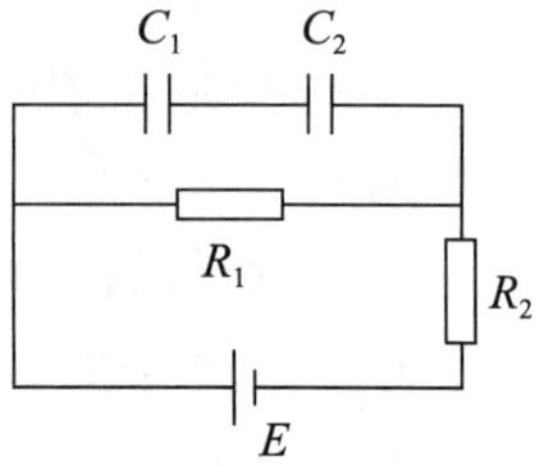

图5-19　计算题3题图

项目六 认识磁场和电磁感应

项目概述

磁现象是最早被人类认识的物理现象之一，我国古代四大发明之一的指南针就是磁现象的应用。后来人们又发现磁和电有着密切的联系，从而开辟了一个新的知识领域：“电磁学”。与天然磁体周围的磁场相比，电流周围的磁场强弱容易控制，因而在实践中有很多重要的应用，电磁起重机、电磁继电器等，都离不开电流的磁场。

磁现象在生产生活中具有广泛的应用，如磁卡、电磁炉、磁悬浮列车、电动机、电话等，如图 6-1 所示。

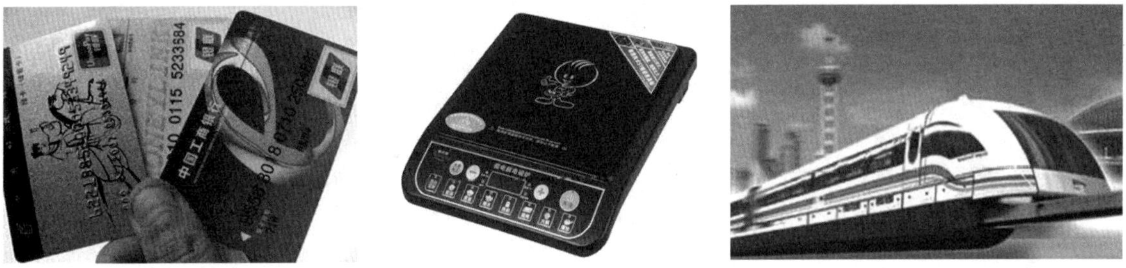

（a）银行磁卡　　（b）电磁炉　　（c）磁悬浮列车

图6-1　各种磁现象的应用

任何一个电磁设备中不仅有电路的问题，同时还有磁路的问题，只有同时掌握了电路和磁路的基本知识，才能对上述各种电磁设备做全面分析。磁场是用磁感应强度、磁通等物理量来描述的，而导体在磁场中受力和电磁感应现象的分析是为学习后续专业知识打基础的，具有重要的现实意义。通过本项目的学习，希望学生能够达到以下目标。

项目目标

1. 理解磁场及其基本物理量；
2. 掌握电磁力的计算和方向的判断；
3. 掌握电磁感应定律、楞次定律和右手定则；
4. 了解自感现象、互感现象及其应用；
5. 了解单相变压器的结构，掌握单相变压器的工作原理；
6. 理解单相变压器同名端的判别方法。

任务一　认识磁场

任务描述

如图 6-2 所示，拿一根磁铁靠近一只可以自由转动的小磁针，结果发现：它们之间存在着相互作用力，相互推斥或相互吸引，它们之间并没有直接接触，相互之间的作用力是怎么产生的？产生磁场的物体有哪些？如何来描述磁场的存在？描述磁场的主要物理量有哪些及相互关系如何？

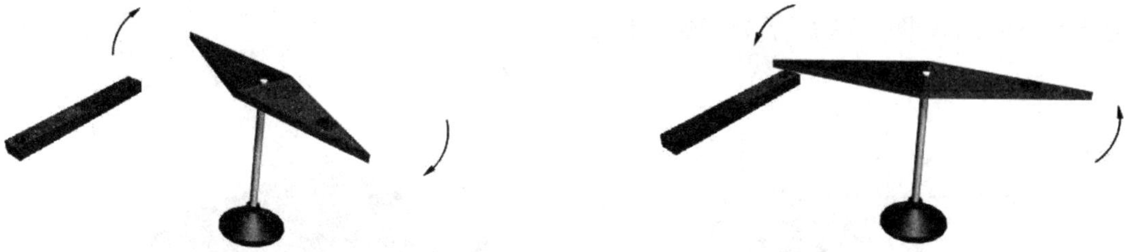

（a）同名磁极互相排斥　　（b）异名磁极互相吸引

图6-2　磁体之间的相互作用

任务目标

1. 了解磁的基本概念；
2. 掌握直线电流、环形电流和通电螺线管的磁场及与电流方向的关系；
3. 理解磁感应强度、磁通、磁导率的概念；
4. 掌握电磁力的大小计算和方向判断。

任务实施

一、任务准备

三种人造磁体（条形、蹄形和针形），螺线管、铁钉、电池、导线、导电的金属杠，滑动变阻器，开关，铁架台等。

二、任务过程

步骤 1：了解磁的基本概念

人们很早就发现：有一些天然的矿石能吸铁称为吸铁石。我们把这种能吸引铁、钴、镍等物质的性质叫磁性；具有磁性的物体叫磁体；磁体两端磁性最强的区域叫磁极。任何磁体都有两个磁极，小磁针静止时指向地理北方的一端称为北极，用字母 N 表示；指向地理南方的一端称为南极，用字母 S 表示。N 极和 S 极总是成对出现并且强度相等，不存在独立的 N 极和 S 极。磁极之间存在着相互作用力称为磁力，同名磁极互相排斥，异名磁极互相吸引，如图 6-2 所示。

地球本身就是一个大磁体，它周围的磁场称为地磁场。同样它具有两个磁极，地磁场的北极在地理位置的南极附近；地磁场的南极在地理位置的北极附近。指南针就是利用地磁场指示方向的。图 6-3 所示为天然磁体。

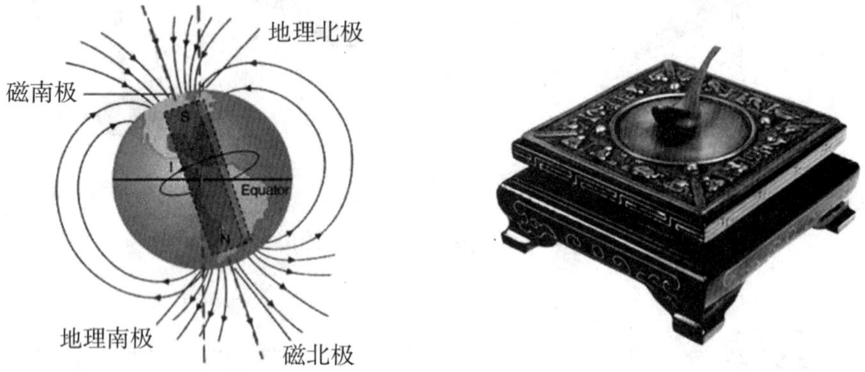

图6-3　天然磁体

天然的磁体磁性都比较弱，我们平时所使用的磁体都是人造的磁体，有条形、蹄形、针形等，如图 6-4 所示。

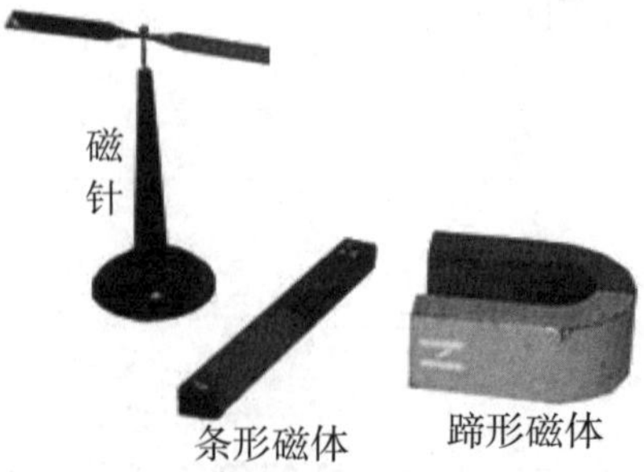

图6-4　人造磁体

步骤 2：认识磁场和磁感线

磁体与磁体之间的作用并不一定要相互接触，可以相隔一段距离，为什么？原来在磁体周围存在一种看不见摸不着的特殊物质在传递着这种作用，这种特殊的物质就叫作磁场。像物体受重力作用一样，物体与地球相隔一段距离，物体仍受到重力作用，是因为物体受到地球周围重力场的作用。通过实验还可以发现：两磁体相隔越近，作用力越大，相隔越远作用力越小，说明磁场有强弱，离磁体越近磁场越强，反之越弱。若把一只小磁针放在磁场中不同的点，我们发现小磁针静止时指的方向并不相同，图 6-5 所示为条形磁铁周围各处小磁针静止时的指向。这个事实说明，磁场也是有方向的。一般规定，在磁场中的任一点，小磁针 N 极受力的方向，亦即小磁针静止时 N 极所指的方向，就是那点的磁场方向。

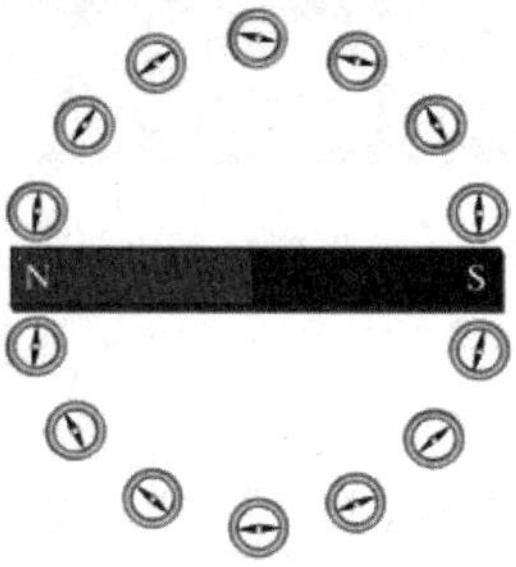

图6-5　条形磁铁周围小磁针的指向

在磁场中可以利用磁感应线来形象地表示各点的磁场的强弱和方向。所谓磁感线，就是在磁场中画出的一些曲线，在这些曲线上，每一点的切线方向，都跟该点的磁场方向相同。条形磁铁和蹄形磁铁的磁感线如图 6-6 所示。

图6-6　条形磁铁和蹄形磁铁的磁感线

磁感线具有以下几个特征：

1. 磁感线是互不相交的闭合曲线，在磁体外部，磁感线从 N 极到 S 极；在磁体内部，磁感线从 S 极到 N 极。

2. 磁感线的疏密反映磁场的强弱。磁感线越密的地方表示磁场越强，磁感线越疏的地方表示磁场越弱。

3. 磁感线上任意一点的切线方向，就是该点的磁场方向。

磁感线并非物理学家们的主观臆想，而是有实验基础的，是通过实验现象抽象出来的，我们可以通过实验模拟磁感线的形状，如图 6-7 所示为用铁屑来模拟条形磁铁周围磁感线的形状。

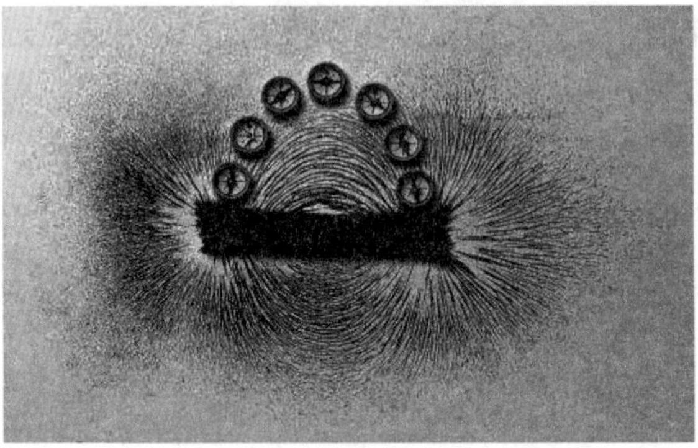

图6-7 条形磁铁周围铁屑分布形状

步骤 3：研究电流的磁场

1820 年，丹麦物理学家奥斯特在实验中发现：把一条导线平行地放在磁针的上方，给导线通电，小磁针就发生偏转，如图 6-8 所示。小磁针发生偏转，说明小磁针受到了磁力的作用，这个磁力来自于电流，这说明不但磁铁能产生磁场，电流也能产生磁场，近代科学证明，电流是产生磁场的根本原因，磁铁周围的磁场也是磁铁内部的分子电流产生的，电和磁是有密切联系的。

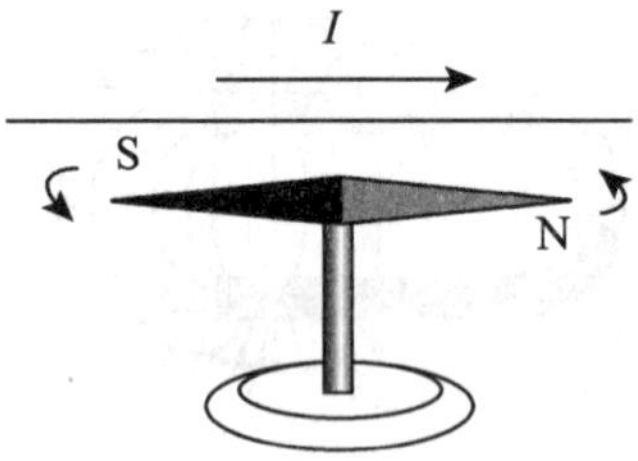

图6-8 奥斯特实验

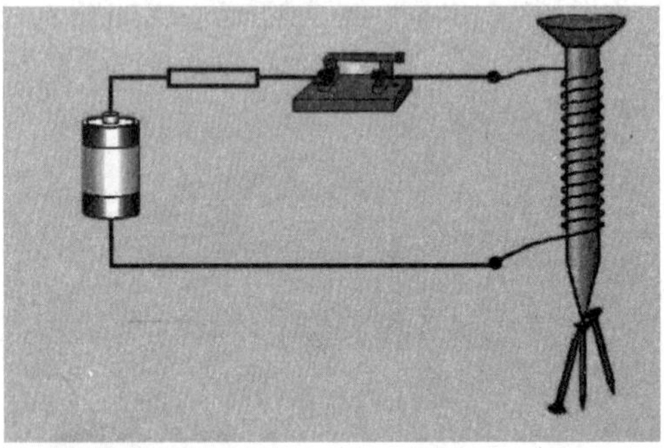

图6-9 通电的铁芯线圈产生磁场

我们也可以通过以下实验证明电流可以产生磁场：在铁钉上绕上漆包线，通上电流后，铁钉能吸住小铁钉，如图 6-9 所示，电流产生磁场的现象称为电流的磁效应。

我们知道，磁场是有方向的，由电流产生的磁场，它的方向又如何来判断呢？法国科学家安培通过实验确定了通电导体周围的磁场方向的判断方法——安培定则（也称右手螺旋定则）。安培定则在实际使用时分为三种情况：

1. 直线电流产生的磁场

直线电流磁场的磁感线是一些以导线上各点为圆心的同心圆，近强远弱。

安培定则（一）：用右手握住导线，让伸直的大拇指所指的方向跟电流的方向一致，则弯曲的四指所指的方向就是磁感线的环绕方向，如图 6-10 所示。

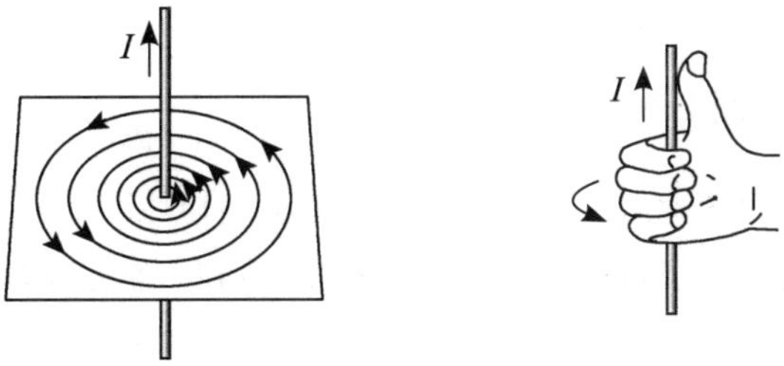

图6-10　直线电流的磁场

2. 环形电流产生的磁场

环形电流磁场的磁感线是一些围绕环形导线的闭合曲线。在环形导线的中心轴上，磁感线与环形导线的平面垂直。

安培定则（二）：让右手弯曲的四指和环形电流的方向一致，那么伸直的大拇指所指的方向就是环形导线中心轴线上磁感线的方向，如图 6-11 所示。

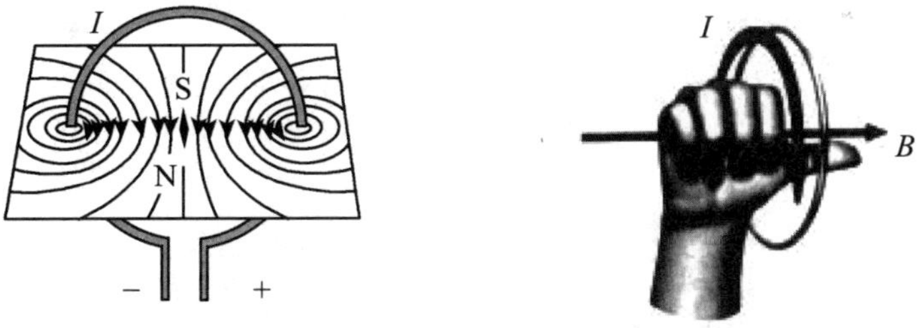

图6-11　环形电流的磁场

3. 通电螺线管产生的磁场

通电螺线管的磁场，像一根条形磁铁，一端相当于 N 极，另一端相当于 S 极，两端磁极的极性与电流方向有关，也用安培定则判定。

安培定则（三）：用右手握住通电螺线管，让弯曲的四指所指的方向跟电流的方向一致，则大拇指所指的方向就是螺线管内部磁感线的方向，也就是通电螺线管 N 极的方向，如图 6-12 所示。

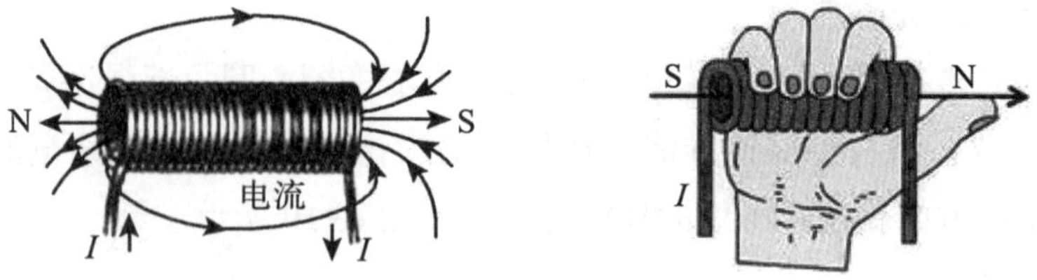

图6-12　通电螺线管的磁场

步骤 4：认识描述磁场的主要物理量

对于磁场在空间的分布情况，可以用磁感线的多少和疏密程度来形象地描述，但只能作定性分析。为了定量地描述磁场中各点磁场的强弱和方向，需要引入磁感应强度等物理量。

1. 磁感应强度

巨大的电磁铁可以吸起成吨的钢铁，小磁铁却只能吸起几枚小铁钉。不同的磁体的磁场有强弱之分，衡量磁场强弱的物理量称为磁感应强度，用字母 B 表示。磁场中某点的磁感应强度的方向就是该点的磁场方向。

磁感应强度的单位是特斯拉，简称特，符号是 T。地面附近地磁场的磁感应强度大约是 0.3×10^{-4} T ~ 0.7×10^{-4} T，永久磁铁的磁极附近的磁感应强度大约是 10^{-3} T ~ 1 T，在电动机和变压器的铁芯中，磁感应强度可达 0.8 T ~ 1.4 T。

如果在磁场的某一区域里，磁感应强度的大小和方向都相同，这个区域就称为匀强磁场。匀强磁场的磁感线，方向相同，疏密程度也一样，是一些分布均匀的平行直线，如图 6-13 所示。

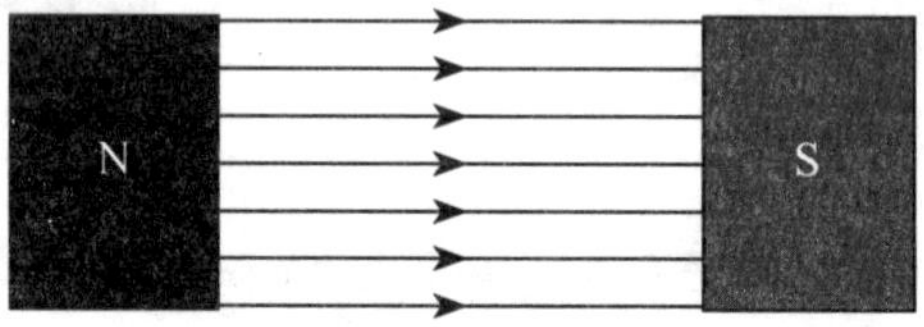

图6-13　匀强磁场

2. 磁通

为了定量地描述磁场在某一范围内的分布及变化情况，引入一个新的物理量——磁通。

假设在磁感应强度为 B 的匀强磁场中，有一个与磁场方向垂直的平面，面积为 S，我们把 B 与 S 的乘积，定义为穿过这个面积的磁通量，简称磁通。用 Φ 表示磁通，则有

$$\Phi = BS \tag{6-1}$$

磁通的国际单位是韦伯，简称韦，用 Wb 表示。

磁通是一个标量，只有大小没有方向。

如果磁场不与所讨论的平面垂直，则应以这个平面在垂直于磁场 B 的方向的投影面积 S' 与 B 的乘积来表示磁通，如图 6–14 所示。

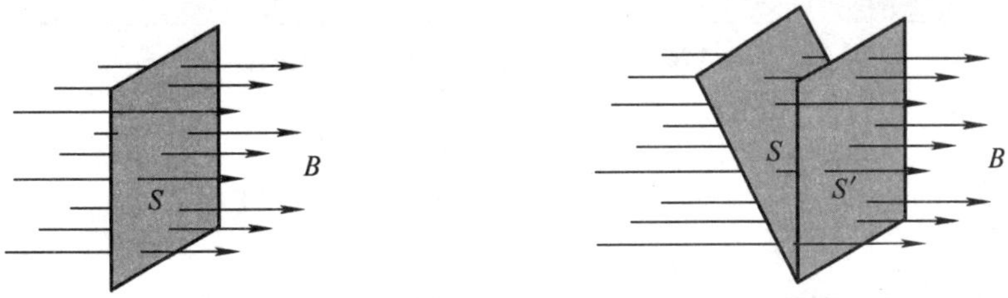

（a）平面与 B 垂直　　（b）平面与 B 不垂直

图6–14　磁通

3. 磁导率

磁场中各点的磁场强弱不仅与电流大小有关，而且与磁场中媒介质的性质有关。这一点可通过下面的实验来验证：先用一个空心的通电线圈去吸引铁钉；然后在通电的空心线圈中插入铁棒，去吸引铁钉；最后将通电线圈中的铁棒换成铜棒，再去吸引铁钉。便会发现三种情况下吸力大小不同，插入铁棒时吸力最大，这表明不同的媒介质对磁场的影响是不同的，影响的程度与媒介质的导磁性能有关。

磁导率就是一个用来表示物质导磁性能的物理量，用字母 μ 表示，单位为亨利 / 米（H/m）。不同的媒介质有不同的磁导率，真空中的磁导率是一个常数，$\mu_0 = 4\pi \times 10^{-7}$ H/m，空气、铜、铝等物质与真空中的磁导率相近。

由于真空中的磁导率是一个常数，所以可用它作为衡量的标准，其他物质的磁导率都与真空的磁导率相比，其比值就能很好地反映它们的导磁性能。任一物质的磁导率与真空磁导率的比值称为该物质的相对磁导率，即

$$\mu_r = \frac{\mu}{\mu_0} \qquad (6\text{–}2)$$

显然，相对磁导率 μ_r 是没有单位的。根据各种物质相对磁导率 μ_r 的不同，可把物质分为三种类型：反磁物质、顺磁物质和铁磁物质。

（1）$\mu_r < 1$ 的物质称为反磁性物质，导磁能力略小于真空，如铜、银、锌等，在磁场中放置反磁物质，磁场会略有减弱；

（2）$\mu_r > 1$ 的物质称为顺磁性物质，导磁能力略大于真空，如锡、铝、铅等，在磁场中放置顺磁物质，磁场略有增强；

（3）$\mu_r \gg 1$ 的物质称为铁磁性物质，导磁能力远大于真空，如铁、镍、钴、硅钢等，在磁场中放入铁磁物质，可使磁场增强几千甚至几万倍。

顺磁物质和反磁物质的相对磁导率都接近于 1，因而除铁磁性物质外前面两种均称为非铁磁性物质。表 6–1 列出了几种常用的铁磁性物质的相对磁导率。

表6–1　常用铁磁性物质的相对磁导率

材　料	相对磁导率	材　料	相对磁导率
钴	174	已经退火的铁	7 000
未经退火的铸铁	240	硅钢片	7 500
已经退火的铸铁	620	在真空中融化的电解铁	12 950
镍	1 120	镍铁合金	60 000
软钢	2 180	“C”型玻莫合金	115 000

因此，在电工技术中经常想在小电流的情况下获得强磁场，就需要选择导磁性能好的铁磁材料作为线圈的铁芯，如：变压器、电动机都选择了铁磁物质硅钢片作为铁芯。

步骤 5：研究磁场对通电导体的作用力

磁体之间存在相互作用，而电流也能产生磁场，所以磁场对通电导体也有作用力。磁场对通电导体的作用力称为电磁力，也称安培力。生活中的电动机、电流表等仪表指针的偏转都是依靠磁场对通电导体产生的作用力。为了研究磁场对通电导体的作用力，我们做一个实验。

1. 实验步骤

（1）按照图 6–15 所示电路安装好器材，连接好电路；

（2）快速闭合开关并立即断开，观察导体的运动方向；

（3）对调电源极性，快速接通一下电源，再观察导体的运动方向；

（4）对调磁极的极性，快速接通一下电源，再观察导体的运动方向；

（5）改变电路中滑动变阻器电阻的大小，重复第（2）步操作。

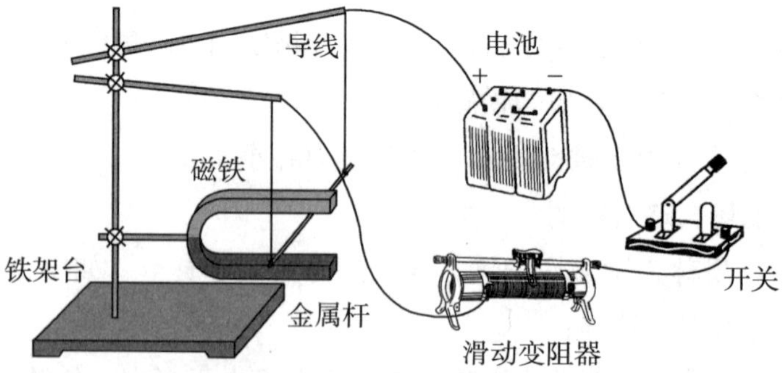

图6–15　磁场对电流的作用力

2. 实验结论

（1）通电导体在磁场中将受到电磁力的作用；

（2）当改变电源极性或交换磁极位置时，导体的受力方向都随之改变；

（3）改变电流大小导体受到力的大小将改变。

3. 电磁力的方向判断——左手定则

电磁力的方向可用左手定则来判断，如图 6-16 所示，伸开左手，拇指与其他四指垂直，并与手掌在同一平面内，手心对准 N 极，让磁感线垂直穿入手心，四指指向电流方向，大拇指所指的方向就是电磁力的方向。

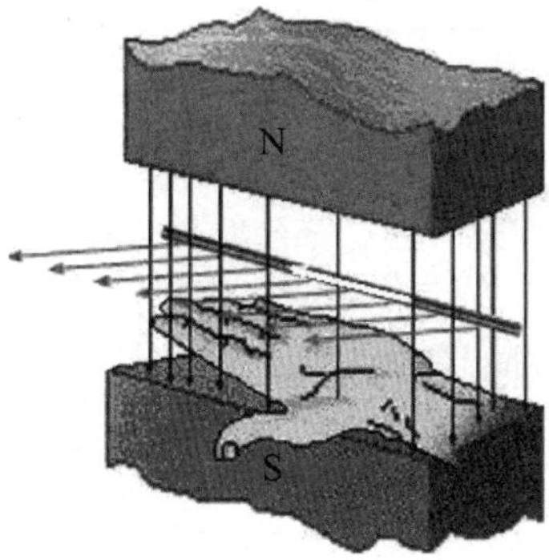

图6-16　左手定则

4. 电磁力的大小计算

把一段通电导线放入磁场中，当电流方向与磁场方向垂直时，电流所受的电磁力最大。电磁力的计算式为

$$F = BIl \tag{6-3}$$

当电流方向与磁场方向不垂直，而是有一个夹角 α，如图 6-17 所示，这时通电导线的有效长度为 $l\sin\alpha$。电磁力的计算式变为

$$F = BIl\sin\alpha \tag{6-4}$$

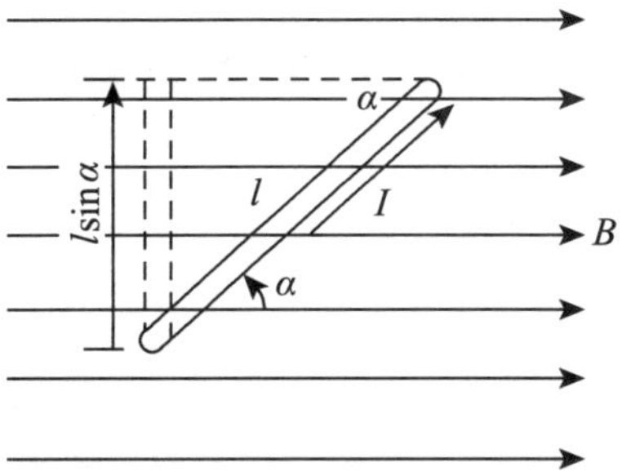

图6-17　电磁力的大小计算

由公式（6-4）可知，当 $\alpha = 90°$ 时，电磁力最大；当 $\alpha = 0°$ 时，则 $\sin\alpha = 0$，电磁力最小；当电流方向与磁场方向斜交时，电磁力介于最大值和最小值之间。

【例 6-1】如图 6-18 所示的匀强磁场中，磁感应强度为 0.2 T，导线长度为 0.3 m，导线中的电流为 5 A，试求：导线所受安培力是多大？方向如何？

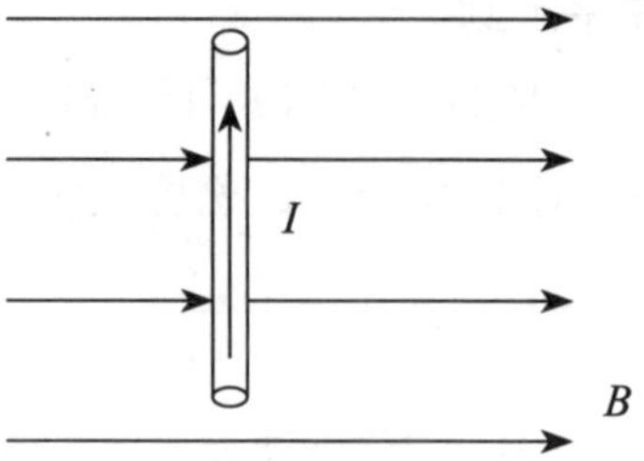

图6-18　匀强磁场

解：导线所受安培力的大小为

$$F = BIl = 0.2 \times 5 \times 0.3 = 0.3\ \text{N}$$

根据左手定则判断安培力的方向是垂直纸面向里。

任务检测

1. 判断并标明图 6-19 所示的（a）、（b）两图中，电流产生的磁场方向和小磁针 N 极的指向。

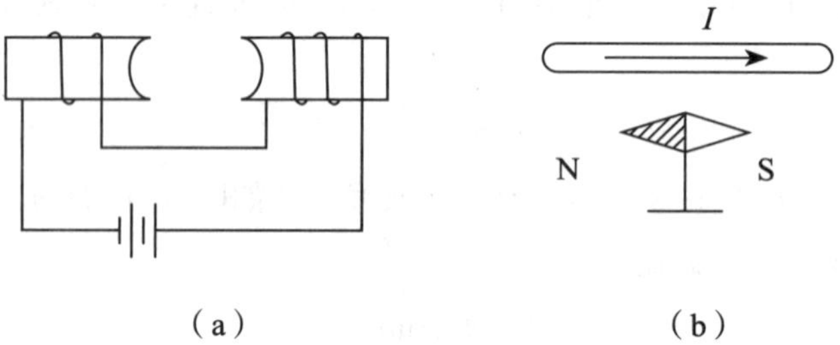

图6-19　电流产生的磁场

2. 判断并标出图 6-20（a）、（b）两图中各载流导体的受力方向。

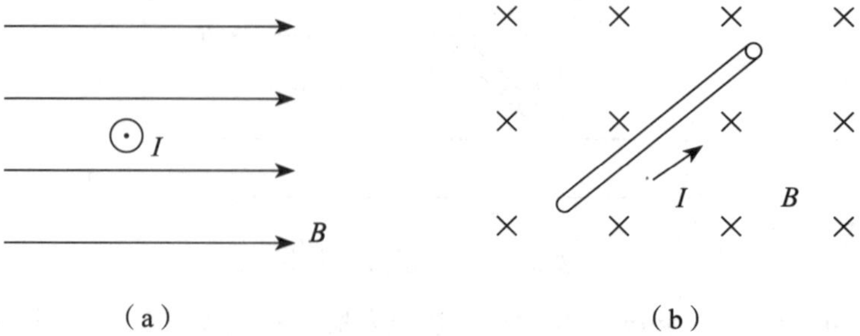

图6-20　载流导体图

任务拓展

1. 根据图 6–21（a）中小磁针指向，和（b）图中电流磁场的极性，判断并标明线圈中电流的方向。

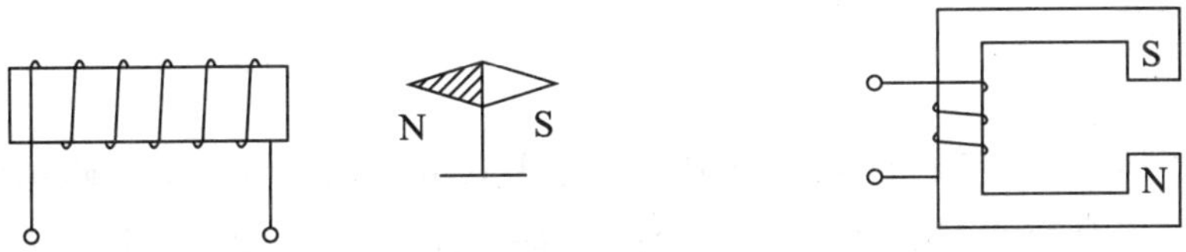

（a）　　（b）

图6–21　磁场的极性

2. 判断图 6–22 中各载流导体的受力方向。

（a）　　（b）　　（c）　　（d）

图6–22　载流导体

3. 判断图 6–23 所示磁电系仪表指针的偏转方向。

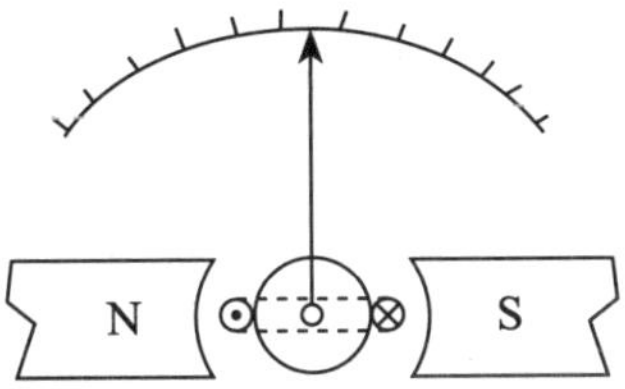

图6–23　磁电系仪表指针

任务二 认识电磁感应现象

任务描述

通过前面的学习我们知道：日常生活中我们熟悉的电磁铁、电磁炉、磁悬浮列车等都存在“电”生“磁”的现象，那么反过来“磁”能否生“电”呢？怎样才可以生“电”呢？所生“电”的大小和方向又与哪些因素有关呢？

其实，早在1820年丹麦物理学家奥斯特通过实验发现“电”生“磁”的现象后，很多科学家都在研究它的逆过程，英国物理学家法拉第经过10年坚持不懈的努力，终于在1831年发现由磁场产生电流的条件和规律。从此，人类掌握了打开电能宝库的金钥匙，开辟了新的时代——电气时代。

任务目标

1. 掌握电磁感应现象产生的条件；
2. 会用右手定则和楞次定律判断感应电动势的方向；
3. 掌握用法拉第电磁感应定律计算感应电动势的大小。

任务实施

一、任务准备

条形磁铁和蹄形磁铁各一只，检流计一台，螺线管一只，开关一只。

二、任务过程

步骤1：认识电磁感应现象

我们把利用磁场产生电流的现象称之为电磁感应现象，产生的电动势叫作感应电动势，产生的电流叫作感应电流。

1. 直导体切割磁感线时产生电磁感应现象

（1）按图 6-24 搭接实验电路；

（2）让导体 AB 在磁场中向左或向右水平运动，观察检流计指针的偏转情况；

（3）让导体 AB 在磁场中向上或向下竖直运动，观察检流计指针的偏转情况。

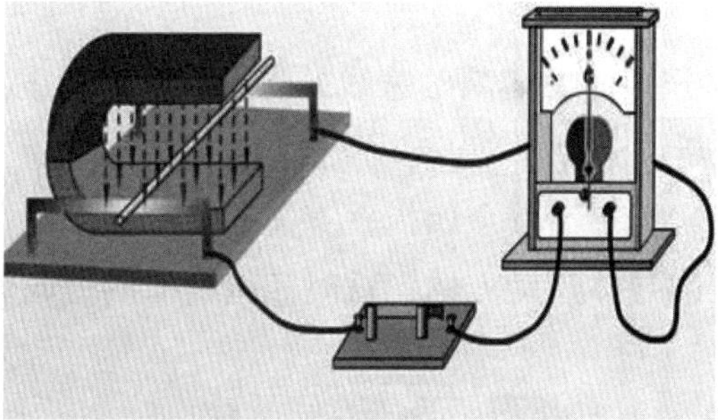

图6-24　电磁感应实验1

实验现象：导体 AB 在磁场中向左或向右水平运动时，检流计的指针左右摆动，说明电路中产生了方向相反的感应电流；而导体 AB 在磁场中向上或向下竖直运动，检流计的指针不偏转，说明电路中没有电流产生。

实验结论：闭合电路中的一部分导体做切割磁感线的运动时，电路中就有感应电流产生。

2. 穿过线圈的磁通量发生变化时产生电磁感应现象

（1）按图 6-25 搭接实验电路；

（2）将条形磁铁的 N 极插入线圈和拔出线圈时，观察检流计指针的偏转情况；

（3）将条形磁铁插入线圈后静止不动时，观察检流计指针的偏转情况；

（4）将条形磁铁的 S 极插入线圈和拔出线圈时，观察检流计指针的偏转情况。

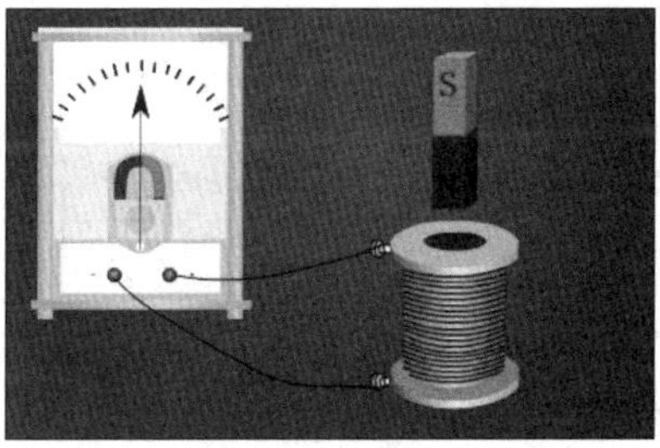

图6-25　电磁感应实验2

实验现象：把磁铁插入或拔出线圈时，检流计的指针左右摆动，说明电路中产生了方向相反的感应电流；而条形磁铁插入线圈后静止不动时，检流计的指针不偏转，说明电路中没有电流产生。

实验结论：当穿过线圈的磁通量发生变化时，线圈回路中就有感应电流产生。

步骤 2：探究感应电动势（感应电流）的方向判断

在以上的实验中，我们观察到：检流计的指针有时向左偏转，有时向右偏转。这表明在不同情况下，产生的感应电流方向是不同的，那么怎样确定感应电动势（感应电流）的方向呢？

1. 右手定则

当闭合电路中的一部分导体做切割磁感线的运动时，产生的感应电动势（感应电流）的方向可用右手定则来判断。

内容：伸开右手，使大拇指与其余四指垂直，并且都跟手掌在一个平面内，让磁感线垂直进入手心，大拇指指向导体运动方向，这时四指所指的方向就是感应电流的方向，如图 6–26 所示。

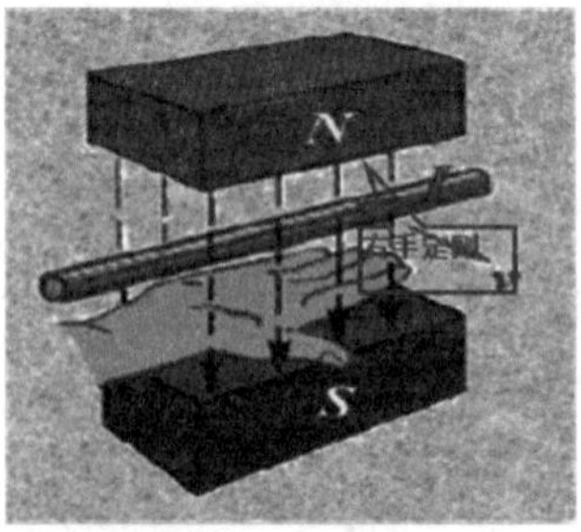

图6–26　右手定则

【例 6–2】在如图 6–27 所示的匀强磁场中，当导体 AB 在外力作用下，沿两平行金属导轨无摩擦的快速向右运动时，判断置于导轨右边的 CD 金属杆将如何运动？

解：根据右手定则可判断出导体 AB 产生的感应电流方向为：$A \rightarrow B$

因此，金属杆 CD 中的电流方向为：$D \rightarrow C$

根据左手定则可判断出金属杆 CD 受到电磁力的方向向右，因此，CD 金属杆将向右运动，如图 6–28 所示。

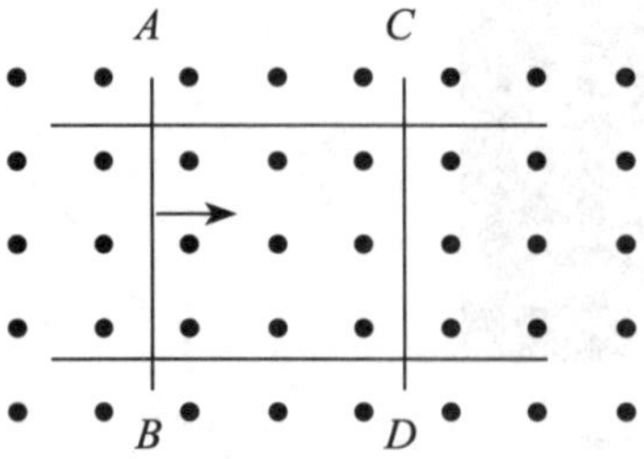

图6–27　例6–2题图1

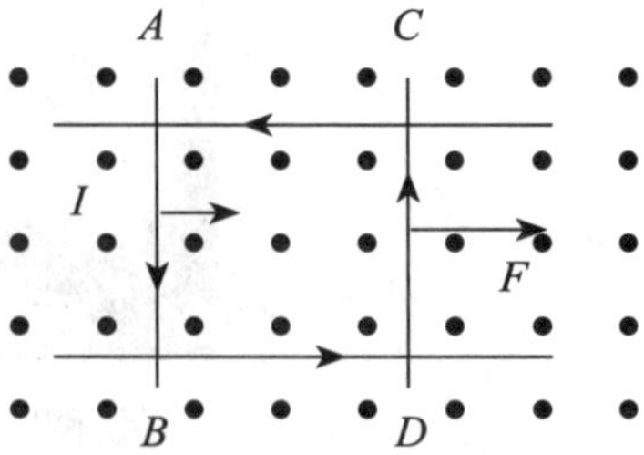

图6–28　例6–2题图2

2. 楞次定律

1834 年，俄国物理学家楞次在概括了大量实验事实的基础上，总结出一条重要的规律：感应电流产生的磁场（感应磁场）总是阻碍引起感应电流的原磁场的变化，这就是楞次定律。楞次定律主要用来判断当一个线圈中的磁通量发生变化时产生的感应电流（感应电动势）的方向。

应用楞次定律判断感应电流方向的具体步骤是：

（1）判断线圈中原磁场方向及其变化趋势。

（2）按照“增反减同”的原则，确定感应电流的磁场方向。

当穿过线圈的原磁场增强时，感应电流的磁场与原磁场方向相反；当穿过线圈的原磁场减弱时，感应电流的磁场与原磁场方向相同。

（3）利用安培定则，根据感应电流的磁场方向确定感应电流的方向。

【例 6-3】如图 6-29 所示，当条形磁铁向下移动时，试问：

（1）*A*、*B* 端的感应电动势极性；（2）*CD* 中电流方向；（3）*CD* 的受力方向。

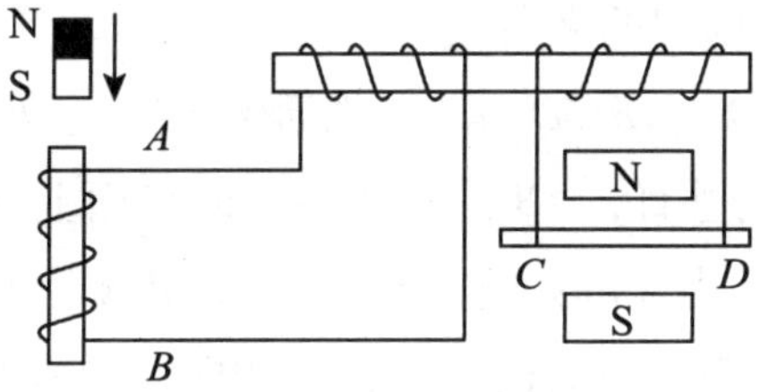

图6-29　例6-3题图1

解：（1）应用楞次定律判断 *A*、*B* 端的感应电动势极性。

①线圈 *AB* 中原磁场方向向上且在增强；

②感应电流的磁场方向向下；

③感应电流的方向为：$A \rightarrow B$

因为在电源内部电流是从电源负极流向正极的，因此，*A*、*B* 端的感应电动势极性为：*A* 端“−”，*B* 端“+”。

（2）应用楞次定律判断导体 *CD* 中感应电流方向。

①线圈 *CD* 中原磁场方向向左且增强；

②感应电流的磁场方向向右；

③线圈 *CD* 中感应电流的方向为：$D \rightarrow C$

导体 *CD* 中感应电流的方向为：$C \rightarrow D$

（3）应用左手定则判断导体 *CD* 的受力方向。

导体 *CD* 的受力方向为：垂直纸面向里。判断过程如图 6-30 所示。

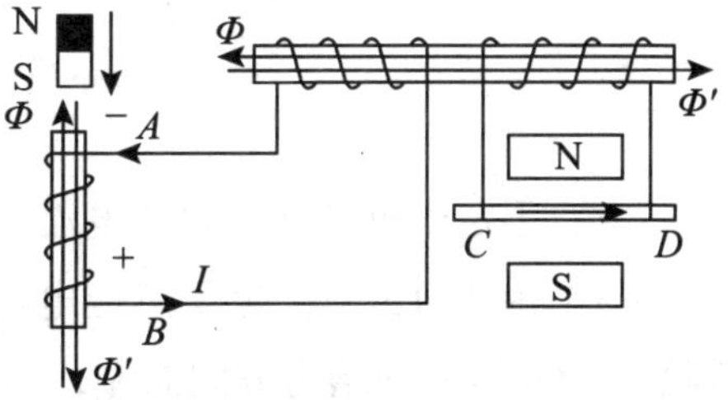

图6-30　例6-3题图2

步骤 3：探究感应电动势（感应电流）的大小计算

1. 直导体切割磁感线时产生的感应电动势大小计算

（1）如果导体运动方向与磁感线方向垂直时

$$E = BLV \tag{6-5}$$

式中，E——导体中的感应电动势，单位：伏（V）；

B——匀强磁场的磁感应强度，单位：特斯拉（T）；

V——导体切割磁感线的速度，单位：米 / 秒（m/s）；

L——导体在均匀磁场中的有效长度，单位：米（m）。

（2）如果导体运动方向与磁感线方向成 θ 角时

$$E = BLV\sin\theta \tag{6-6}$$

θ——速度方向与磁场方向间的夹角。

【例 6-4】如图 6-31 所示，$ABCD$ 是一个矩形线圈，它处于磁感应强度 B 为 0.1 T 的匀强磁场中，线圈平面和磁场垂直，AB 边可以在线圈平面上自由滑动，长度 L 为 40 cm，向右切割磁感线的运动速度 V 为 5 m/s，整个线框的电阻 R 为 0.5 Ω，求：（1）感应电动势的大小；（2）感应电流的大小和方向；（3）若使导线向右匀速运动所需的外力大小和方向。

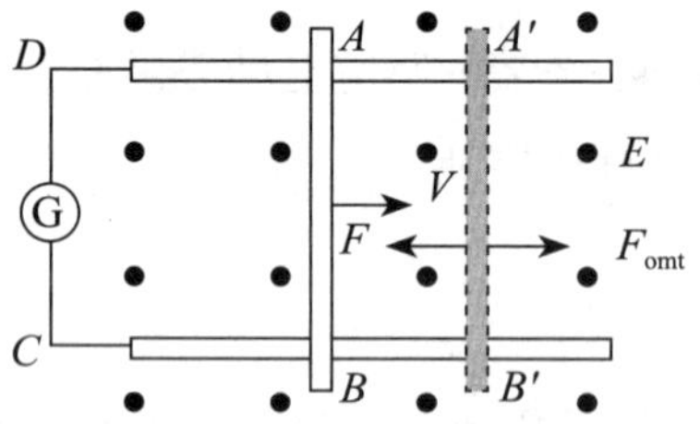

图6-31　矩形线圈磁场

解：（1）线圈中的感应电动势为

$$E = BLV = 0.1 \times 0.4 \times 5 = 0.2\ \text{V}$$

（2）线圈中的感应电流为

$$I = \frac{E}{R} = \frac{0.2}{0.5}\ \text{A} = 0.4\ \text{A}$$

由右手定则可判断出感应电流方向为：$ABCDA$

（3）由于 AB 中产生了感应电流，电流在磁场中将受到安培力的作用。用左手定则可判断出 AB 所受安培力方向向左，与速度方向相反，因此，若要保证 AB 以速度 V 匀速向右运动，必须施加一个与安培力大小相等，方向相反的外力。所以，外力大小为

$$F = BIl = 0.1 \times 0.4 \times 0.4\ \text{N} = 0.016\ \text{N}$$

外力方向向右。

2. 穿过线圈的磁通量发生变化时产生的感应电动势大小计算

当穿过线圈的磁通量发生变化时，产生感应电动势的大小与穿过线圈的磁通量的变化率成正比，这就是法拉第电磁感应定律。用公式表示为

$$E=N\left|\frac{\Delta\Phi}{\Delta t}\right| \tag{6-7}$$

式中，E——感应电动势，单位：伏特（V）；

N——线圈匝数，单位：匝；

$\frac{\Delta\Phi}{\Delta t}$——磁通变化率，单位：韦伯 / 秒（Wb/S）。

【例 6-5】有一个 1 000 匝的空芯线圈，在 0.4 秒内通过的磁通量由 0.02 Wb 变为 0.1 Wb，试求：（1）线圈中产生的感应电动势大小；（2）若线圈的电阻为 10 Ω，当它与一个 990 Ω 的电阻构成回路时回路中的电流值。

解：（1）线圈中的感应电动势大小为

$$E=N\left|\frac{\Delta\Phi}{\Delta t}\right|=1000\times\left|\frac{0.1-0.02}{0.4}\right|\ \text{V}=1000\times0.2\ \text{V}=200\ \text{V}$$

（2）回路中的电流大小为

$$\text{I}=\frac{E}{r+R}=\frac{200}{10+990}\ \text{A}=0.2\ \text{A}$$

任务检测

一、选择题

1. 下列属于电磁感应现象的是（　　）。

A. 通电直导体产生磁场　　B. 通电直导体在磁场中运动

C. 变压器铁芯被磁化　　D. 线圈在磁场中转动发电

2. 判断导体切割磁感线产生的感应电动势方向，应该用（　　）。

A. 左手定则　　B. 右手定则　　C. 安培定则　　D. 楞次定律

3. 法拉第电磁感应定律可以这样表述：闭合电路中感应电动势的大小（　　）。

A. 与穿过这一闭合电路的磁通变化率成正比

B. 与穿过这一闭合电路的磁通成正比

C. 与穿过这一闭合电路的磁通变化量成正比

D. 与穿过这一闭合电路的磁感应强度成正比

4. 当磁铁从线圈中抽出时，线圈中感应电流产生的磁通方向与磁铁的（　　）。

A. 运动方向相反　　B. 运动方向相同

C. 磁通方向相反　　D. 磁通方向相同

二、分析判断题

1. 如图 6-32 所示，在通电直导线旁有一矩形线圈，下列情况下，线圈中有无感应电流？为什么？

（1）线圈以直导线为轴旋转；

（2）线圈向右远离直导线；

（3）以 *AB* 为轴匀速转动。

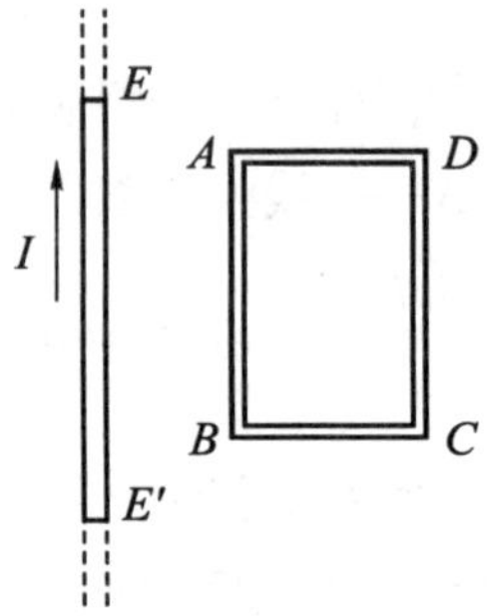

图6-32　判断感应电流的产生

2. 判断并标出图 6-33 中运动导体产生的感应电流方向。

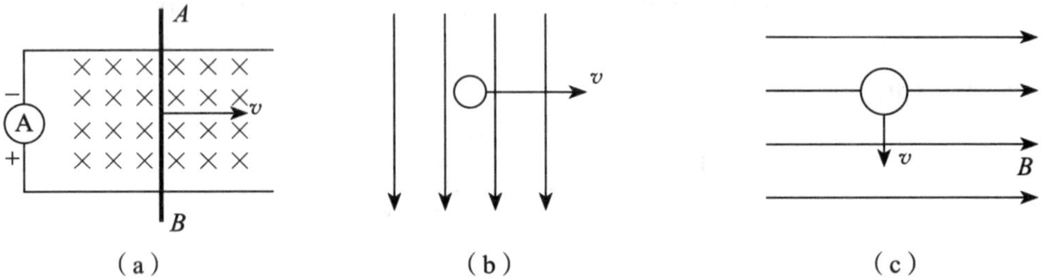

图6-33　判断感应电流的方向

3. 如图 6-34 所示，在一长直导线中通有电流 *I*，线圈 *ABCD* 在纸面内向右平移，判断线圈内产生的感应电流方向。

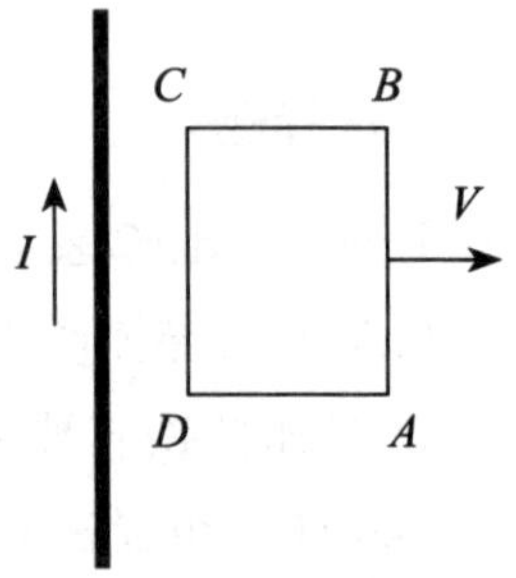

图6-34　判断感应电流的方向

三、计算题

1. 在 0.4 T 的匀强磁场中，长度为 25 cm 的导线以 6 m/s 的速度做切割磁感线的运动，运动方向与磁感线成 30°，并与导线本身垂直，试求：导线中感应电动势的大小。

2. 有一个 1 000 匝的线圈，在 0.4 s 内穿过它的磁通从 0.02 Wb 增加到 0.09 Wb，求线圈中的感应电动势。如果线圈的电阻是 10 Ω，当它跟一个电阻为 990 Ω 的电热器串联组成闭合电路时，通过电热器的电流是多大？

任务三　认识自感现象及电感器

任务描述

电感器与电阻器、电容器都是电路基本元件之一，但特性上有很大区别，电感器就是用绝缘导线绕制的各种线圈，又叫电感线圈，简称电感。电感通电后就会在它周围建立磁场，储存磁场能，断电时要释放磁场能，所以电感器在通电和断电时由于磁场的变化会产生自感现象，自感现象是一种特殊的电磁感应现象，是电感器对自身电流变化的一种反应。通过本任务学习，主要了解什么是自感现象？自感现象有哪些应用？自感电动势方向判断及大小计算，常见电感器的外形、参数及好坏判断等。

任务目标

1. 了解自感现象及其利弊；
2. 掌握自感电动势的大小计算和方向判断；
3. 认识常用的电感器外形、参数，学会用万用表进行电感器的初步检测。

任务实施

一、任务准备

准备好以下实验器材：各种类型的电感器若干，指针式万用表一只，通电自感和断电自感实验装置各一套，荧光灯套件一套。

二、任务过程

步骤 1：认识自感现象

1. 通电自感现象

（1）按图 6-35 所示，搭接实验电路。

（2）先合上开关 S，调节变阻器 R 的阻值，使 HL1、HL2 亮度相同，再调节 R_1 使两白炽灯正常发光，然后断开开关 S。

（3）重新闭合开关 S，接通电路，观察 HL1、HL2 的发光情况。

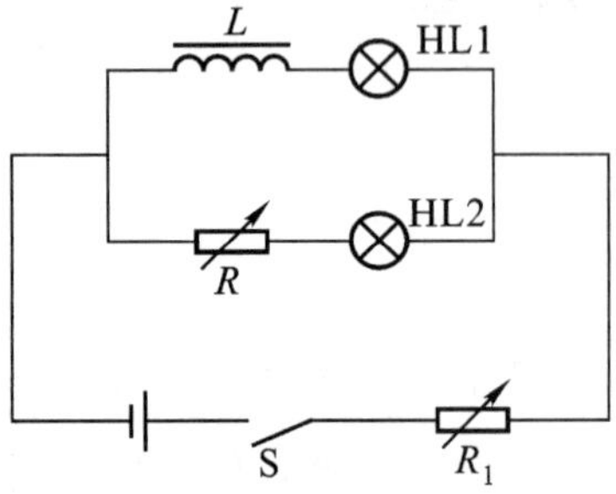

（a）原理图

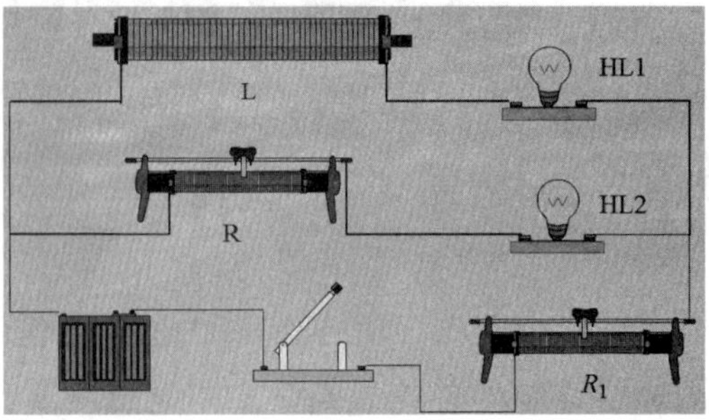

（b）实物图

图6-35　通电自感实验

实验现象：HL2 立即正常发光，HL1 逐渐亮起来。

现象分析：在接通电路瞬间，电路中的电流增大，穿过电感线圈的磁通量也随之增加，根据电磁感应现象，线圈中必然会产生感应电流，阻碍线圈中电流的增加，所以与电感线圈串联的 HL1 中的电流只能逐渐增大，灯泡 HL1 只能逐渐亮起来。而 HL2 与一只电阻串联，不会产生电磁感应现象，电流立即增大，HL2 立即正常发光。

2. 断电自感现象

（1）按图 6-36 所示，搭接实验电路。

（2）先合上开关 S，观察 HL 的发光情况，再断开开关 S 观察 HL 的亮度变化情况。

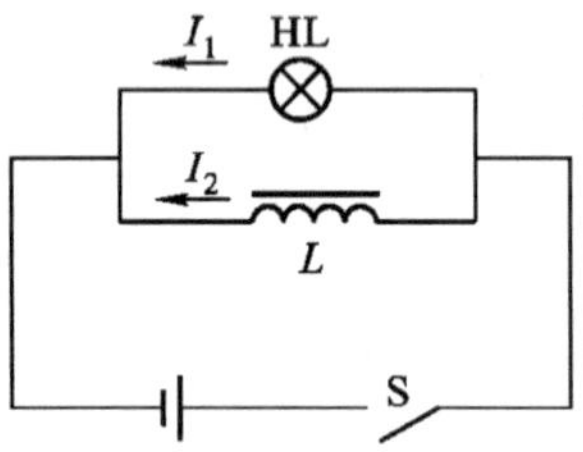

（a）原理图

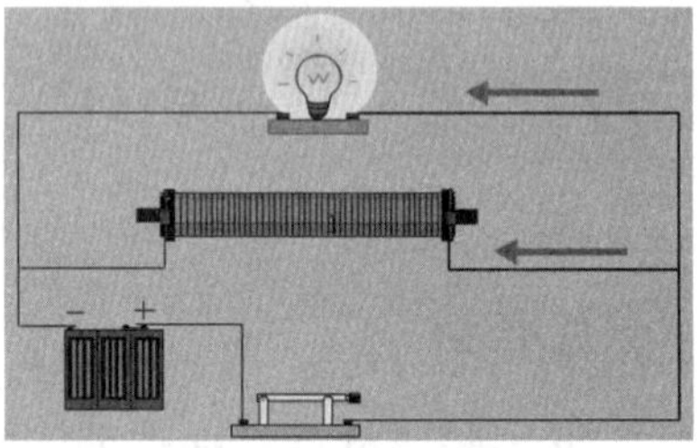

（b）实物图

图6-36　断电自感实验

实验现象：断开开关的一瞬间，灯 HL 突然发出很强的亮光，然后才熄灭。

现象分析：当开关 S 断开瞬间，线圈中电流突然减小，穿过线圈中的磁通也很快地减少，因而在线圈中将产生感应电流，阻碍电流的减小，虽然这时电源已经断开，但线圈 L 和灯 HL 组成了闭合电路，在这个电路中有感应电流通过，所以，灯泡不会立即熄灭，而是发出短暂的强光后再逐渐熄灭。

从上述两个实验分析可以看出：当线圈中的电流发生变化时，通过线圈本身的磁通也要变化，线圈中就会产生感应电动势，这个电动势总是阻碍线圈中原来电流的变化。这种由于流过线圈自身的电流发生变化而引起的电磁感应现象称为自感现象，简称自感。在自感现象中产生的感应电动势称为自感电动势，用 E_L 表示。

步骤 2：自感电动势的大小计算和方向判断

自感现象是电磁感应现象的一种特殊情况，它必然遵从法拉第电磁感应定律，但又因为产生自感现象的直接原因是线圈中电流的变化，因此，自感电动势的大小不但与磁通的变化率成正比，也与电流的变化率成正比，计算公式为

$$E_L = N\left|\frac{\Delta\Phi}{\Delta t}\right| = L\left|\frac{\Delta i}{\Delta t}\right| \tag{6-8}$$

式中，E_L——自感电动势，单位：伏特（V）；

L——线圈的自感系数，单位：亨利（H）；

$\frac{\Delta i}{\Delta t}$——线圈中电流的变化率，单位：安 / 秒（A/s）。

自感电动势的方向仍然可以用楞次定律判断，但由于自感现象的直接原因是由线圈自身的电流发生变化而引起的，自感电动势是为了阻止电流的变化，所以，我们可以根据电流的方向及其变化趋势来确定自感电动势的方向。当线圈中的电流增大时，自感电动势方向与线圈中电流方向相反，阻止电流增大；当线圈中的电流减小时，自感电动势方向与线圈中电流方向相同，阻止电流减小，仍然遵循“增反减同”的原则。如图 6-37 所示。

图6-37　自感电动势的方向判定

步骤 3：了解自感现象的利与弊

自感现象在各种电器设备和无线电技术中有广泛的应用。电感线圈是交流电路中的重要元件。在无线电设备中，用它和电容器组成振荡电路，以发射电磁波，这在以后的电子技术课程中就会讲到。在电工技术中，很多电器也是利用自感作用进行工作的，最常用的电光源——荧光灯，就是利用自感电动势来点燃灯管，并使荧光灯正常发光的。图 6-38 为荧光灯电路的结构。

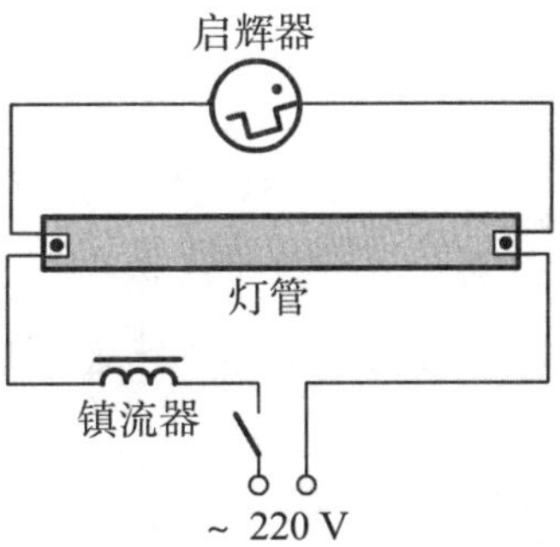

图6-38　荧光灯电路

荧光灯主要由灯管、镇流器和启辉器组成，镇流器与荧光灯管串联，启辉器与荧光灯管并联。镇流器是一个带铁芯的线圈；启辉器是一个充有氖气的小玻璃泡，里面装有两个

电极，一个固定不动的静触片和一个用双金属片制成的 *U* 形触片，启辉器的作用相当于一个自动开关；荧光灯管内充有稀薄的汞蒸气，当汞蒸气导电时，就发出紫外线，使涂在管壁上的荧光粉发出柔和的光。

荧光灯采用普通的照明电源（交流 220 V），但激发汞蒸气导电所需的电压比 220 V 的电源电压高得多，因此，荧光灯在开始点亮瞬间需要一个高出电源电压很多的瞬时高电压。在荧光灯管点亮后，灯管的电阻很小，只允许通过不大的电流，这时又要使加在灯管上的电压大大低于电源电压。这两方面的要求都是利用跟灯管串联的镇流器来达到的。

当电源开关闭合后，启辉器触点闭合，电路接通有电流流过镇流器、灯丝和启辉器，然后启辉器自动断开，在启辉器断电的瞬间，镇流器中的电流突然发生变化，镇流器产生一个很高的自感电动势，与电源电压一起加在荧光灯管的两端，使灯管中的汞蒸气开始导电，于是荧光灯管成为电流的通路开始发光。荧光灯点燃后正常工作时，镇流器又起到分压限流的作用，使灯管的工作电压低于电源电压。

自感现象也有不利的一面。在自感系数很大而电流又很强的电路中，在切断电路的瞬间，由于电流在很短的时间内发生很大的变化，会产生很高的自感电动势，在断开处形成电弧，这不仅会烧坏开关，甚至危及工作人员的安全。因此，切断这类电路是必须采用特制的安全开关。

步骤 4：认识电感器

1. 电感器的结构与符号

电感器一般是用漆包线在绝缘骨架上环绕若干圈而制成的一种能够储存磁场能的电路元件，又称电感线圈或线圈。电感器一般由骨架、绕组、屏蔽罩、磁芯或铁芯组成，常见电感器的外形如图 6–39 所示。

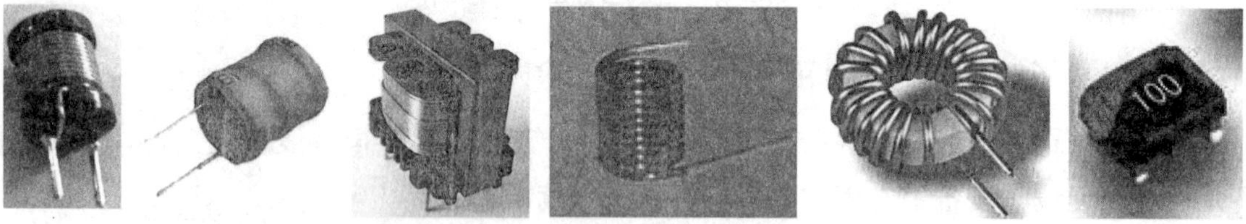

图6–39　常用电感器

电感器的种类很多，按电感量是否可调可分为固定式电感器和可调式电感器；按芯子的材料可分为空芯电感器、铁芯电感器和磁芯电感器。

在电路图中，电感器用字母“*L*”表示，常用的图形符号如图 6–40 所示。

（a）空芯电感器　（b）铁芯电感器　（c）磁芯电感器　（d）空芯可调电感器

图6-40　电感器图形符号

2. 电感量

电感量是衡量一个电感器储存磁场能本领大小的物理量。也是衡量电感器产生自感电动势能力的大小，因此也称自感系数，用字母 L 表示。

电感量的国际单位是亨利（H），常用单位有毫亨（mH）、微亨（μH）。它们之间的换算关系为

$$1\text{mH} = 10^{-3}\text{H} \tag{6-9}$$
$$1\mu\text{H} = 10^{-6}\text{H}$$

线圈的电感量是由线圈本身的特性决定的，它只与线圈的形状、尺寸、匝数、媒介质的磁导率有关，而与线圈是否有电流或电流大小无关。线圈越长、匝数越多，截面积越大，电感就越大。空心线圈当其结构一定时，其电感量近似为常数。有铁芯的线圈，其电感量不是一个常数，要比空芯线圈的电感量大得多。

3. 电感器的主要参数

（1）标称电感量

标称电感量是电感器上标注的电感量数值。

（2）允许误差

电感器的实际电感量相对于标称值的最大允许偏差范围。

（3）额定电流

额定电流是指电感器在电路中正常工作时的所允许通过的最大电流。

电感器的主要参数一般都标注在电感器外壳上，作为识别选用电感器的指标。标注的方法与电容器、电阻器的参数标注方法类似，有直标法、色标法和文字符号法等。

4. 电感器的检测

要检测电感器的电感量需要用专门的仪器，如交流电桥或具有测量电感功能的万用表。在实际中，我们一般仅需要检查电感器有无开路或短路的情况，简单的质量检测可以用万用表的欧姆挡来判断。根据检测的直流电阻值的大小，可以简单判别电感器的质量。

将万用表置于 $R\times1$ 挡，先调零，然后用两只表笔分别接电感线圈的两个引脚。当被测的电感器阻值为 0 Ω 时，说明电感线圈内部短路，不能使用。如果测得电感线圈有一定阻值，说明正常。电感线圈的阻值与电感线圈所用漆包线的粗细、匝数多少有关。一般高频电感器的直流电阻在零点几欧到几欧；低频电感器的直流电阻在几欧到几十欧。当测得的

阻值为∞时，说明电感线圈或引脚与线圈接点处发生了断路，此时不能使用。

注意：电感器的直流电阻值一般都很小，在测试时必须认真调零，仔细观察表针是否真的指在零位，以免误判。

任务检测

一、填空题

1. 由于线圈自身__________变化而产生的__________现象称为自感现象。

2. 线圈的电感量是由线圈本身的特性决定的，即与线圈的__________、__________、__________和媒介质的__________有关，而与线圈是否有电流或电流的大小__________。

3. 荧光灯电路主要由__________、__________、__________组成。镇流器的作用是：荧光灯正常发光时，起__________作用；荧光灯点亮时，产生__________。

4. 电阻器是__________元件，电感器和电容器都是__________元件。

二、选择题

1. 线圈自感电动势的大小与（　　）无关。

A. 线圈的自感系数　　B. 通过线圈的电流变化率

C. 通过线圈的电流大小　　D. 线圈的匝数

2. 线圈中产生的自感电动势总是（　　）。

A. 与线圈内的原电流方向相同　　B. 与线圈内的原电流方向相反

C. 阻碍线圈内原电流的变化　　D. 以上三种说法都不正确

三、计算题

一个电感量为 10 mH 的电感器，如果通过它的电流在 0.08 s 时间内由 0 增加到 8 A，这个电感器产生的自感电动势有多大？

任务四　认识互感现象及变压器

任务描述

如图 6-41 所示，将两个电感线圈套在同一个铁芯上，将其中的一个线圈接到 220 V 的交流电源上，另一个线圈接一只小灯泡，我们发现：接小灯泡的线圈并没有接电源，但小灯泡却亮了，小灯泡里面的电流是哪里来的呢？

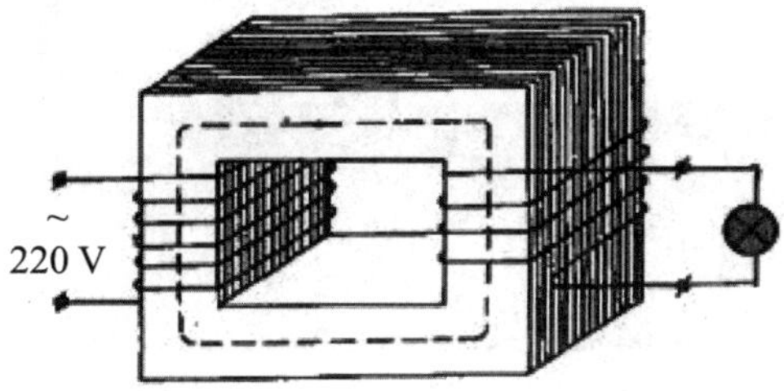

图6-41　互感实验1

原来，当一个线圈中电流发生变化时会产生自感现象，同时在邻近的另一个线圈中也会产生电磁感应现象，称为互感现象。互感现象也是电磁感应现象的一种，本任务主要学习互感的知识及其应用，重点掌握互感线圈同名端的含义、判别方法及单相变压器的变压比、变流比的概念及计算，要求完成以下学习任务。

任务目标

1. 了解互感现象及其在电气设备中的应用；
2. 理解互感线圈同名端的标注及判断方法；
3. 掌握单相变压器的结构及变压、变流关系。

任务实施

一、任务准备

220 V/12 V 变压器一台，12 V 小灯泡一只，检流计一台，电池盒一只，开关一只，万用表一只。

二、任务过程

步骤 1：认识互感现象

（1）按图 6-42 所示，搭接实验电路；

（2）闭合开关 S 瞬间，观察检流计指针偏转情况；

（3）开关 S 闭合后，观察检流计指针偏转情况；

（4）断开开关 S 瞬间，观察检流计指针偏转情况。

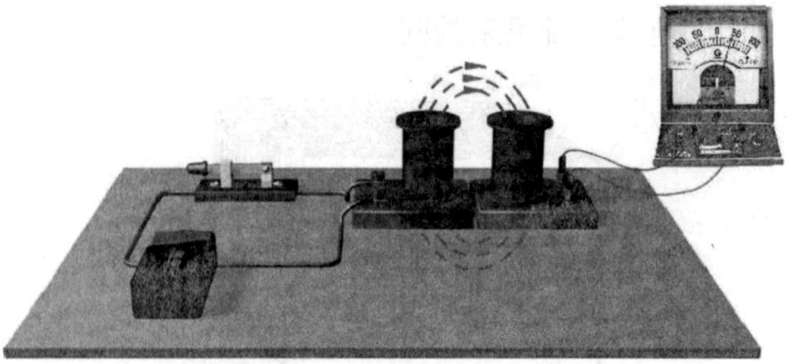

图6-42　互感实验2

实验现象：在开关 S 闭合瞬间，检流计指针偏转一下马上回到零位；开关 S 闭合后，检流计指针指在零位不动；断开开关 S 瞬间，检流计指针反向偏转一下马上回到零位。

现象分析：在开关 S 闭合瞬间，线圈 1 中的电流要增大，它产生的磁通也增大，这个逐渐增大的磁通不但穿过线圈 1，也会有一部分磁通穿过和它邻近的线圈 2，会使线圈 2 也产生感应电动势和感应电流，此感应电流使检流计指针发生偏转。

开关 S 闭合后，线圈 1 中的电流达到一个稳定的值不再变化，它产生的磁通也不再变化，由电磁感应定律可知，线圈 2 中不会产生感应电流，因此检流计指针指在零位不动。

在断开开关 S 瞬间，线圈 1 中的电流要减小至零，它产生的磁通也减小，线圈 2 中又会产生一个反向的感应电流，因此检流计指针会反向偏转一下。

当一个线圈中的电流发生变化时，引起邻近的另一个线圈中产生感应电动势和感应电流的现象称为互感现象。由互感产生的感应电动势称为互感电动势，用 E_M 表示。互感电动势的计算公式为

$$E_M = M\frac{\Delta i}{\Delta t} \qquad (6\text{-}10)$$

式中，E_M——互感电动势，单位：伏特（V）；

M——互感系数，单位：亨利（H）；

$\frac{\Delta i}{\Delta t}$——另一线圈中电流的变化率，单位：安 / 秒（A/S）。

互感系数 M 与两个线圈的匝数、几何形状、尺寸、相对位置以及周围的介质有关，其大小反映了一个线圈的电流变化时对另一个线圈产生互感电动势的能力。

互感电动势的方向：可用楞次定律判定。

步骤 2：了解互感现象的应用与防范

互感现象在电工和电子技术中的应用非常广泛，通过互感现象可以使能量或信号由一个线圈方便地传递到另一个线圈，变压器、互感器、钳形电流表等都是利用互感原理工作的，如图 6-43 所示。

（a）变压器　（b）钳形电流表　（c）电流互感器

图6-43　互感现象的应用

互感现象也有不利的一面，有些互感现象会给人们带来无尽的烦恼，一个回路中的电流发生了变化，会使周边其他回路“不得安宁”。例如，在有些电路中，若线圈的位置安放不当，各线圈产生的磁场就会相互干扰，严重时会使整个电路无法工作。由于受到设备或仪器体积的限制，加大线圈间的距离的办法又行不通时，在装配时应将相邻线圈互相垂直放置。这样，第一个线圈所产生的磁通不穿过第二个线圈，第二个线圈所产生的磁通穿过第一个线圈时，线圈上半部和下半部磁通的方向正好相反，如图 6-44 所示，因此所产生的互感电动势也相互抵消，从而起到了消除互感的作用。

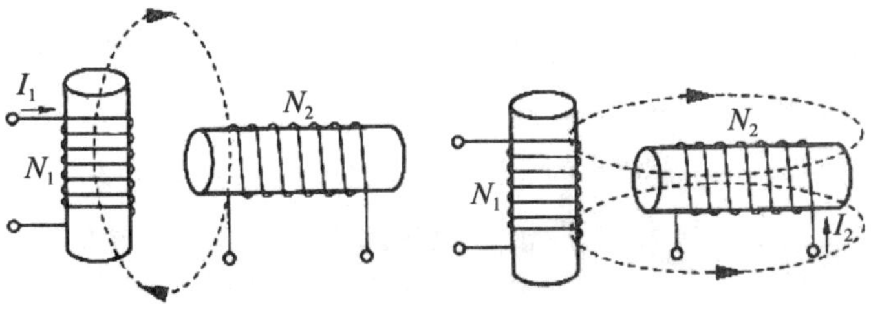

图6-44　线圈垂直放置减少互感

在高频电路中，通常采用磁屏蔽的办法来避免互感。最常用的磁屏蔽措施就是利用软磁材料制成屏蔽罩，将需要屏蔽的器件放在屏蔽罩内。通常采用铁壳屏蔽的方法，让外界磁场的磁通在磁阻小的铁壁中通过，进入铁壳罩内的磁通会很少，从而起到屏蔽的作用，如图 6–45 所示。

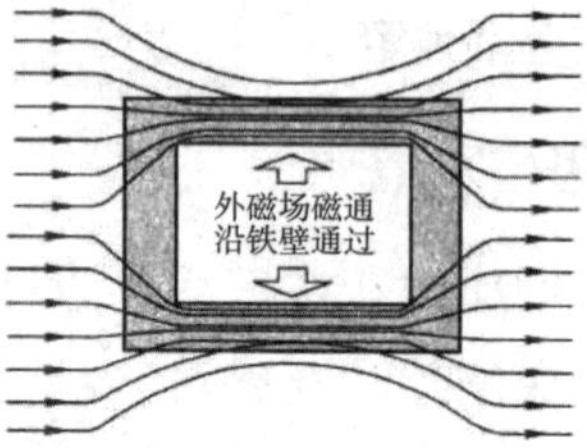

图6–45　磁屏蔽罩

步骤 3：认识互感线圈的同名端

1. 同名端的定义

【例 6–6】如图 6–46 所示为绕在同一圆柱形磁棒上的三个线圈，试判断：当 S 闭合瞬间，1、2、3、4、5、6 端产生的感应电动势的极性。

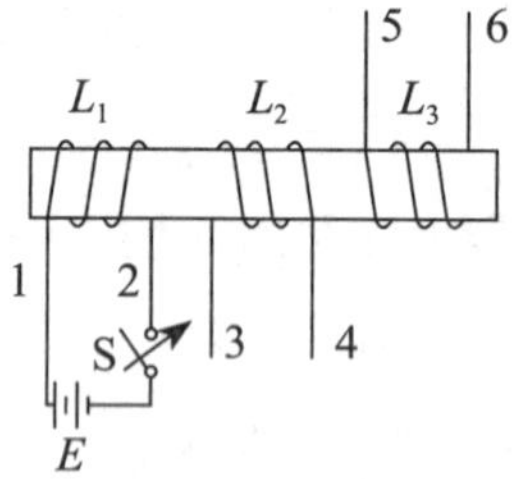

图6–46　互感线圈

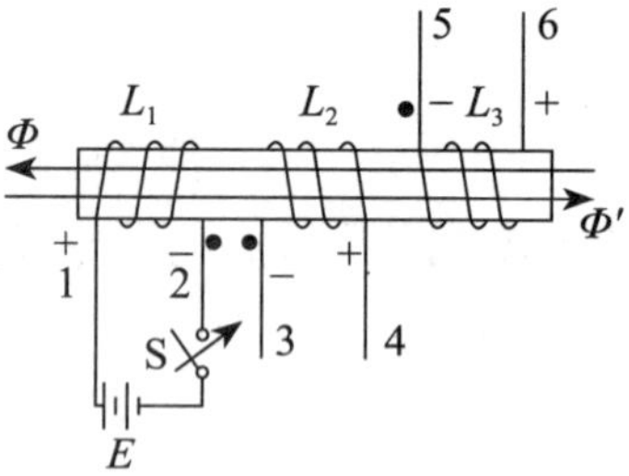

图6–47　互感线圈

解：S 闭合瞬间，线圈 L_1 中的电流要增大，它所产生的磁通 Φ 也增加，L_1 中将产生自感电动势，L_2、L_3 中将产生互感电动势，这三个电动势都是由于磁通 Φ 的增加引起的，根据楞次定律可知：它们的感应电流都要产生与原磁通 Φ 相反的感应磁通 Φ'，以阻碍原磁通 Φ 的增加，由安培定则可确定 L_1、L_2、L_3 中感应电动势的方向，即 1、4、6 同为“+”极，2、3、5 为同“–”极，如图 6–47 所示。

同理，当 S 断开瞬间，电流减小时，L_1、L_2、L_3 中的感应电动势方向都反了过来，即 1、4、6 同为“–”极，2、3、5 同为“+”极，但端点 1、4、6 的极性仍然相同，2、3、5 的极性仍然相同。

把在同一变化磁通作用下，感应电动势极性相同的端点叫同名端，也称同极性端。感应电动势极性相反的端点叫异名端。注意：这里所说的“极性”，是指感应电动势的极性，而不是加于线圈两端的电源极性。

一般用符号“•”或“*”表示同名端，如图 6–47 所示，标有符号“•”的 2、3、5 为同名端，当然，没有标识“•”的 1、4、6 也自然是同名端。

互感线圈的同名端归根结底是取决于线圈的绕向，与线圈中电流的大小、方向均无关，一旦绕向固定，同名端就确定了。

在电工电子技术中，同名端是非常重要的，比如：在多绕组变压器中，为了得到不同的变比，往往需要把几个绕组串联或并联。连接时，必须注意同名端。若把同名端接错，设备不能正常工作，甚至会造成严重事故；在 LC 振荡电路中，必须知道互感线圈的同名端，根据极性正确连接，才能产生振荡。

2. 同名端的确定

（1）知道线圈绕向

如果已经线圈绕向时，可用楞次定律直接判定同名端，如例 6–6。具体判断时，可简化为两步：

① 任意假设一磁通方向；

② 产生该方向的磁通，各线圈的电流流进端即为同名端。

（2）不知道线圈绕向

很多情况下我们是无法看到线圈的绕向的，比如生产好的成品变压器，绕组都是用绝缘材料密封的，从外表上看不出线圈的绕向，此时，只能用实验的方法来测定。

①直流法

将任意一个绕组通过开关 S 接一个 1.5 V 的电池，另一绕组通过万用表的 50 mA 挡构成闭合回路，如图 6–48（a）所示连接。在开关 S 闭合瞬间，若毫安表正向偏转，则 1 和 3 是同名端（电池“+”极与表的“+”极为同名端——正对正）。

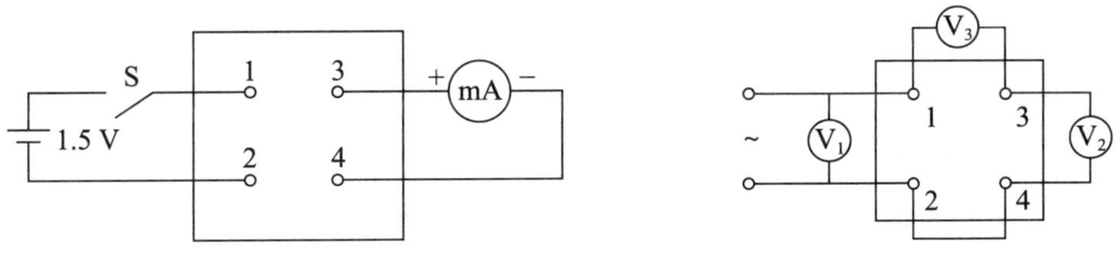

（a）直流法　　（b）交流法

图6–48　变压器同名端的测定

②交流法

将两个绕组 1、2 和 3、4 的任意两端（如 2 和 4）连接在一起，如图 6–48（b）所示，在任意一个绕组的两端加一个低压交流电压，分别测出 U_1、U_2 和 U_3，若 $U_3 = U_1 - U_2$，则 2 和 4（连在一起的两端）是同名端；若 $U_3 = U_1 + U_2$，则 2 和 4（连在一起的两端）是异名端。

分组实施：用直流法判断变压器的同名端并直观感受互感现象的存在。

步骤 4：认识变压器

1. 变压器的结构和符号

变压器是利用互感原理工作的一种静止的传递电能的电气设备，可将某一数值的交流电压转换成同频率的另一数值的交流电压，它主要由铁芯和绕组组成。如图 6-49（a）所示，图 6-49（b）为变压器在电路图中的符号。

（a）实物图

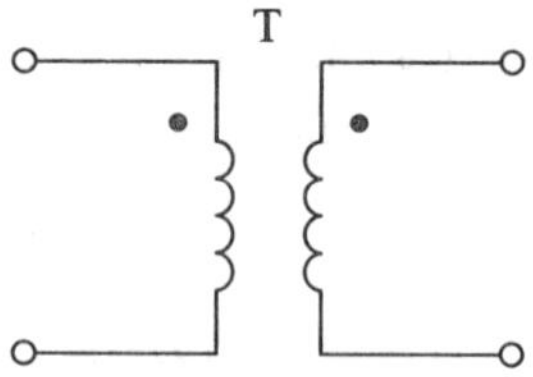

（b）图形符号

图6-49　变压器的结构和图形符号

铁芯是变压器的磁路部分。为了减少铁芯损耗，铁芯一般用 0.35 mm 厚的冷轧硅钢片叠成。

绕组是变压器的电路部分。它由漆包线或绝缘的扁铜线绕制而成，套在铁芯上。变压器一般有两个或两个以上的绕组，接电源的绕组称为一次绕组（或原绕组），接负载的绕组称为二次绕组（或副绕组）。

2. 变压器的工作原理

图 6-50 所示为变压器的工作原理图，当变压器的输入端加上交流电压 U_1 后，一次绕组中便产生一次电流 I_1 和交变磁通 Φ，由于一次、二次绕组套在同一铁芯上，磁通 Φ 同时穿过一、二次绕组，根据电磁感应定律，在一次绕组中产生自感电动势 E_1，在二次绕组中产生互感电动势 E_2，其大小分别正比于一次、二次绕组的匝数。在二次绕组中有了电动势 E_2，便在输出端形成电压 U_2。当二次绕组接上负载 Z_L 时，二次绕组就有电流 I_2 流过，一次绕组中对应的有电流 I_1 流过，电源的电能便从一次侧通过电磁感应传递到了二次侧负载。

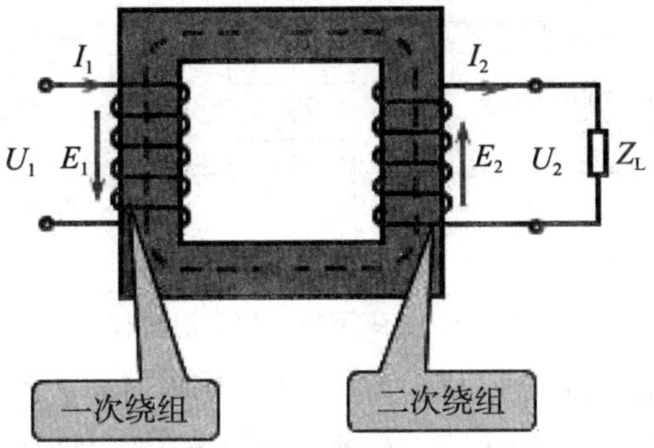

图6-50　变压器的工作原理

3. 变压器的变电压规律

（1）通过 EWB 仿真软件搭接如图 6-51 所示的仿真电路，电压表调整为“AC”挡位。

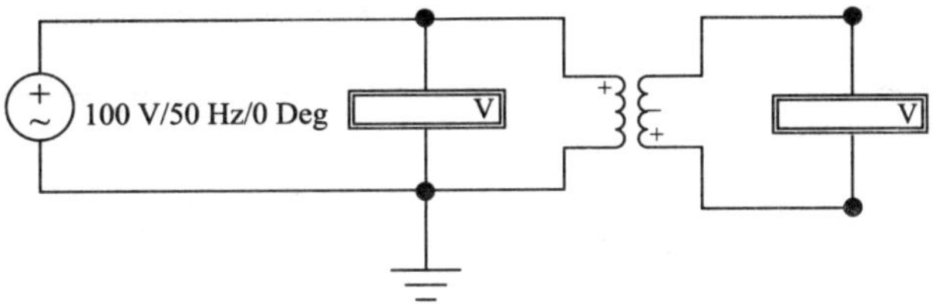

图6-51　变压器的变电压规律

（2）按照表 6-2 中所列数据，调整一次侧输入的交流电压 U_1 数值，并将每次对应的二次侧输出电压 U_2 的值填入表 6-2 中。

表6-2　变压器的变电压规律实验数据

次　数	1	2	3	4
U_1（V）	100	200	300	400
U_2（V）				

实验结论：

改变变压器的输入电压 U_1，输入电压 U_2 也成正比地变化，它们的比值是固定的，即

$$\frac{U_1}{U_2}=K=\frac{N_1}{N_2} \tag{6-11}$$

式（6-11）表明变压器一次、二次侧的电压之比与一次、二次绕组的匝数成正比，比值 K 称为变压比。变压器通过改变一次、二次绕组的匝数之比，就可以很方便地改变输出电压的大小。

4. 变压器变电流的规律

（1）通过 EWB 仿真软件搭接图 6-52 所示的仿真电路，电流表调整为“AC”挡位。

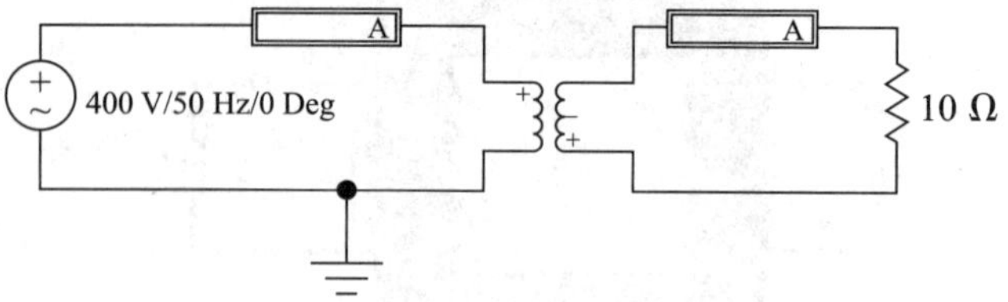

图6-52　变压器的变电流规律

（2）将交流电源调整为 400 V/50 Hz，按照表 6-3 中所列数据，调整二次侧所接负载的大小，用电流表分别测出每次的一次、二次绕组中的电流，并将测量结果填入表 6-3 中。

表6-3　变压器的变电流规律实验数据

负载电阻	$R=10\ \Omega$	$R=20\ \Omega$	$R=40\ \Omega$	$R=100\ \Omega$
I_1（A）				
I_2（A）				

实验结论：

负载电阻改变时，变压器二次绕组电流 I_2 也改变，一次绕组电流 I_1 也随着 I_2 成比例改变，在理想情况下

$$\frac{I_1}{I_2}=\frac{1}{K}=\frac{U_2}{U_1}=\frac{N_2}{N_1} \tag{6-12}$$

式（6-12）表明：变压器在改变电压的同时，电流也随之成反比例地变化，且一次、二次电流之比等于匝数之反比。

【例 6-7】已知某单相变压器的一次绕组电压为 3 300 V，二次绕组电压为 220 V，若二次绕组接入一个阻抗为 11 Ω 的电阻（忽略变压器的漏磁和损耗）。试求：变压器的变压比及一次、二次绕组中电流各为多少？

解：$K=\dfrac{U_1}{U_2}=\dfrac{3300}{220}=15$

$$I_2=\frac{U_2}{R}=\frac{220}{11}\text{ A}=20\text{ A}$$

$$I_1=\frac{N_2}{N_1}I_2=\frac{1}{K}I_2=\frac{20}{15}\approx 1.3\text{ A}$$

任务检测

一、填空题

1. 在同一变化磁通的作用下，两个或两个以上的绕组中 ________________ 相同的端点，称为同名端，也称为 ________。绕组的同名端取决于 ________________。

2. 判断绕组的同名端，若知道绕向可以用 ________________ 判定，若不知道绕向可以用 ________________ 法和 ________________ 法测定。

3. 变压器是按照 ________________ 原理工作的。它能将某一数值的 ______ 电变换成同频率 ______________ 的交流电压，以满足不同用电的需求。

4. 变压器的基本组成是 __________ 和 __________ 两大部分；________________ 是变压器的磁路部分，________________ 是变压器的电路部分。

二、选择题

1. 图 6-53 所示，a、b、c 三个线圈的同名端是（　　）。

A. 1、3、6　　B. 1、4、6　　C. 1、3、5　　D. 1、4、5

2. 如图 6-54 所示，当开关 S 打开时，电压表指针（　　）。

A. 正偏　　B. 不动　　C. 反偏　　D. 不能确定

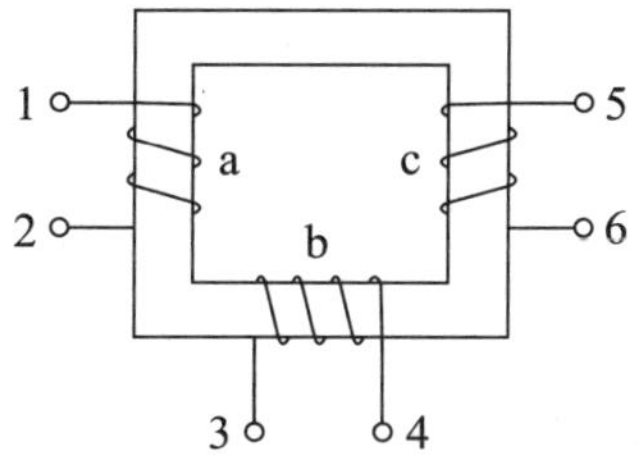

图6-53　选择题1题图

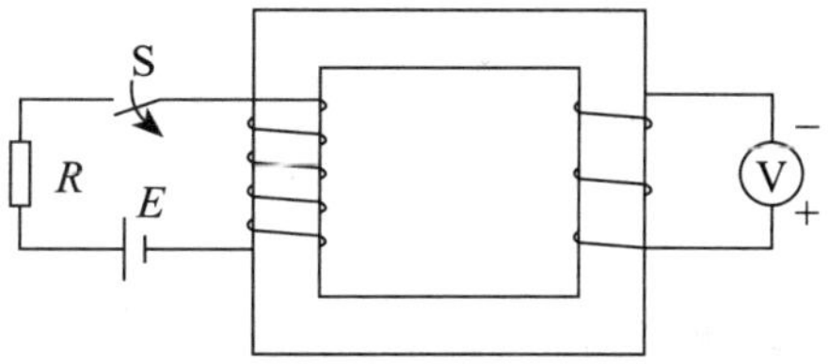

图6-54　选择题2题图

三、计算题

1. 一台变压器一次绕组为300匝，变压比 $K=10$，当一次绕组接入220 V的工频电源时，试计算二次绕组的匝数和输出电压各是多少？

2. 有一理想变压器，已知一次绕组匝数是 1 000 匝，二次绕组匝数是 200 匝，将一次侧接在 220 V 的交流电路中，若二次侧负载阻抗是 440 Ω，试求：

（1）变压比 K；　（2）二次绕组输出电压 U_2；

（3）二次绕组电流 I_2；　（4）一次绕组中的电流 I_1。

项目小结

1. 通电导线的周围和磁铁的周围一样，存在着磁场，磁场具有力和能的特性，磁场通常用磁感线来描述其强弱和方向，描述磁场的基本物理量有磁感应强度、磁通和磁导率。

2. 通电导体在磁场中会受到电磁力的作用，导体受电磁力的大小可用公式：$F = BIL\sin\alpha$ 计算，导体受电磁力的方向可用左手定则确定。

3. 穿过闭合回路的磁通量发生变化时，电路中就有感应电动势产生，若电路闭合则电路中就有感应电流。感应电动势的大小可分两种情况：

导体切割磁力线产生感应电动势：$E = BLV\,\mathrm{Sin}\,\theta$

穿过闭合电路的磁通量发生变化产生感应电动势：$E = N\left|\dfrac{\Delta\Phi}{\Delta t}\right|$

感应电动势的方向可用右手定则或楞次定律来判定。

4. 由于线圈自身的电流发生变化而产生的电磁感应现象，称为自感现象。当一个线圈中的电流发生变化时，引起邻近的另一个线圈中产生感应电动势和感应电流的现象，称为互感现象。在同一磁通的作用下所产生的感应电动势极性相同的端点称为同名端。

5. 变压器是根据互感原理工作的。变压器的基本组成是铁芯和绕组，铁芯是变压器的磁路部分，绕组是变压器的电路部分。变压器具有变电压、变电流等作用，理想变压器的变压、变流关系为：$\dfrac{U_1}{U_2} = \dfrac{I_2}{I_1} = \dfrac{N_1}{N_2} = K$

综合测试

一、填空题

1. 在磁体的外部，磁感线由 ____________ 极指向 ____________ 极。

2. 电流的周围存在 ____________，磁场的方向可以用 ____________ 定则来判断。

3. 磁感应强度是描述磁场中各点的 ____________ 和 ____________ 的物理量。国际单位是 ____________。

4. 通电导体在磁场中所受电磁力的方向可用 ____________ 定则来判断。

5. 当导体在磁场中作 ____________ 运动，或线圈中的磁通 ____________ 时，就会在导体或线圈中产生感应电动势，把这种现象称为 ________________________。

6. 由于通过线圈 __________ 的电流发生变化而引起的电磁感应现象叫作 ___________。由于一个线圈中电流的变化，而在另一线圈中产生感应电动势的现象称为 ___________。

7. 感应电流产生的磁场，总是 ____________ 原磁通的变化，这就是楞次定律，即若线圈中磁通增加时，感应电流的磁场方向与原磁场方向 ___________；若线圈中磁通减少时，感应电流的磁场方向与原磁场方向 ______________________。

8. 变压器是利用 ____________ 原理制成的 ____________ 的电气设备。变压器主要是由 ____________ 和 ____________ 组成。其中，____________ 是变压器的电路部分，___________ 是磁路部分。

二、选择题

1. 磁感线上任意一点（　　）方向，就是该点的磁场方向。

A. 指向 N 极　　B. 切线　　C. 直线　　D. 平行线

2. 磁感线的疏密程度反映了磁场的强弱，越密的地方表示磁场（　　）。

A. 越强　　B. 越弱　　C. 越均匀　　D. 越小

3. 在均匀磁场中，有一个矩形线圈平面与磁场方向垂直，当线圈在磁场中平移但不离开磁场时，矩形线圈中将（　　）。

A. 产生感生电动势　　B. 产生感生电流

C. 无电磁感应现象　　D. 无法确定

4. 左手定则可以判断通电导体在磁场中（　　）。

A. 受力大小　　B. 受力方向　　C. 运动方向　　D. 运动速度

5. 运动导体在切割磁感线而产生最大感应电动势时，导体运动方向与磁力线的夹角为（　　）。

A. 0°　　B. 45°　　C. 90°　　D. 180°

6. 当线圈中通入（　　）时，就会引起自感应现象。

A. 不变的电流　　B. 变化的电流　　C. 电流　　D. 无法确定

7. 有一个电感线圈当通过它的电流为 8 A 时，电感 L 为 36 mH，若通过它的电流为 4 A，则（　　）。

A. 电感线圈的电感 L 降低一半　　B. 电感 L 保持不变

C. 电感线圈产生的感应电动势增加一倍　　D. 感应电动势不变

8. 变压器的同名端（　　）。

A. 取决于绕组的绕向　　B. 按左手定则确定

C. 按法拉第电磁感应定律确定　　D. 任意指定

9. 如图 6–55 所示，在一长直导线中通有电流 I，线框 $ABCD$ 在纸面内向右平移，则线框内（　　）。

A. 没有感应电流产生

B. 产生感应电流，方向是 $ABCDA$

C. 产生感应电流，方向是 $ADCBA$

D. 不能确定

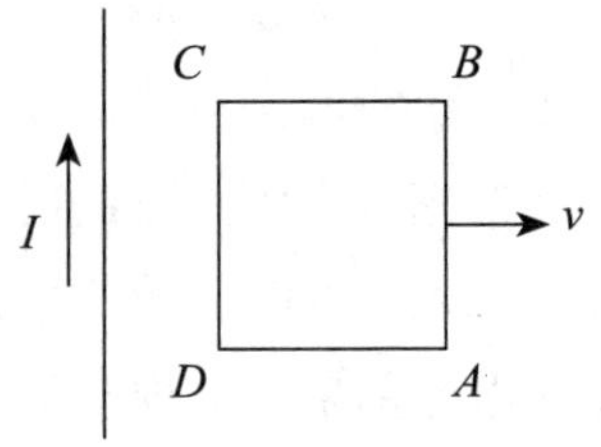

图6–55　选择题9题图

10. 变压器的工作原理依据（　　）。

A. 欧姆定律　　　　B. 基尔霍夫定律

C. 电流的热效应　　D. 电磁感应定律

三、分析题

1. 如图 6–56 所示，在通电直导线的旁边放置一个通电的矩形线圈，则线圈四个边的所受力情况为 AB 边方向 ____________；BC 边方向 ____________；CD 边方向 ____________；AD 边方向 ____________。在合力的作用下，线圈将向 ____________ 运动。

2. 如图 6–57 所示，金属环一半处于磁场中，要使环中产生顺时针方向的电流，则该金属环应怎样平行移动？

3. 如图 6–58 所示，矩形导电线圈的平面垂直于磁感线，当线圈从位置 A 移到位置 B 时，在线圈中产生的感应电流方向是顺时针方向，对吗？

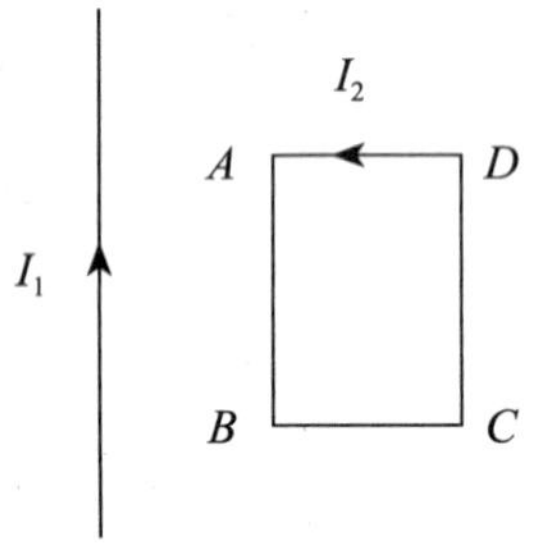

图6–56　分析题1题图

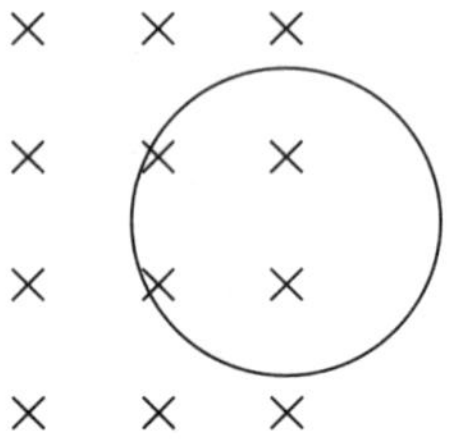
图6–57　分析题2题图

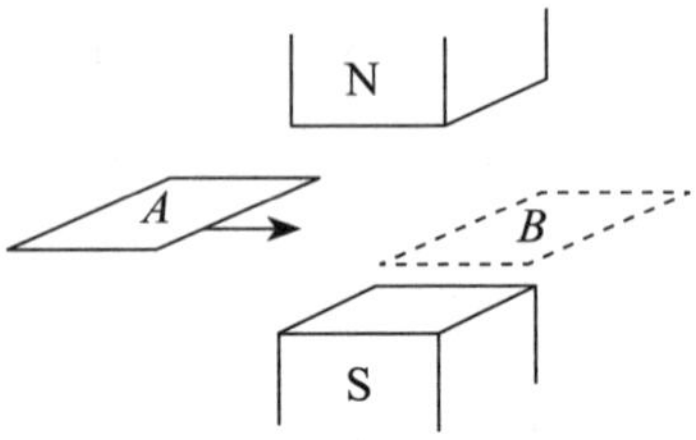

图6–58　分析题3题图

4. 若将变压器绕组如图 6–59 所示连接，在开关 S 闭合瞬间，若毫安表指针反向偏转，试判断变压器的同名端。

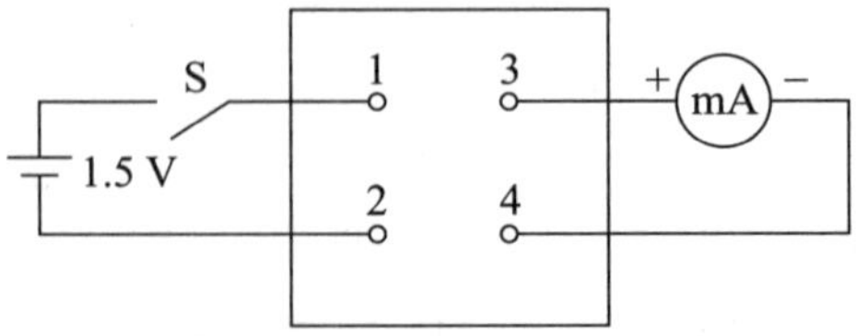

图6–59　分析题4题图

四、计算题

1. 有一个 1 000 匝的空芯线圈，在 0.4 s 内通过的磁通量由 0.02 Wb 变为 0.1 Wb，求线圈内的感应电动势；若线圈的电阻为 10 Ω，当它与一个 990 Ω 的电阻构成回路时，求回路中的电流。

2. 有一台电压为 220/36 V 的降压变压器，二次绕组接一盏 36 V、40 W 的白炽灯，若变压器一次绕组匝数 N_1 = 1 100 匝，二次绕组应是多少匝？白炽灯点亮后，一次、二次绕组电流各是多少？

3. 已知某单相变压器的初级绕组电压为 3 300 V，次级绕组电压为 220 V，所带负载为一台 220 V、22 kW 的电炉（忽略变压器的漏磁和损耗）。试求：变压器的变压比及一次、二次绕组电流各是多少？

项目七 认识单相正弦交流电

项目概述

我们前面学习的直流电路中，电压、电流的大小和方向是恒定的，但生产和生活中我们使用的都是交流电。交流电在产生、输送、分配、使用等方面比直流电更有优势，所以发电厂产生的都是交流电。即使有些场合必须使用的直流电也是通过一定方法由交流电变换得到。

交流电是指大小和方向随时间作周期性变化的电压、电流和电动势。交流电按变化规律可分为正弦交流电和非正弦交流电，如图 7-1 所示。我们日常生产生活中使用的都是正弦交流电，它是由发电厂的发电机产生后通过电网输送来的。

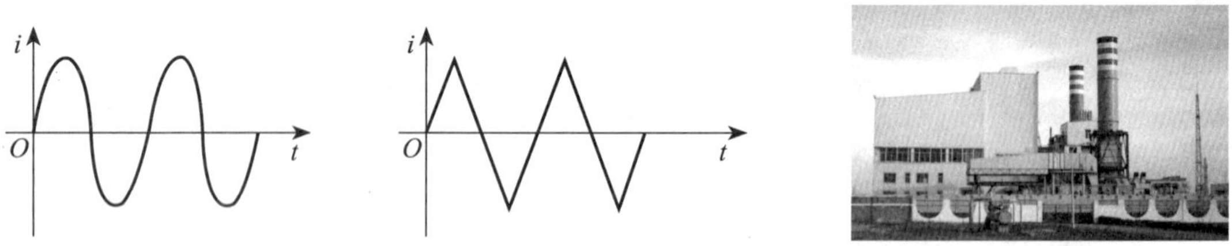

（a）正弦交流电　（b）非正弦交流电　（c）发电厂

图7-1　交流电

交流电与直流电相比要复杂得多，直流电只要知道其大小即可，但要确定一个交流电需要知道它的三要素，交流电的测量也比较复杂，不仅有大小的测试，还有周期、频率、相位差等参数的测试。本项目着重介绍单相正弦交流电的相关物理量及其测量、正弦交流电的表示方法。通过本项目学习，要求达到以下学习目标。

项目目标

1. 会用示波器观察正弦交流电的波形；
2. 掌握表征正弦交流电的三要素：最大值、频率、初相位；
3. 理解交流电的周期、频率、有效值、相位与相位差等概念；
4. 掌握正弦交流电的表示方法（解析式、波形图、相量图等）。

任务一　认识正弦交流电

任务描述

图 7-2 是一台手摇发电机，（a）为原理图，（b）是实物图，它的工作原理和发电厂里的发电机是一样的，只不过动力是人力罢了，我们用手匀速摇动发电机，线圈将在磁场中旋转，作切割磁感线运动，根据电磁感应原理，线圈中将产生感应电动势，继而在闭合回路中产生感应电流，我们会发现，小灯泡一闪一闪地发光；检流计指针左右摆动，这表明发电机发出的电流大小和方向不是恒定的，而是随时间在作周期性变化。我们如何能直观地看到电流变化情况呢？如何能把它描述出来呢？

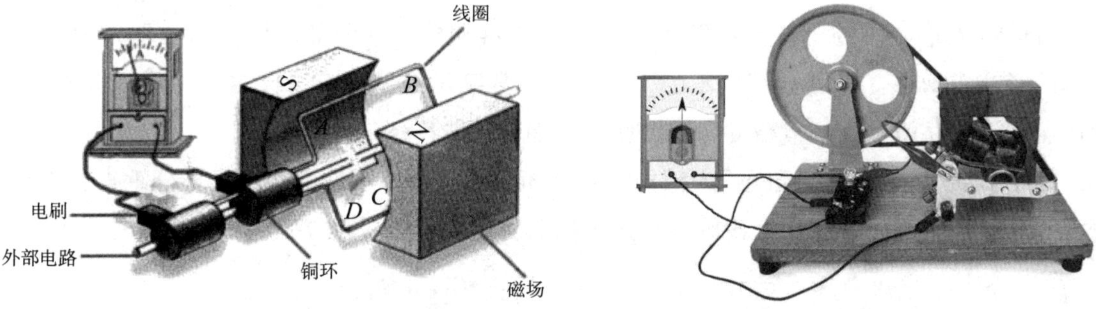

（a）原理图　　（b）实物图

图7-2　手摇发电机

任务目标

1. 认识示波器，并了解示波器的操作面板上各旋钮的名称和作用；
2. 能用示波器正确观察正弦交流电的波形；
3. 能用波形图和解析式表示正弦交流电。

任务实施

一、任务准备

手摇发电机一台，检流计一台，示波器一台，220 V/36 V 变压器一台（或信号发生器一台），连接导线若干。

二、任务过程

步骤 1：认识示波器

示波器能够显示各种电信号的波形，一切可以转化为电压的电学量和非电学量及它们随时间作周期性变化的过程都可以用示波器来观测，示波器是一种用途十分广泛的测量和显示仪器。

目前，大量使用的示波器有两种：模拟示波器和数字示波器。模拟示波器发展较早，技术已经非常成熟。随着数字技术的飞速发展，数字示波器拥有了许多模拟示波器不具备的优点，能保存信号；测量精度高等，使用范围越来越广泛。

图 7-3 为实验室中广泛配置的模拟示波器面板图，模拟示波器操作面板分垂直、水平、触发和显示四大部分，面板上各旋钮和按键的名称和功能，见表 7-1。

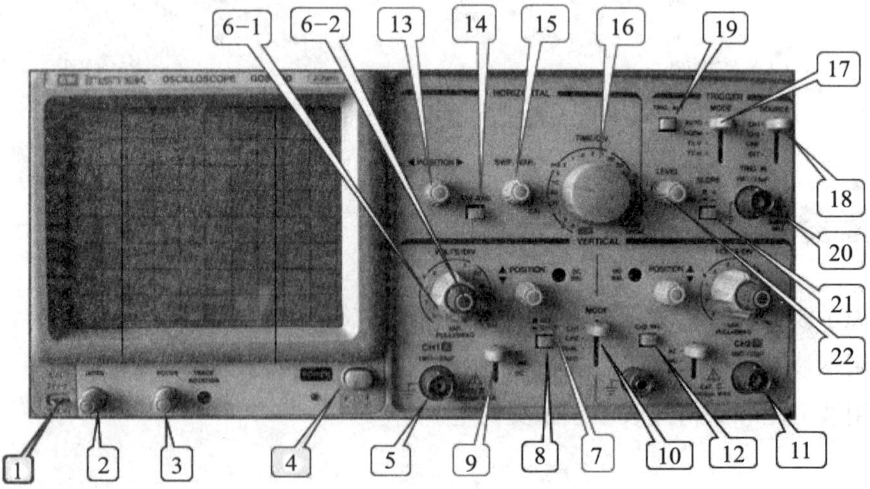

图7-3　模拟示波器面板图

表7-1　示波器面板上各旋钮和按键的名称和功能

1——示波器自检探头挂钩	12——CH2 通道输入耦合开关
2——亮度旋钮	13——水平位移旋钮
3——聚焦旋钮	14——水平位移旋钮，拉出扩展 ×10，信号水平方向放大 10 倍
4——示波器电源开关	15——扫描微调控制旋钮
5——CH1 通道探头输入	16——水平方向扫描时间 t/div 旋钮
6-1——CH1 通道电压灵敏度 V/div 旋钮	17——触发模式选择
6-2——CH1 通道垂直方向电压细调旋钮，拉出 ×5 扩展	18——触发源选择
7——CH1 通道垂直位移旋钮	19——交替触发
8——断续选择	20——外接触发源
9——CH1 通道输入耦合开关	21——触发极性
10——*Y* 轴显示：CH1/CH2 /DUAL/ADD	22——触发电平
11——CH2 通道探头输入	

步骤 2：用示波器观察正弦交流电波形

1. 打开示波器电源开关，预热一段时间后，调节示波器亮度、聚焦、垂直位移、水平位移等旋钮，使荧光屏上出现一条适当亮度的、清晰的水平亮线，然后用示波器本机的校准信号对示波器进行校验。

2. 为了安全，将实验台上 220 V 正弦交流电压通过变压器降低为 36 V（教师也可通过总调压器统一将电压适当降低），然后通过示波器探头接入“CH1”端或“CH2”端。

3. 然后调节“垂直方向电压灵敏度 V/div 旋钮”、“水平方向扫描时间 t/div 旋钮”、“垂直位移”、“水平位移”等旋钮，体会各旋钮的控制功能。

4. 调节各旋钮，在荧光屏的中间部位显示出 2 ~ 3 个完整周期的正弦波形，如图 7-4 所示，并将有关数据记入表 7-2 中。

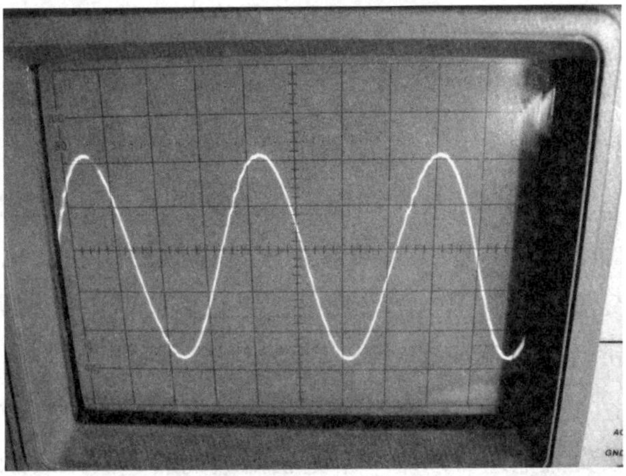

图7-4　示波器观察到的正弦交流电波形

表7-2　交流电的简单测试数据

示波器观察到的波形	
垂直方向电压灵敏度“V/div”指示值	
波形 Y 轴所占的格数	
信号的最大值 U_m	
水平方向扫描时间“t/div”指示值	
波形一个周期 X 轴所占的格数	
信号的周期 T	

步骤 3：认识交流电的波形图和解析式

上面用示波器观测到的图像实际上就是交流电随时间的变化规律，可以直观形象地表示一个交流电，这就是交流电的表示方法——波形图表示法，如图 7-5 所示。

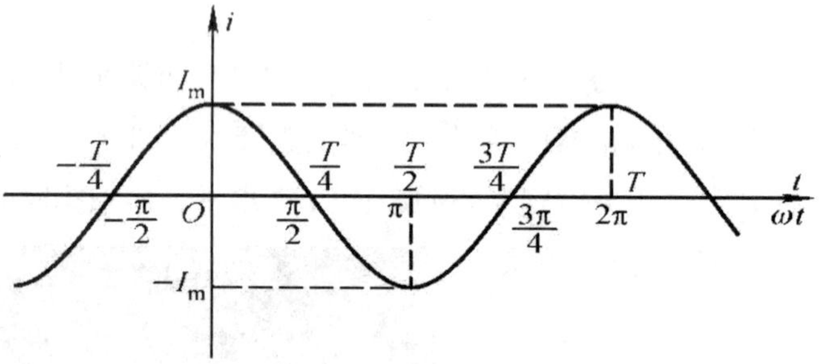

图7-5　正弦交流电的波形图

通过观察这个图像，我们发现，它和数学中我们学过的正弦函数的图像一样，所以我们把这种大小和方向按正弦规律做周期性变化的交流电，称为正弦交流电，有时也简称交流电。我国电网采用的就是正弦交流电，其大小和方向在电路中变化的情况就如图 7-5 所示。

一个函数的变化规律除了可以用图像表示外，还可以用一个数学式子表示，因此，正弦交流电还可以用一个正弦函数的表达式来表示，即

$$i = I_m \sin(\omega t + \varphi_0) \quad (7-1)$$

这个三角函数式称为正弦交流电的解析式或瞬时值表达式，式中 I_m 为电流最大值，ω 称为角频率，φ_0 为初相位。

任务检测

1. 判断图 7-6 所示各电流是交流还是直流？

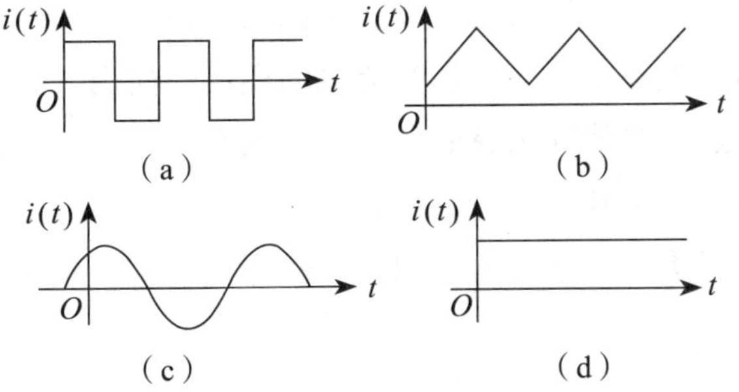

图7-6　任务检测1题图

2. 用示波器观察正弦信号时，在屏幕上若出现如图 7-7 所示的（a）、（b）两个波形，应如何调整哪些旋钮，才能在荧光屏上显示出完整的两个周期的正弦波？

图7-7　任务检测2题图

任务二 认识正弦交流电的三要素

任务描述

通过示波器的测量，我们可以直观地观察正弦交流电的波形，了解它的初步知识。为了更准确地反映交流电的变化情况，方便交流电的测量和使用，必须规定交流电的一些基本物理量（参数），通过这些物理量我们才能区分或表示不同的正弦交流电，才能从专业角度来准确地阐述一个正弦交流电。通过本任务的学习，我们可以掌握交流电的周期、频率、角频率、瞬时值、最大值、有效值、相位、初相位、相位差等相关知识。让我们一起来学习一下吧！

任务目标

1. 理解描述正弦交流电的各物理量的含义及相互关系；
2. 掌握正弦交流电三要素的概念；
3. 能根据波形图或瞬时值表达式确定三要素；
4. 能根据三要素写出瞬时值表达式。

任务实施

一、任务准备

图 7–8 所示为双通道示波器观测到的两组交流电压 u_1、u_2 的波形，面板开关选择如下：电压灵敏度旋钮（Y 轴）均为 5 V/div；扫描时间旋钮（X 轴）均置于 5 ms/div。你能说出这两个交流电压有什么不同吗？

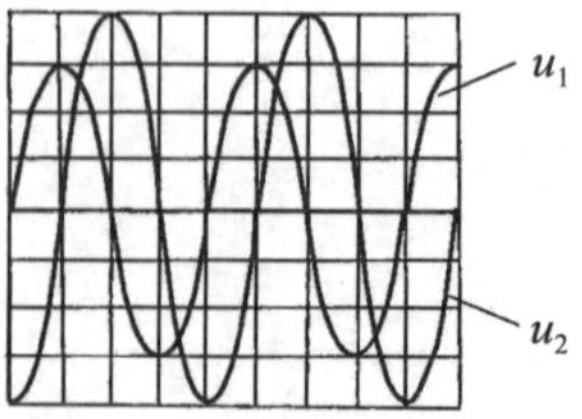

图7–8　变流电压波形图

二、任务过程

步骤 1：认识周期、频率、角频率

1. 周期

正弦交流电完成一次周期性变化所用时间称为周期，用字母 T 表示，如图 7-9 所示为两个周期的波形。

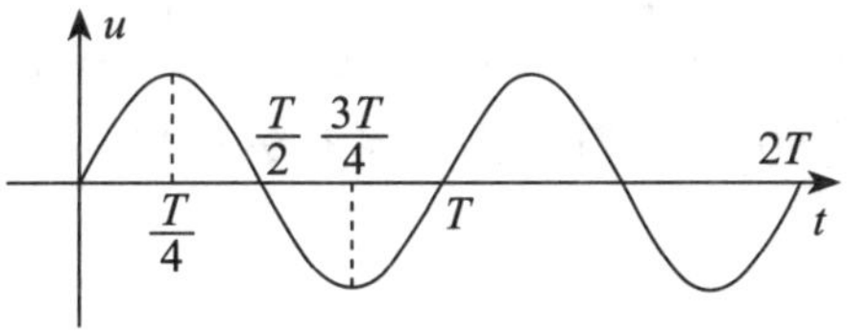

图7-9　正弦交流电的周期

周期的单位是 s（秒），常用的单位还有 ms（毫秒）、μs（微秒），其换算关系为：

$$1\ \text{ms} = 10^{-3}\ \text{s}；\quad 1\ \mu\text{s} = 10^{-6}\ \text{s}$$

2. 频率

正弦交流电在 1 s 内完成的周期数叫频率，用符号 f 表示，单位为赫兹（Hz）。频率比较高时可用千赫（kHz）和兆赫（MHz）作单位，它们之间的换算关系为：

$$1\ \text{kHz} = 10^3\ \text{Hz}；1\ \text{MHz} = 10^3\ \text{kHz} = 10^6\ \text{Hz}$$

如图 7-10 所示，交流电在 1 s 内完成了 3 个周期，该交流电的频率为 $f = 3$ Hz。

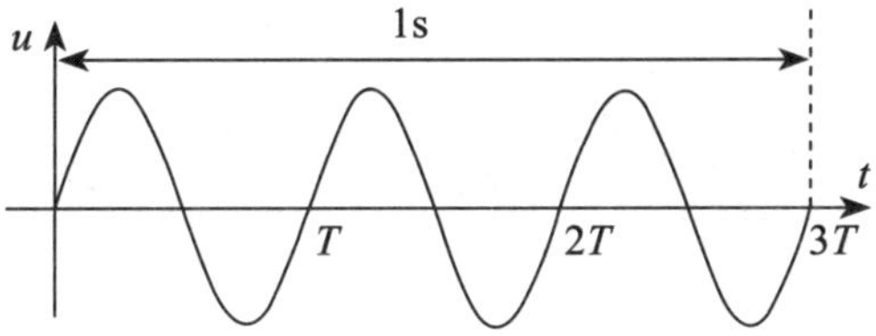

图7-10　正弦交流电的频率

从周期和频率的定义可以看出，它们之间互为倒数关系，即

$$f = \frac{1}{T} \quad 或 \quad T = \frac{1}{f} \qquad (7\text{-}2)$$

3. 角频率

正弦交流电在 1 s 内变化的角度称为角频率，用符号 ω 表示，单位为弧度 / 秒（rad/s）。在一个周期 T 内，正弦交流电变化了 2π 弧度（360°），角频率为

$$\omega = \frac{2\pi}{T} = 2\pi f \qquad (7\text{-}3)$$

周期、频率、角频率是从三个不同角度来反映交流电变化快慢的物理量。周期越短、

频率越高、角频率越大说明交流电变化越快，反之越慢。

【例 7-1】我国供电电源的频率为 50 Hz，称为工业标准频率，简称工频，其周期为多少？角频率为多少？

解：$T=\dfrac{1}{f}=\dfrac{1}{50}\ s=0.02\ s$

$\omega=2\pi f=2\times3.14\times50\ \text{rad/s}=314\ \text{rad/s}$

我们国家的工频交流电是 50 Hz，每 0.02 s 变化一个周期，每秒变化 50 个周期。世界上多数国家的交流电频率都是 50 Hz，但也有些国家交流电频率是 60 Hz，如美国、加拿大、日本等。

步骤 2：认识瞬时值、最大值、有效值

1. 瞬时值

正弦交流电是随时间不断变化的，但在每一个时刻都有一个确定值。交流电在某一瞬间的大小叫作瞬时值，电动势、电压和电流的瞬时值分别用小写字母 e、u、i 表示，如图 7-11 所示，t_1、t_2、t_3 时刻对应的电压大小（纵坐标的值），就是这三个时刻电压的瞬时值。

2. 最大值

正弦交流电变化时出现的最大瞬时值叫最大值，又叫幅值或峰值。电动势、电压和电流的最大值分别用大写字母加下标 m 表示，如 E_m、U_m、I_m 等，图 7-11 所示 a 点和 g 点对应的值分别是交流电的正最大值和负最大值。最大值用来反映正弦交流电变化的范围。

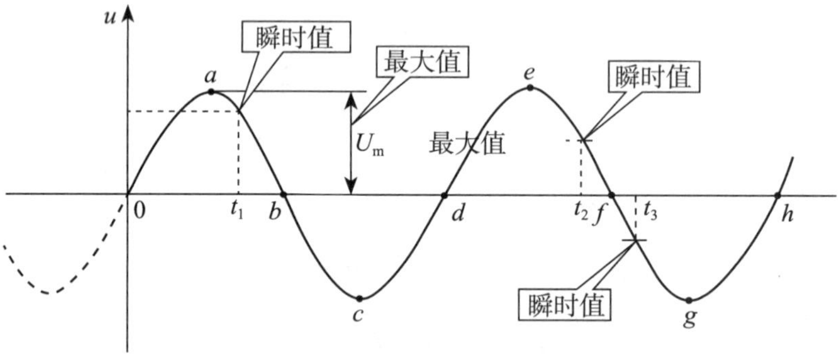

图7-11　正弦交流电的瞬时值、最大值

最大值在实际应用中有重要意义，例如，在讨论电气设备的耐压值时，若电气设备是应用在正弦交流电路中，其耐压值就一定要高于交流电压的最大值，否则电气设备可能会损坏。

3. 有效值

由于交流电的大小随时间变化，因此无法用某一瞬间的值表示交流电的大小，若用最

大值又夸大了交流电的效果，因为多数时刻交流电的大小是达不到最大值的，为了准确全面地反映交流电的大小，在电工技术中通常用有效值表示交流电的大小。

有效值是根据交流电的热效应定义的。如图 7−12 所示，让一交流电流 i 和一直流电流 I 分别通过阻值相等的两个电阻 R，如果在相同的时间内产生的热量相等，则此直流电的数值称为该交流电的有效值。交流电动势、电压和电流的有效值分别用大写字母 E、U、I 表示。

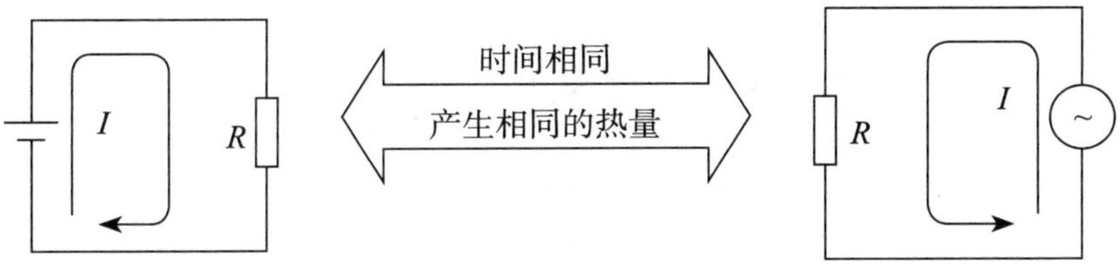

图7−12　正弦交流电有效值的定义

根据理论计算，正弦交流电的有效值是最大值的 0.707 倍，即

$$\left.\begin{aligned} E &= \frac{E_m}{\sqrt{2}} = 0.707\,E_m \\ U &= \frac{U_m}{\sqrt{2}} = 0.707\,U_m \\ I &= \frac{I_m}{\sqrt{2}} = 0.707\,U_m \end{aligned}\right\} \tag{7-4}$$

在实际工作中，都是用有效值来表示交流电的大小，通常所说的交流电的值，如果不作特殊说明都是指有效值。如照明电路的电源电压为 220 V、动力线路的电源电压为 380 V，都是指有效值；用交流电工仪表测量出来的电流、电压也是指有效值；大多数电器产品铭牌上标注的额定电压、额定电流都是指有效值。

步骤 3：认识相位、初相位、相位差

若两个人在一圆形跑道上，如图 7−13 所示的初始位置，以相同的步幅和频率沿逆时针方向起跑，刚开始他们与基准点的圆心角为多少？经过 t 时间后，他们与基准点的圆心角又为多少？他们的前后关系怎样？有变化吗？

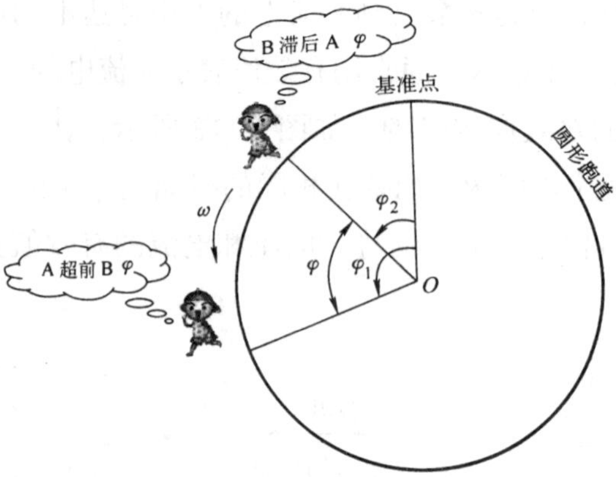

图7-13 相位及相位差示意图

1. 相位

交流电是周期性变化的，就像人在圆形跑道上跑步一样，经过 t 时间后，人与基准点的圆心角可以反映此刻人的状态信息，同样，交流电经过 t 时间后，所经过的电角度（$\omega t+\varphi_0$）也可以反映交流电经过 t 时间后的具体状态，我们把瞬时值表达式 $i=I_m\sin(\omega t+\varphi_0)$ 中的（$\omega t+\varphi_0$）称为相位角，简称相位。它可以反映出在不同瞬间交流电的具体状态（大小、方向、变化趋势等），即交流电变化的进程。相位的单位是"°"（度）或 rad（弧度）。

2. 初相位

$t=0$ 时的相位叫初相位，公式 $i=I_m\sin(\omega t+\varphi_0)$ 中的 φ_0。初相位反映了正弦量在计时起点的状态，就像图 7-13 中两人刚开始起跑时与基准点的圆心角，初相的大小跟计时起点有关。初相位的范围是［$-\pi$，$+\pi$］，单位也是"°"（度）或 rad（弧度）。它有以下 3 种情况，如图 7-14 所示。

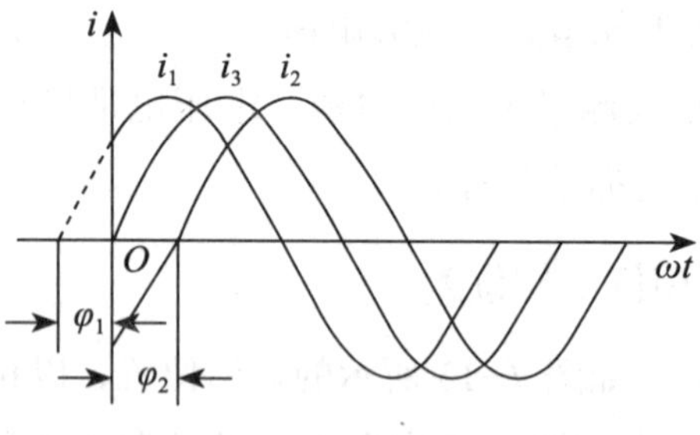

图7-14 初相位的三种情况

（1）交流电 i_1 的初相位 $\varphi_1>0$，表明正弦量在 $t=0$ 时的值为正值，其波形图的零点在坐标原点左侧，与纵轴相差的电角度为 φ_1。

（2）交流电 i_2 的初相位 $\varphi_2<0$，表明正弦量在 $t=0$ 时的值为负值，其波形图的零点在坐标原点右侧，与纵轴相差的电角度为 φ_2。

（3）交流电 i_3 的初相位 $\varphi_3=0$，表明正弦量在 $t=0$ 时的值为零，其波形图的零点与坐标原点重合。

【例 7-2】根据图 7-15（a）、（b）两个波形图确定它们的初相位。

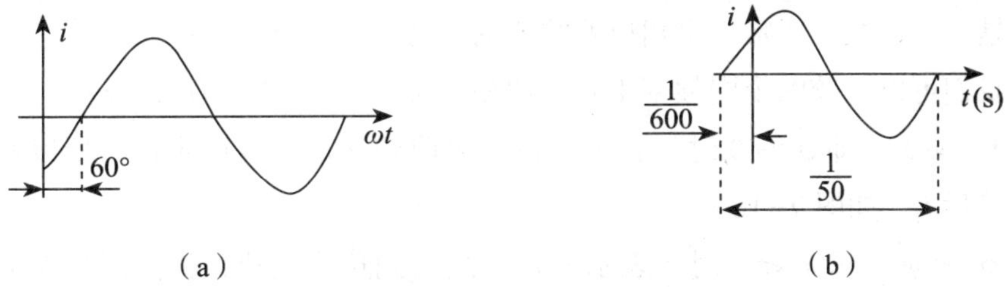

图7-15　波形图

解：由波形图确定初相位要经过两个步骤，

（1）确定“+”、“−”

$t=0$ 时，交流电的瞬时值为正则初相位为“+”；瞬时值为负则初相位为“−”；瞬时值为零则初相位为 0° 或 180° 。

（2）确定初相位大小

波形由负值变为正值所经过的零值点与坐标原点的夹角为初相角的大小。

（a）图的初相位 $\varphi_0=-60°$ ，但（b）图的横坐标为“t”而不是“ωt”，所以我们只能由波形图找到“$\frac{1}{600}$ s”，初相位是个角度而不是时间，所以我们要把“$\frac{1}{600}$ s”对应的角度算出来，根据角频率的定义可知

$\varphi=\omega t$

由（b）图可知：$T=\frac{1}{50}=0.02$ s

$$\omega=\frac{2\pi}{T}=\frac{2\pi}{0.02}=100\pi \text{ rad/s}$$

$$\varphi_0=\omega t_0=100\pi\times\frac{1}{600}=\frac{\pi}{6}$$

3. 相位差

在实际应用中，我们经常需要描述交流电之间的前后关系（相位关系），于是就有相位差这一物理量。两个同频率正弦量的相位的差叫作相位差，用 φ 表示。若两正弦交流电表达式为

$$i_1=I_{m1}\sin(\omega t+\varphi_1)$$
$$i_2=I_{m2}\sin(\omega t+\varphi_2)$$

则其相位差为

$$\varphi=(\omega t+\varphi_1)-(\omega t+\varphi_2)=\varphi_1-\varphi_2 \tag{7-5}$$

式（7−5）表明，频率相同的交流电的相位差等于它们的初相位之差，因此，相位差在任何瞬间都是一个常数，通常规定相位差的范围也为[−π，+π]。

相位差我们可以比较两个同频率正弦量的相位关系，通常有四种情况：

（1）当 $\varphi_1>\varphi_2$，即 $\varphi>0$ 时，表示 i_1 在 i_2 之前到达最大值或零值，所以称 i_1 超前 i_2，也可以说 i_2 滞后 i_1。如图 7−16（a）所示。

（2）当 $\varphi_1<\varphi_2$，即 $\varphi<0$ 时，表示 i_1 在 i_2 之后到达最大值，称 i_1 滞后 i_2 或 i_2 超前 i_1。如图 7−16（b）所示。

（3）当 $\varphi_1=\varphi_2$，即 $\varphi=0$ 时，两个正弦量同时到达最大值或零值，此时称之为同相位，简称同相。如图 7−16（c）所示。

（4）当 $\varphi=\varphi_1-\varphi_2=\pm\pi$ 时，两个正弦量一个到达正的最大值，一个到达负的最大值，此时称之为相位相反，简称反相。如图 7−16（d）所示。

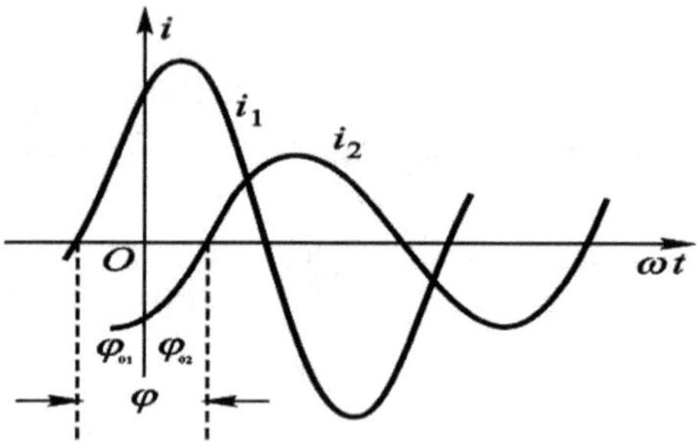

（a）i_1 超前 i_2

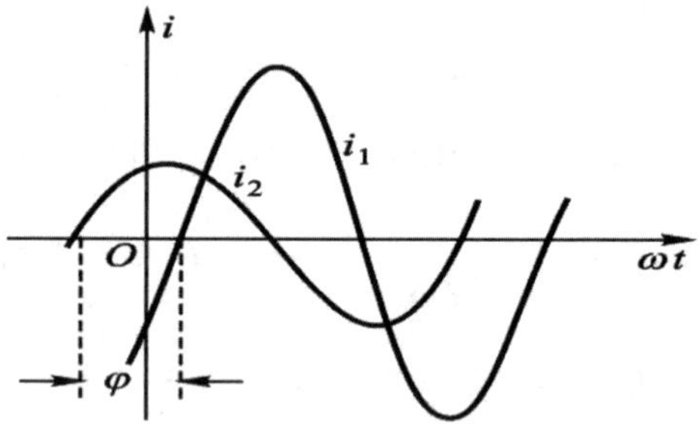

（b）i_1 滞后 i_2

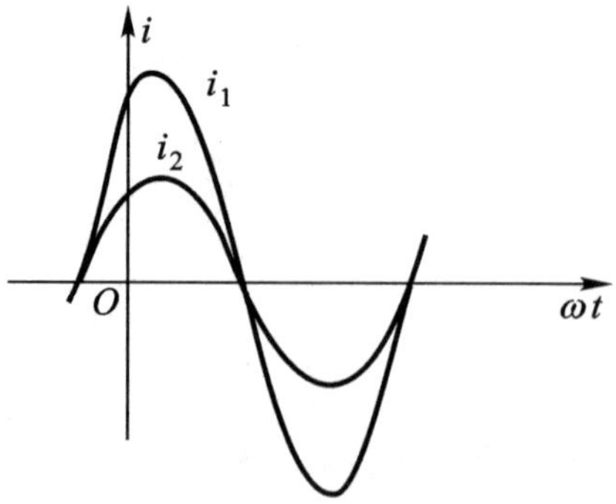

（c）i_1 与 i_2 同相

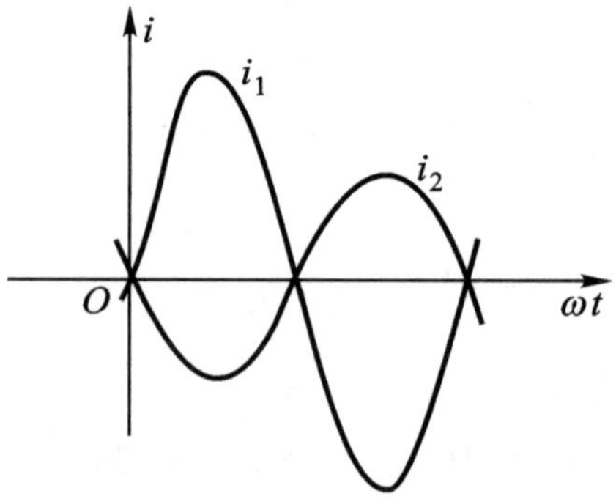

（d）i_1 与 i_2 反相

图7−16　相位差（相位关系）示意图

【例 7−3】已知正弦交流电压为 $u_1=220\sin\left(100\pi t+\dfrac{\pi}{6}\right)$ V，$u_2=311\sin\left(100\pi t-\dfrac{\pi}{3}\right)$ V，

试分析它们之间的相位关系。

解：由于 u_1、u_2 是同频率的交流电，其相位差为

$$\varphi=\varphi_1-\varphi_2=[\frac{\pi}{6}-(-\frac{\pi}{3})]=\frac{\pi}{2}$$

由于 $\varphi>0$，因此，u_1 比 u_2 超前，或者说 u_2 比 u_1 滞后 $\frac{\pi}{2}$。

步骤 4：理解正弦交流电的三要素

前面我们学习了很多个描述正弦量特征的物理量，其中最大值可以反映出正弦交流电变化的最大范围，频率反映了正弦交流电变化的快慢，初相位反映了正弦交流电变化的起始状态。可见，在上述各物理量中，只要知道这三个物理量，即可完整反映出正弦交流电的变化规律，所以称最大值、频率和初相位为正弦交流电的三要素。若已知三要素，即可唯一地确定一个正弦量，可以写出它的瞬时值表达式、画出它的波形图，而任何一种正弦交流电的表示法也必须能体现出它的三要素。

【例 7-4】已知正弦电压为 $u=311\sin(100\pi t+\frac{\pi}{3})$ V，试求：该交流电压的最大值 U_m、有效值 U、频率 f 和初相位 φ_0。

解：由表达式可得

$$U_m=311\text{ V}$$

$$U=\frac{U_m}{\sqrt{2}}=\frac{311}{\sqrt{2}}=220\text{ V}$$

$$f=\frac{\omega}{2\pi}=\frac{100\pi}{2\pi}=50\text{ Hz}$$

$$\varphi_0=\frac{\pi}{3}$$

【例 7-5】已知正弦交流电流的波形图，如图 7-17 所示，试求：（1）三要素；（2）瞬时值表达式。

解：（1）由波形图可得

$$T=\frac{1}{50}=0.02\text{ s}$$

$$f=\frac{1}{T}=\frac{1}{0.02}=50\text{ Hz}$$

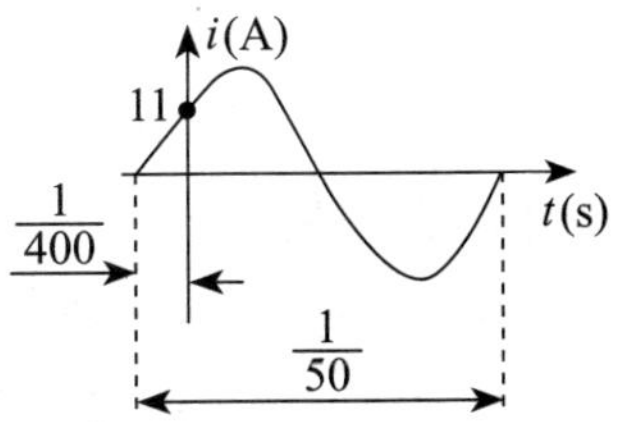

图7-17　例7-5题图

$$\omega=\frac{2\pi}{T}=\frac{2\pi}{0.02}=100\,\pi\text{rad/s}$$

$$\varphi_0=\frac{1}{400}\times 100\,\pi=\frac{\pi}{4}$$

由波形图还可得

$t=0$ 时的瞬时值为 11 A，即

$$i_0=11=I_m\sin\frac{\pi}{4}$$

$$I_m=11\sqrt{2}\text{ A}$$

（2）电流 i 的瞬时值表达式为

$$i=11\sqrt{2}\sin\left(100\,\pi t+\frac{\pi}{4}\right)\text{A}$$

任务检测

1. 试求：如图 7−18 所示交流电的 T、f、ω。

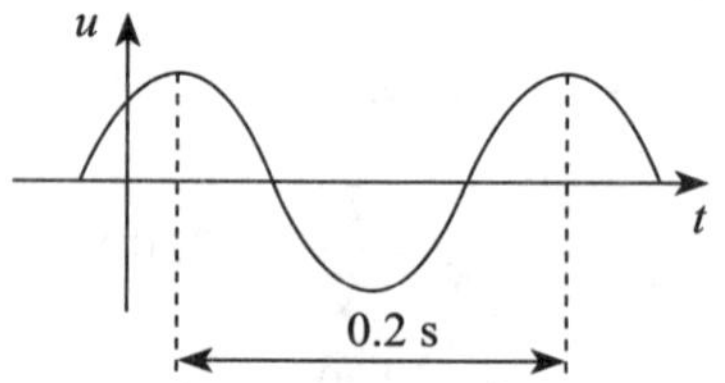

图7−18　任务检测1题图

2. 我国第一颗人造地球卫星发出的“东方红”乐曲声的载波信号频率为 20MHz，相应的周期、角频率各为多少？

3. 一只耐压为 220 V 的电容器，能否接在 220 V 的交流电压上使用？为什么？

4. 已知：$u=220\sqrt{2}\sin(100\,\pi t+30°)$ V，试求：

（1）U_m 和 U；（2）$t=0.01$ s 时的瞬时值。

5. 已知：$u=220\sqrt{2}\sin(314\,t+90°)$ V，$i=5\sqrt{2}\sin(100\,\pi t-30°)$ A，试求：它们的相位和初相位。

6. 已知：$u=311\sin(314\,t-30°)$ V，$i=5\sin(314\,t+60°)$ A，试求：它们的相位、初相位、相位差以及它们之间的相位关系 。

7. 根据图 7-19 所示波形图，试求：i 和 u 的初相位以及它们的相位关系。

8. 图 7-20 所示为一正弦交流电压的波形图。试求：（1）三要素；（2）写出电压瞬时值表达式。

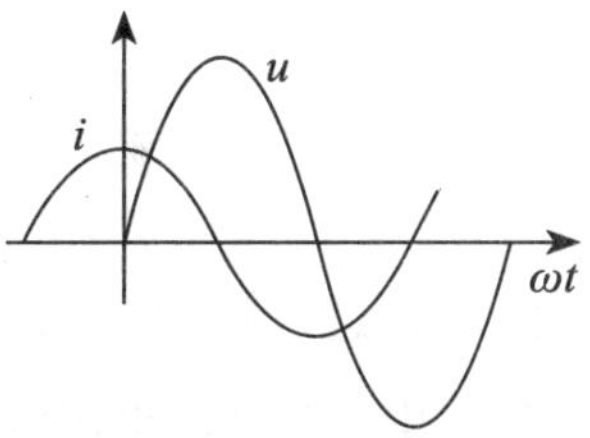

图7-19　任务检测7题图

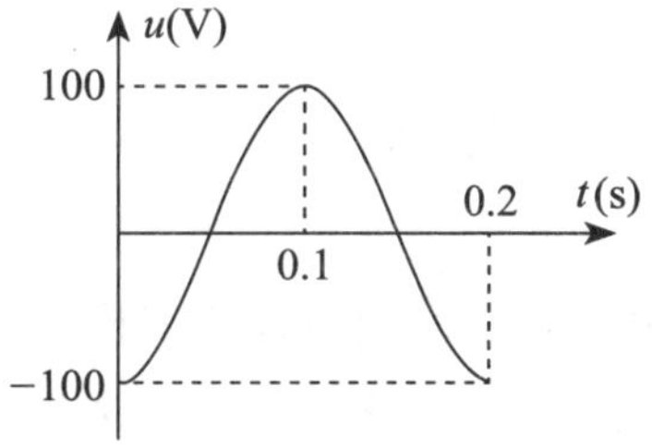

图7-20　任务检测8题图

任务拓展

如图 7-21 所示，用万用表的交流电压挡测量插座输出的交流电压。

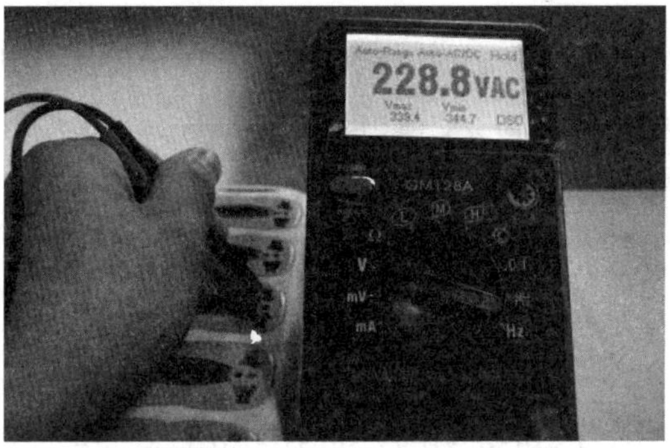

图7-21　用万用表测量交流电压

温馨提示

万用表的转换开关应置于 AC250V 交流电压挡。

任务三 会正弦交流电的表示法

任务描述

前面我们已经知道可以用解析式和波形图来表示交流电，这两种方法可以明确地表示出正弦交流电的三要素。但是，这两种方法在计算两个交流电的和或差时非常困难，而这一点是我们在后面分析交流电路时必须要解决的问题，为了方便、简单、精确地分析、计算正弦交流电路，人们在科学实践中探索出另外一种表示正弦交流电的方法——相量图表示法。这种方法不仅可以形象地描述正弦交流电，而且在计算两个及以上交流电的和或差时显得尤为方便。

任务目标

1. 掌握正弦交流电解析式、波形图、相量图三种表示方法及其对应关系；
2. 能熟练使用三种方法表示正弦交流电；
3. 能熟练运用相量图进行两个同频率正弦交流电的加减运算。

任务分析

如图 7-22 所示电路中，已知：$i_1=3\sqrt{2}\sin(100\pi t+30°)$A，$i_2=4\sqrt{2}\sin(100\pi t-60°)$A，则总电流 i 是多少？

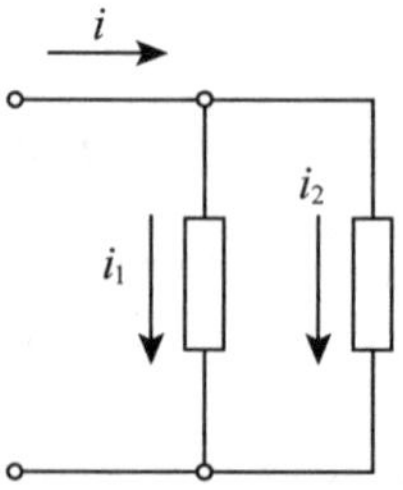

图7-22 电路图

该电路为一个并联交流电路，仍然满足并联电路特点：$i=i_1+i_2$，但 i_1 和 i_2 都是正弦交流电，如何将两个正弦交流电相加呢？

任务实施

一、任务准备

由物理和数学知识可知：两个矢量（向量）的加减运算遵循“平行四边形法则”，图7–23（a）中，已知 $\vec{a}$ 和 $\vec{b}$，若想求两个向量的和 $\vec{a}+\vec{b}$ 时，就以 $\vec{a}$ 和 $\vec{b}$ 为邻边作一个平行四边形，平行四边形的对角线即为它们的和（$\vec{a}+\vec{b}$）；若想求两个向量的差 $\vec{a}-\vec{b}$ 时，则在 $\vec{b}$ 的反向作与 $\vec{b}$ 等长的向量 $-\vec{b}$，再用平行四边形法则求 $\vec{a}$ 与 $-\vec{b}$ 的和即为 $\vec{a}$ 与 $\vec{b}$ 之差，即 $\vec{a}-\vec{b}=\vec{a}+(-\vec{b})$，如图 7–23（b）所示。

（a）向量求和　　（b）向量求差

图7–23　向量的加减运算

二、任务过程

步骤 1：认识解析式表示法

用正弦函数式表示正弦交流电随时间变化的关系的方法称为解析式表示法。正弦交流电瞬时值表达式就是正弦交流电的解析式，电动势、电压和电流的解析式分别为

$$u=U_m\sin(\omega t+\varphi_0)$$

$$e=E_m\sin(\omega t+\varphi_0)$$

$$i=I_m\sin(\omega t+\varphi_0)$$

解析式表示法可以完整地反映出正弦交流电的三要素：最大值（U_m、E_m、I_m）、角频率（ω）和初相位（φ_0）；反之，若知道了正弦交流量三要素就能写出它的解析式；通过解析式可以计算出交流电在任意时刻的瞬时值。

【例 7–6】已知工频正弦交流电压的有效值为 220 V，初相为 60°，试写出该正弦交流电压的解析式。

解：最大值 $U_m=220\sqrt{2}=220\times1.414\approx311$ V

角频率 $\omega=2\pi f=2\times3.14\times50=314$ rad/s

解析式为 $u = 311\sin(314t + 60°)$ V

步骤 2：认识波形图表示法

用正弦曲线表示正弦交流电随时间变化的关系的方法称为波形图表示法，简称波形图。在正弦交流电的波形图中，横坐标表示时间 t 或电角度 ωt，纵坐标表示电动势 e、电压 u 和电流 i 的瞬时值。图 7-24 所示为一正弦交流电动势的波形图。

我们可以在波形图上找到任意时刻 t 所对应交流电的数值，除此以外，波形图还可以反映出交流电的最大值、周期和初相位。

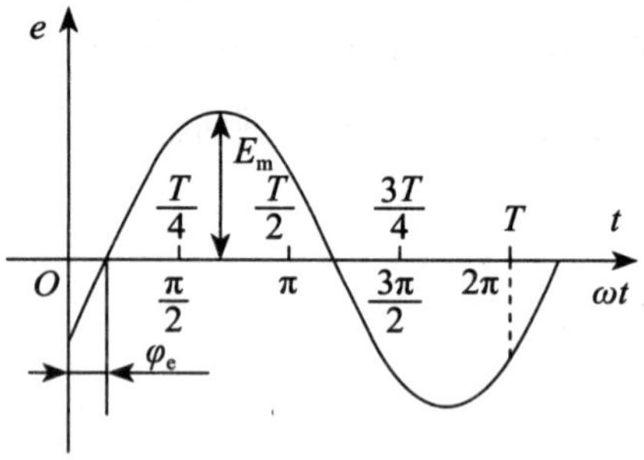

图7-24 正弦交流电动势的波形图

由图 7-24 可以看出，最大值等于波峰处所对应的纵坐标值；周期等于相邻两个波峰或波谷在横轴方向坐标之差；初相是正弦曲线的起点与原点之间的横坐标之差。

【例 7-7】如图 7-25 所示的正弦交流电压波形图，请写出该正弦交流电压的三要素。

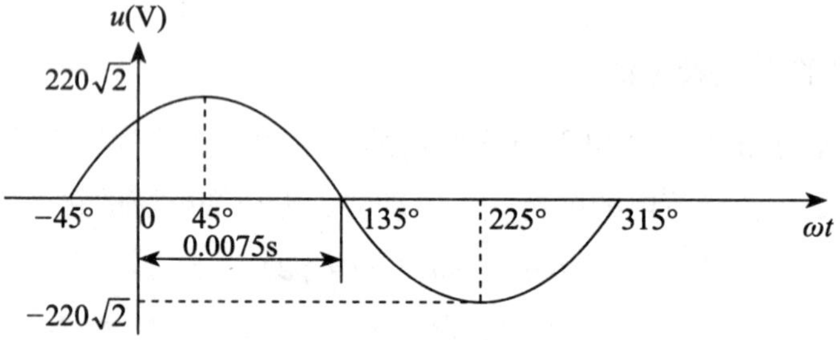

图7-25 例7-7题图

交流电压最大值：$U_m = 220\sqrt{2}$ V

初相位：$\varphi_0 = 45°$

周期：从图 7-25 可以看出，波形图从 $\omega t = 0$ 变化到 $\omega t = 135°$，经过了 $\frac{3}{8}$ 个周期，即

$\frac{3}{8}T = 0.0075$ s，$T = 0.0075/\frac{3}{8} = 0.02$ s

频率：$f = \frac{1}{T} = \frac{1}{0.02} = 50$ Hz

步骤 3：认识相量图表示法

1. 旋转矢量表示法

矢量是指既有大小又有方向的量，正弦交流电可以用一个旋转的矢量来表示。

比如，若想作出正弦交流电流 $i=I_m\sin(\omega t+\varphi_0)$ 的旋转矢量，步骤如下：

（1）作一个平面直角坐标系，从原点作一条有方向的线段（旋转矢量）；

（2）矢量的长度等于正弦交流电的最大值 I_m；

（3）矢量与 x 轴正方向的夹角等于正弦交流电的初相位 φ_0；

（4）矢量以角速度 ω 逆时针方向旋转，如图 7-26 所示。

（5）矢量的符号：最大值符号上加一圆点。

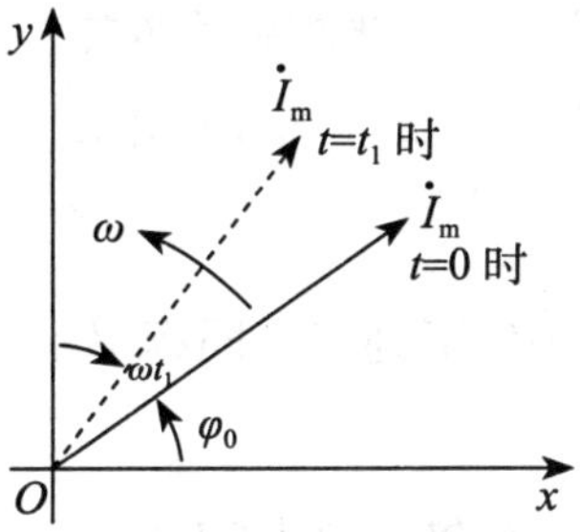

图7-26 正弦量的旋转矢量表示法

可见，一个正弦交流电可以用一个以角速度 ω 沿逆时针方向旋转的旋转矢量来表示，用旋转矢量也可以完整地反映出正弦交流电的三要素。但必须指出：交流电本身并不是矢量，而是代数量，所以，用来表示正弦交流电的矢量与一般的空间矢量（如力、速度等）是不同的，它只是正弦量的一种表示方法。为了与一般的空间矢量相区别，我们把表示正弦交流电的这一矢量称为相量。若相量的长度代表最大值，即为最大值相量，用符号 $\dot{U}_m$、$\dot{I}_m$、$\dot{E}_m$ 表示；若相量的长度代表有效值，则为有效值相量，用符号 $\dot{U}$、$\dot{I}$、$\dot{E}$ 表示。在实际应用中，采用有效值相量更多一些，不特别要求一般都画有效值相量。

2. 相量图表示法

将几个同频率正弦交流电的相量画在同一个图上，这样的图叫相量图。由于它们的角频率 ω 相同，所以在画相量图时，可以省略旋转角频率 ω，只画出它们的初始状态。另外，为了使相量图更加简洁，相量关系更加明确，相量图中的坐标系也可以不用完整画出，而只要画出 x 轴的正方向作为参考坐标系即可。如图 7-27 所示，为两个同频率的正弦交流电压的相量图。

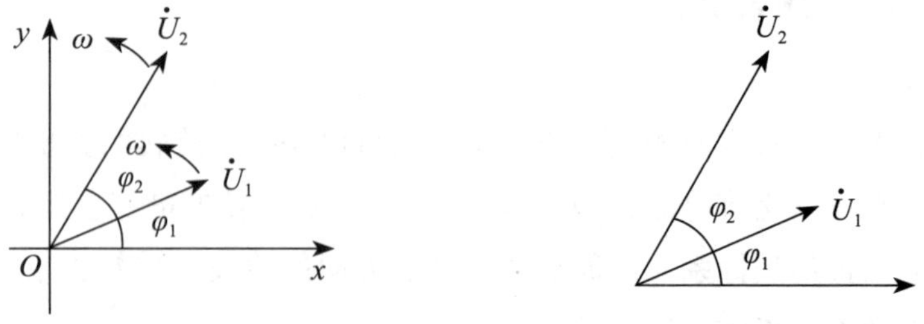

（a）完整的相量图　　（b）简略的相量图

图7-27　正弦交流电压u_1、u_2的相量图

温馨提示

（1）只有正弦量才能用相量表示，非正弦量不可以；

（2）只有同频率的正弦量才能画在一张相量图上，不同频率不行。

【例 7-8】在同一个坐标系中画出下列三个同频率正弦量的相量图。

$u = 30\sin(\omega t + 30°)$ V，$e = 60\sin(\omega t + 60°)$ V，$i = 5\sin(\omega t - 30°)$ A

解：画出的相量图如图 7-28 所示。

注意：单位相同的正弦量需采用相同的比例；单位不同的正弦量不需采用相同比例。

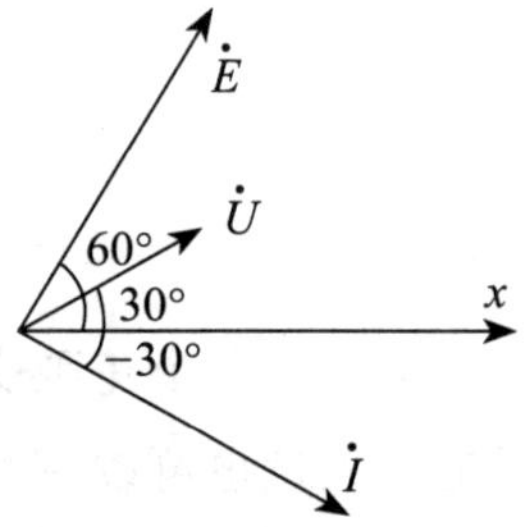

图7-28　例7-8题图

步骤 4：同频率正弦交流电的加减运算

相量图表示法的最大优点是方便运算，正弦交流电用相量图表示后，同频率正弦交流电的运算即可以转化为相量的运算，例如：$u = u_1 + u_2$ 可以转化为 $\dot{U} = \dot{U}_1 + \dot{U}_2$；$i = i_1 - i_2$ 可转化为 $\dot{I} = \dot{I}_1 - \dot{I}_2$，和向量的加法一样，同频率正弦交流电加减运算也可以采用平行四边形法则。

【例 7-9】已知正弦电流 $i_1 = 3\sqrt{2}\sin\left(\omega t + \frac{2\pi}{3}\right)$ A，$i_2 = 4\sqrt{2}\sin\left(\omega t + \frac{\pi}{6}\right)$ A，试用相量图法求 $i = i_1 + i_2$。

解：由 $I_1 = 3\text{A}, \varphi_1 = \frac{2\pi}{3}, I_2 = 4\text{ A}, \varphi_2 = \frac{\pi}{6}$

分别画出 i_1 和 i_2 的相量图，如图 7-29 所示。

根据相量相加的平行四边形法则，可得

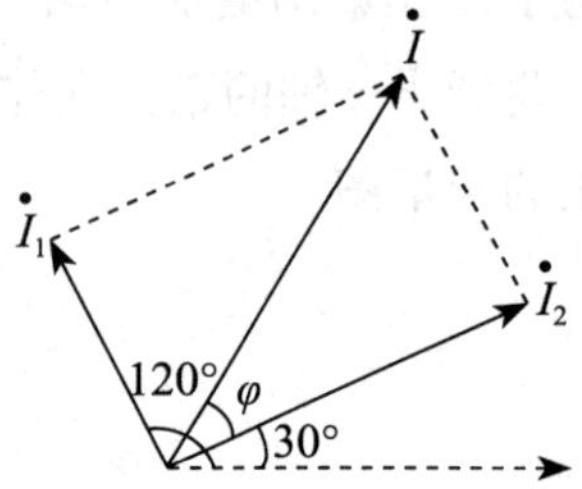

图7-29　例7-9题图

$$I=\sqrt{I_1^2+I_2^2}=\sqrt{3^2+4^2}\ \text{A}=5\ \text{A}$$

i 初相位为

$$\varphi_0=30°+\varphi=30°+\arctan\frac{I_1}{I_2}=30°+\arctan\frac{3}{4}=30°+36.9°=66.9°$$

所以

$$i=i_1+i_2=5\sqrt{2}\sin(\omega t+66.9°)\ \text{A}$$

任务检测

1. 请根据如图 7-30 所示的相量图，写出正弦交流电动势 e、正弦交流电压 u、正弦交流电流 i 的初相位及它们之间的相位关系。

2. 如图 7-31 所示串联交流电路，已知 $u_1=20\sqrt{2}\sin(100\pi t+90°)$ V、$u_2=20\sqrt{2}\sin 100\pi t$ V，试求：总电压 u 的瞬时值表达式。

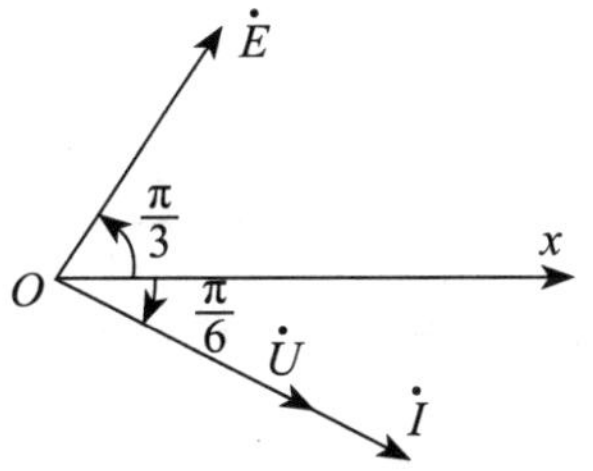

图7-30　任务检测1题图

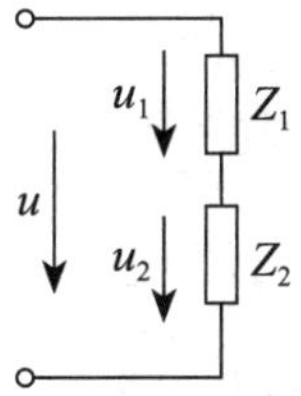

图7-31　任务检测2题图

项目小结

1. 正弦交流电

大小和方向随时间按正弦规律变化的交流电叫正弦交流电。

2. 正弦交流电的基本物理量

周期、频率、角频率都可以表示交流电变化的快慢，三者之间的关系为

$$\omega=2\pi f=\frac{2\pi}{T};\ T=\frac{1}{f}$$

瞬时值、最大值、有效值都是用来表示交流电的大小，通常我们是用有效值来表示大小，有效值和最大值的关系为

$$有效值 = \frac{最大值}{\sqrt{2}} = 0.707\ 最大值$$

相位、初相位、相位差反映交流电变化的步调和起始状态，相位和初相位都是相对的，而相位差是绝对的。

3. 正弦交流电的三要素

最大值、频率和初相位是正弦交流电的三要素，若已知三要素，可以唯一地确定一个正弦交流电。

4. 正弦交流电的表示法

正弦交流电可以有三种表示法，解析式表示法和波形图表示法都能直观地表示出正弦交流电的三要素。但是，这两种方法在分析电路进行运算时十分不便，所以在分析、计算交流电路时，我们常采用相量图表示法。

综合测试

一、填空题

1. 正弦交流电的三要素：____________、____________、____________。

2. 已知某正弦交流电压为：$u = 5\sqrt{2}\sin\left(5\pi t - \frac{\pi}{4}\right)$ V，则该交流电的最大值为________，有效值为________，频率为________，角频率为________，周期为________，初相位为________，$t = 0$ 时刻的电压瞬时值为____________。

3. 已知有两个正弦交流电瞬时值的表达式为：$u_1 = 200\sin\left(5\pi t + \frac{\pi}{3}\right)$ V，$u_2 = 311\sin\left(5\pi t - \frac{\pi}{3}\right)$ V，则它们的相位关系为 u_1______（超前或滞后）u_2______（弧度）。

二、选择题

1. 两个正弦交流电流的解析式为：$i_1 = 220\sqrt{2}\sin\left(10\pi t + \frac{\pi}{3}\right)$ A，$i_2 = 311\sin\left(10\pi t - \frac{\pi}{3}\right)$ V。则这两个交流电流相同的量是（　　）。

A. 最大值和初相位　　B. 有效值和初相位

C. 最大值、有效值和周期　　D. 最大值、有效值、周期和初相位

2. 已知某交流电流，当 $t = 0$ 时的瞬时值 $i_0 = 10$ A，初相位为 $\varphi_0 = 30°$，则这个交流电的有效值为（　　）。

A. $20\sqrt{2}$ A　　B. 20 A　　C. 14.14 A　　D. 10 A

3. 正弦交流电的三要素是指（　　）。

A. 电阻、电感和电容　　B. 有效值、频率和初相

C. 电流、电压和相位差　　D. 瞬时值、最大值和有效值

三、分析计算题

1. 数值为 10 A 的直流电和最大值为 12 A 的交流电分别通过阻值相同的两个电阻 R_1 和 R_2，在相同的时间内，哪个电阻发出的热量多？并简述理由。

2. 示波器的垂直灵敏度选择开关置于 5 V/div，扫描时间选择开关置于 0.5 ms/div，测量的交流电波形如图 7-32 所示，试读出：

（1）最大值；（2）有效值；（3）周期；（4）频率。

3. 图 7-33 所示的为电压和电流的相量图，分别写出电压和电流的解析式。

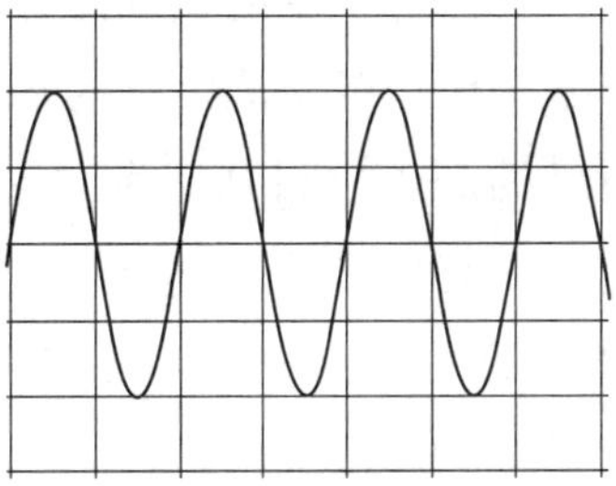

图7-32　分析计算题2题图

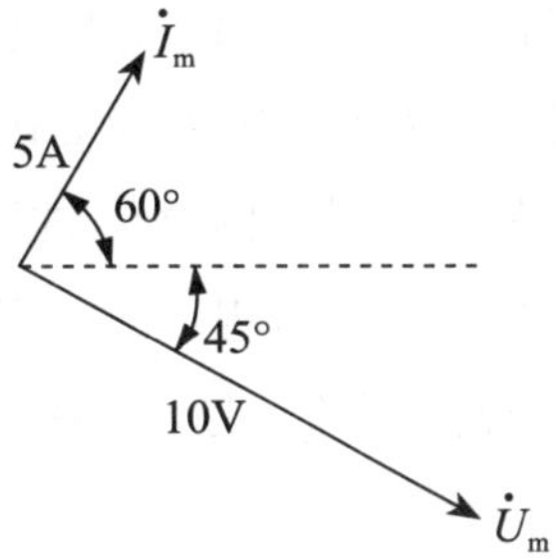

图7-33　分析计算题3题图

4. 在同一坐标系中画出 $i = 10\sin\left(100\pi t - \dfrac{\pi}{4}\right)$ A 和 $u = 5\sqrt{2}\sin\left(100\pi t + \dfrac{\pi}{3}\right)$ V 的相量图。

5. 如图 7-34 所示，已知：$i_1 = 3\sqrt{2}\sin(10\pi t + 180°)$A，$i_2 = 3\sqrt{2}\sin 10\pi t$ A，试求：（a）、（b）两图中电流表的读数各为多少？

图7-34　分析计算题5题图

项目八

分析单相正弦交流电路

项目概述

由单相交流电源和负载组成的电路叫作单相交流电路。交流电路中的负载元件有电阻、电容和电感三种。纯电阻电路、纯电容电路、纯电感电路是构成正弦交流电路的基本电路，任何复杂的交流电路都是由这三种基本交流电路组合而成的。本项目从三种单一元件组成的交流电路入手，分析电阻、电感、电容三大电路元件电路中电压与电流关系及功率的特点，继而分析由它们组成的串联电路的特点。通过本项目的学习，学生要完成以下学习任务。

项目目标

1. 理解纯电阻、纯电感、纯电容电路的电压与电流之间的关系；
2. 理解感抗、容抗、电压三角形、阻抗三角形和功率三角形的概念；
3. 会用相量图分析 R、L、C 组成的串联正弦交流电路；
4. 理解单相正弦交流电路功率的分析和计算；
5. 掌握荧光灯电路的组成及各部分作用，会连接荧光灯电路；
6. 掌握照明电路配电板的组成，会安装照明电路配电板。

任务一　分析单一元件正弦交流电路

任务描述

在前面我们学习的直流电路中，电压、电流、功率的大小都是恒定的，它们之间只有大小关系而没有相位关系，但在交流电路中电压、电流、功率的大小都是变化的，这给分析它们之间的关系带来很大困难，不但要讨论它们之间大小关系，还要讨论相位关系。

任务目标

1. 理解电阻、电感、电容三种元件在交流电路中的特性；
2. 掌握 R、L、C 单一元件交流电路中电压、电流关系；
3. 理解 R、L、C 单一元件交流电路中功率的特点。

任务实施

一、任务准备

安装有 EWB 仿真软件的电脑 1 台，低频信号发生器 1 台，示波器 1 台，100 Ω、1 Ω 电阻各 1 只，铁芯电感线圈（76 mH）1 只，电容器（10 μF）1 只，交流电流表 1 块，交流电压表 1 块。

二、任务过程

步骤 1：认识纯电阻单相正弦交流电路

在交流电路中，只含有纯电阻负载，而没有电感和电容的电路叫纯电阻电路，如图 8-1 所示。

纯电阻电路在日常生活中的实例有很多，如图 8-2 所示的白炽灯、电饭锅、电热水器等都可以看成是纯电阻负载。

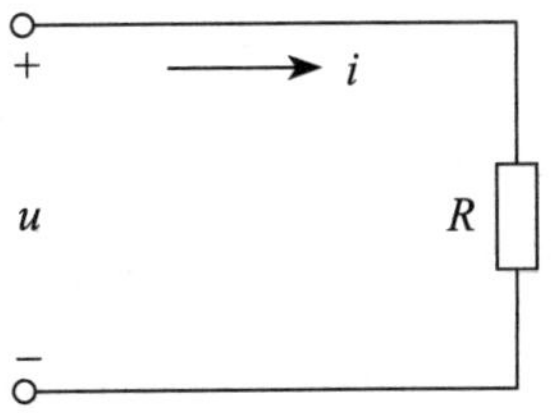

图8-1　纯电阻电路

（a）白炽灯　　（b）电饭锅　　（c）电热水器

图8-2　纯电阻用电器

步骤 2：探究纯电阻单相正弦交流电路中电压和电流的关系

1. 数量关系

（1）用 EWB 仿真软件搭接图 8-3 所示的仿真电路。

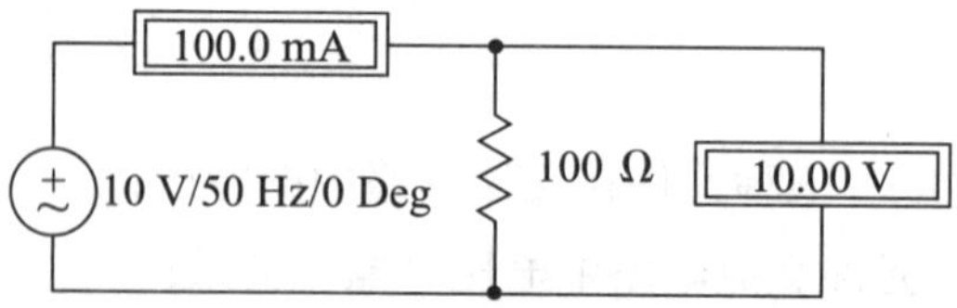

图8-3　纯电阻电压与电流数量关系仿真电路图

（2）将电阻的阻值调整为 100 Ω，交流电源调为 10 V/50 Hz，电流表和电压表均调为“AC”挡位。将电流表和电压表的示数填入表 8-1 中。

（3）将交流电源调为 100 V/50 Hz，再将电流表和电压表的示数填入表 8-1 中。

表8-1　纯电阻电路实验数据

交流电源	电　阻	电压表	电流表
10 V，50 Hz	100 Ω		
100 V，50 Hz	100 Ω		

（4）实验结论：电压与电流有效值之间仍符合欧姆定律。

（5）可以按图 8-4 所示的电路进行实物连线，研究电压和电流之间的数量关系。

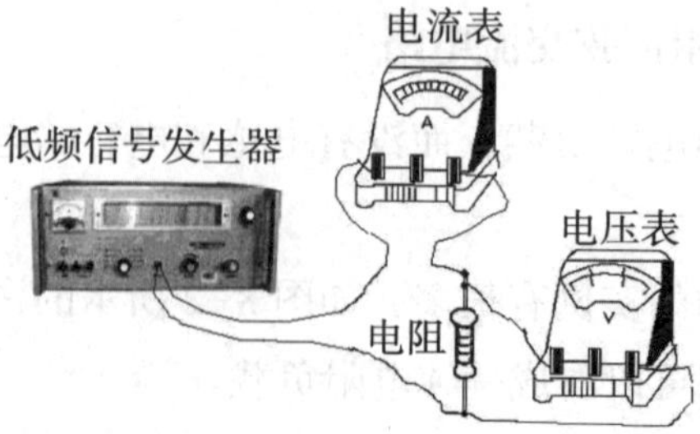

图8-4　纯电阻电压与电流数量关系实物接线图

2. 相位关系

研究两个交流电之间的关系，不但要研究数量关系，而且要研究相位关系。

（1）用 EWB 仿真软件搭接如图 8-5 所示的仿真电路。

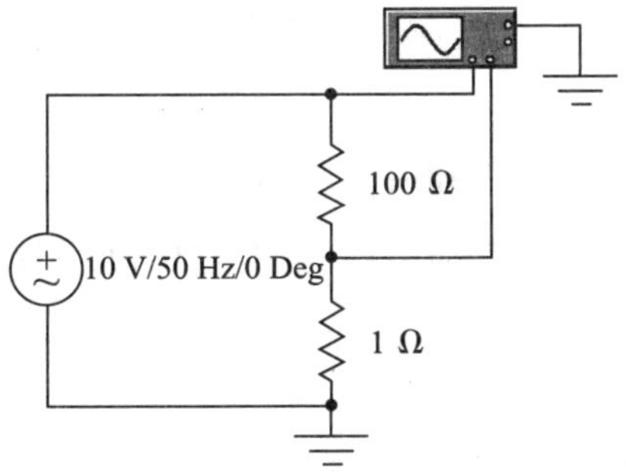

图8-5　纯电阻电压与电流相位关系仿真电路图

（2）电阻的阻值仍调整为 100 Ω，交流电源仍调为 10 V/50 Hz，在电路中串入一个阻值很小（1 Ω）的取样电阻，用它来取样电路中的电流信号，由于它的阻值很小，不会对电路的工作造成影响。

（3）用示波器 A 通道观测交流电路总电压的波形，用 B 通道观测取样电阻两端电压（电路中电流）的波形。

（4）接通仿真电源，调节示波器控制面板上的相关控件，观察 A、B 通道的波形，如图 8-6 所示。

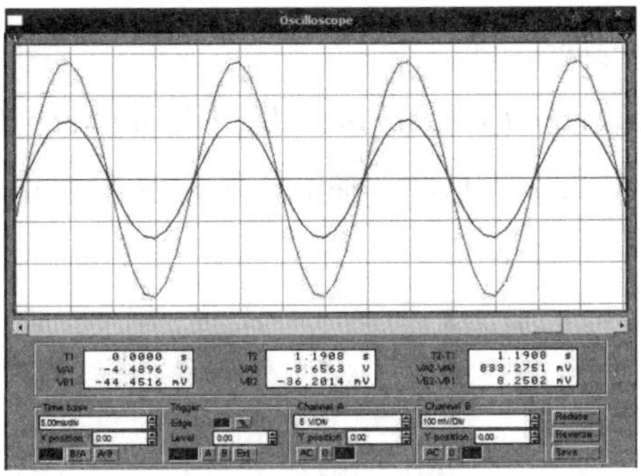

图8-6　纯电阻电压与电流波形图

（5）实验结论：纯电阻电路中，电流与电压同相。

步骤 3：总结纯电阻电路中电压和电流的关系

假设加在电阻两端的电压为 $u_R = U_{Rm}\sin\omega t$，在任一瞬间通过电阻的电流 i 与电阻两端的电压 u 仍满足欧姆定律，即

$$i_R = \frac{u_R}{R} = \frac{U_{Rm}\sin\omega t}{R} = I_{Rm}\sin\omega t \tag{8-1}$$

由式（8−1）还可得出以下关系：

最大值 $$I_{Rm}=\frac{U_{Rm}}{R} \tag{8-2}$$

有效值 $$I_R=\frac{U_R}{R} \tag{8-3}$$

数值关系：纯电阻电路中，电压和电流的瞬时值、最大值、有效值都符合欧姆定律。

相位关系：纯电阻电路中，电流与电压同相。其波形和相量图如图 8−7 所示。

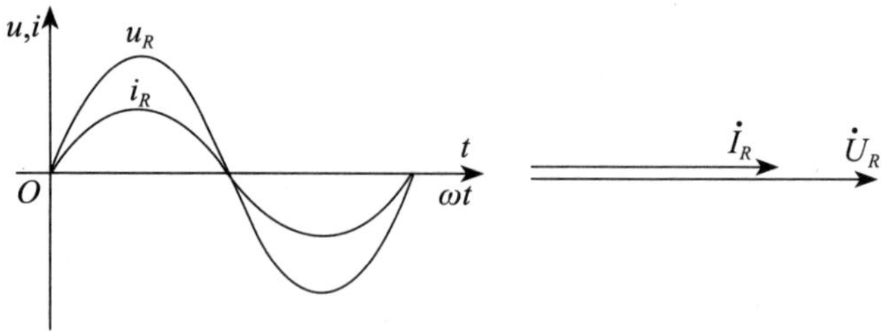

（a）波形图　　（b）相量图

图8−7　纯电阻电压与电流的波形图和相量图

步骤 4：分析纯电阻电路的功率

1. 瞬时功率

在交流电路中，电压和电流都是瞬时变化的，任一瞬间电压与电流的瞬时值的乘积叫作瞬时功率，用小写字母 p 表示，即

$$p=u\cdot i=U_{\mathrm{m}}\sin\omega t\times I_{\mathrm{m}}\sin\omega t=U_{\mathrm{m}}\cdot I_{\mathrm{m}}\sin^2\omega t=2U\cdot I\sin^2\omega t$$

显然，瞬时功率也是随时间变化的。将电压和电流瞬时值逐点相乘，即可画出图 8−8 所示的瞬时功率曲线。

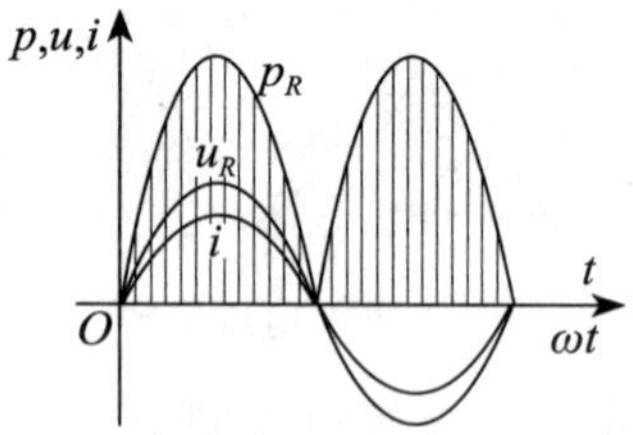

图8−8　纯电阻电路的功率曲线

从图 8−8 中可以看出，由于电流与电压同相，所以瞬时功率在任一瞬间的数值都为正值，这说明电阻始终在消耗电能，因此，电阻元件是一种耗能元件。

2. 有功功率

通常用瞬时功率在一个周期内的平均值来衡量纯电阻电路的功率大小，这个平均值称为平均功率，它是电路中实际消耗的功率，又叫有功功率，用大写字母 P 表示。平时说白炽灯的功率为 40 W、电阻炉的功率是 1 000 W 都是指有功功率。电阻消耗的有功功率可以写成

$$P = UI = I^2 \cdot R = \frac{U^2}{R} \tag{8-4}$$

【例 8-1】美的牌电热水壶如图 8-9（a）所示，该产品铭牌见图 8-9（b），把电热水壶接到 220 V 的工频交流电源上工作。

（1）试求电热水壶的电流和电阻值；（2）如果连续使用 2 h，它所消耗的电能是多少？

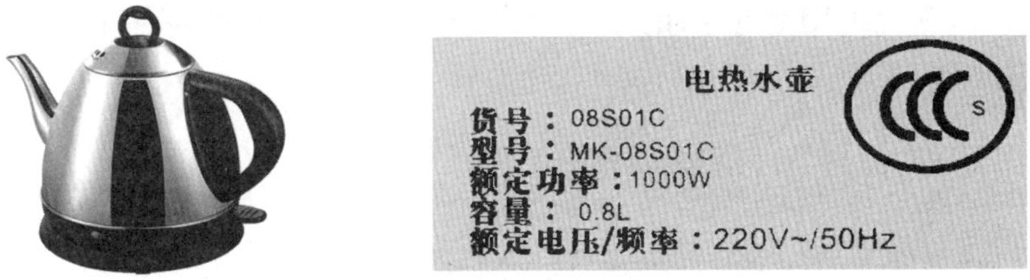

（a）电热水壶　　（b）电热水壶铭牌

图8-9　美的牌电热水壶外形及铭牌

解：查产品铭牌可知，电热水壶的额定功率是 1 000 W。接在 220 V 交流电源上，它就工作在额定状态，这时流过的电流就是额定电流。因为电热水壶可以看成纯电阻负载，所以

$$I = \frac{P}{U} = \frac{1000}{220}\ \text{A} = 4.55\ \text{A}$$

电热水壶的电阻值为

$$R = \frac{U}{I} = \frac{220}{4.55}\ \Omega = 48.4\ \Omega$$

工作 2 h 消耗的电能为

$$W = Pt = 1\,000 \times 2 = 2\,000\ \text{W} \cdot \text{h} = 2\ \text{kW} \cdot \text{h}$$

步骤 5：认识纯电感单相正弦交流电路

在交流电路中，如果用电感线圈作负载，且这些线圈的内阻忽略不计，那么这个电路称为纯电感电路，如图 8-10 所示。

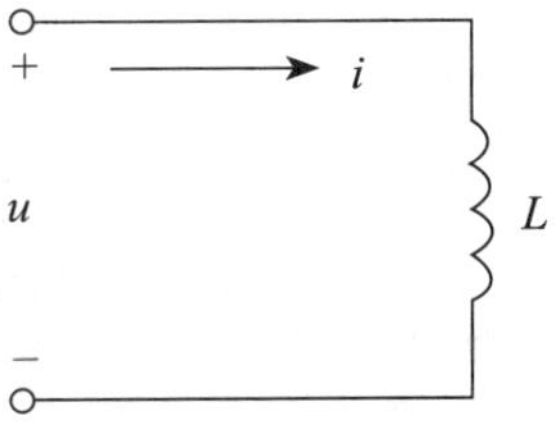

图8-10　纯电感电路

镇流器、变压器等都可以看成纯电感负载，常见电感器的外形如图 8–11 所示。

图8–11 常用的纯电感负载

步骤 6：探究纯电感单相正弦交流电路中电压和电流的关系

1. 数量关系

（1）用 EWB 仿真软件搭接如图 8–12 所示的仿真电路。

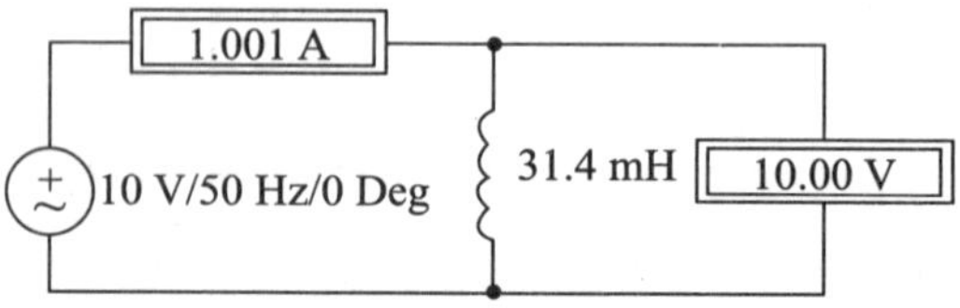

图8–12 纯电感电压与电流数量关系仿真电路图

（2）将电感量调整为 31.4 mH，交流电源调为 10 V/50 Hz，电流表和电压表均调为“AC”挡位。将电流表和电压表的示数填入表 8–2 中。

（3）将交流电源调为 100 V/50 Hz，再将电流表和电压表的示数填入表 8–2 中。

（4）将交流电源调为 10 V/500 Hz，再将电流表和电压表的示数填入表 8–2 中。

（5）保持交流电源为 10 V/50 Hz，将电感器的电感量调为 314 mH，再将电流表和电压表的示数填入表 8–2 中。

表8–2 纯电感电路实验数据

交流电压 U	频率 f	电感量 L	电压表 U_L	电流表 I	感抗 X_L
10 V	50 Hz	31.4 mH	10 V	1 A	10 Ω
100 V			100 V	10 A	10 Ω
10 V	500 Hz	31.4 mH	10 V	0.1 A	100 Ω
10 V	50 Hz	314 mH	10 V	0.1 A	100 Ω

（6）实验结论：

①电感器对交流电流有阻碍作用，这种阻碍作用称为感抗，用符号 X_L 表示。

②感抗与交流电源频率成正比，与电感器的电感量成正比。感抗的计算公式为

$$X_L = 2\pi fL = \omega L \tag{8-5}$$

从式（8-5）中可以看出，频率越高，则 X_L 越大；频率越低，X_L 则越小。对直流电而言，由于 $f=0$，则 $X_L=0$，电感相当于短路。因此，电感在电路中，有“通直流，阻交流”或“通低频，阻高频”的特性。感抗与频率成正比的特性在电工电子技术中有着广泛的应用。

③纯电感电路电压与电流有效值之间仍符合欧姆定律，即

$$I_L = \frac{U_L}{X_L} \tag{8-6}$$

（7）可以按图 8-13 所示的电路进行实物连线，研究电压和电流之间的数量关系。

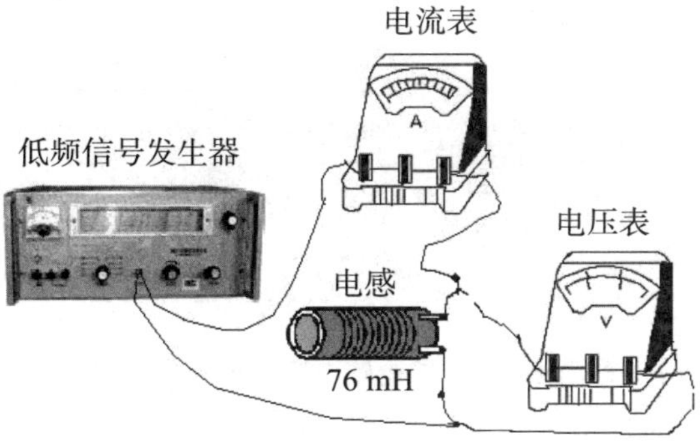

图8-13　纯电感电压与电流数量关系实物接线图

2. 相位关系

（1）用 EWB 仿真软件搭接如图 8-14 所示的仿真电路。

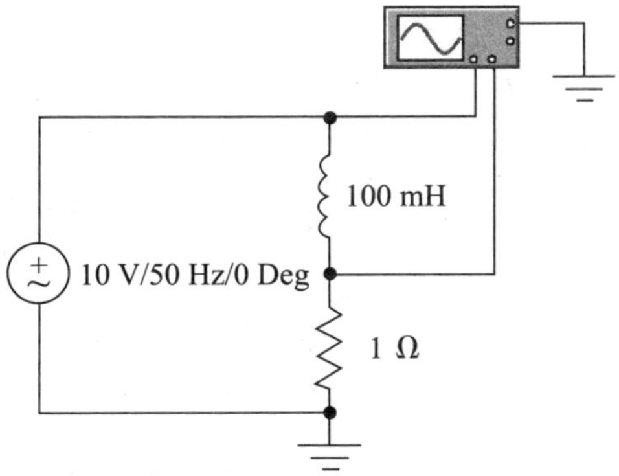

图8-14　纯电感电压与电流相位关系仿真电路图

（2）将电感器的电感量调整为 100 mH，交流电源调为 10 V/50 Hz，在电路中串入一个阻值很小（1 Ω）的取样电阻，用它来取样电路中的电流信号，由于它的阻值很小，不会

对电路的工作造成影响。

（3）用示波器 A 通道观测交流电路总电压的波形，用 B 通道观测取样电阻两端电压（电路中电流）的波形。

（4）接通仿真电源，调节示波器控制面板上的相关控件，观察 A、B 通道的波形，如图 8-15 所示。

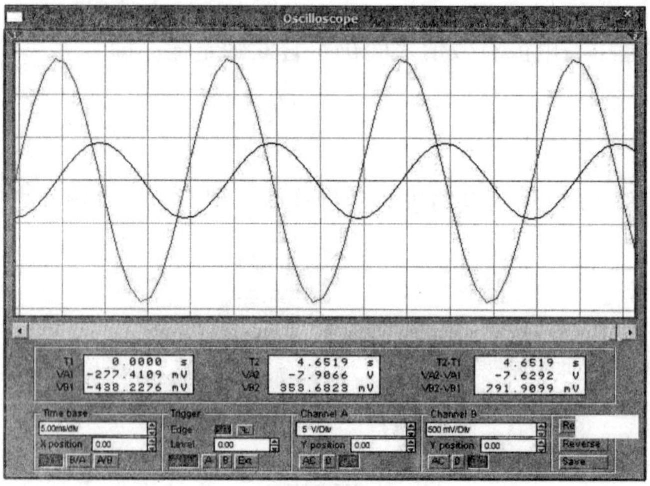

图8-15　纯电感电压与电流波形图

（5）实验现象：示波器显示，电压、电流波行一个周期均为 4 格（360°），电压超前电流 1 格（90°）。

（6）实验结论：纯电感电路，电压超前电流 90°。

（7）也可以按图 8-16 所示的电路进行实物连线，研究电压和电流之间的相位关系。

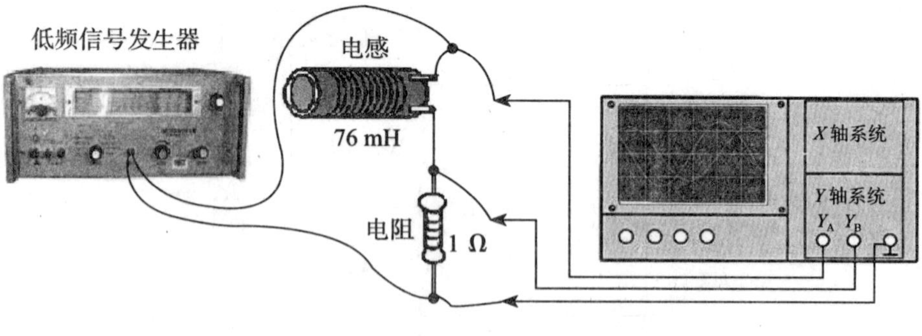

图8-16　纯电感电路电压、电流相位关系的实物接线图

步骤 7：总结纯电感电路中电压和电流的关系

假设电感线圈中通过的电流为 $i_L = I_{Lm}\sin\omega t$，则电感两端的电压为

$$u_L = U_{Lm}\sin\left(\omega t + \frac{\pi}{2}\right)$$

由于电压超前电流 90°，所以纯电感电路电压和电流瞬时值之间不符合欧姆定律，即

$$i_L \neq \frac{u_L}{X_L} \tag{8-7}$$

根据式（8-6）可知，纯电感电路电压与电流有效值之间符合欧姆定律，所以最大值也符合欧姆定律，即

$$I_{Lm} = \frac{U_{Lm}}{X_L} \tag{8-8}$$

数量关系：纯电感电路中，电压和电流的最大值、有效值之间都符合欧姆定律，但瞬时值之间不符合欧姆定律。

相位关系：纯电感电路中，电压超前电流 90°，其波形和相量图如图 8-17 所示。

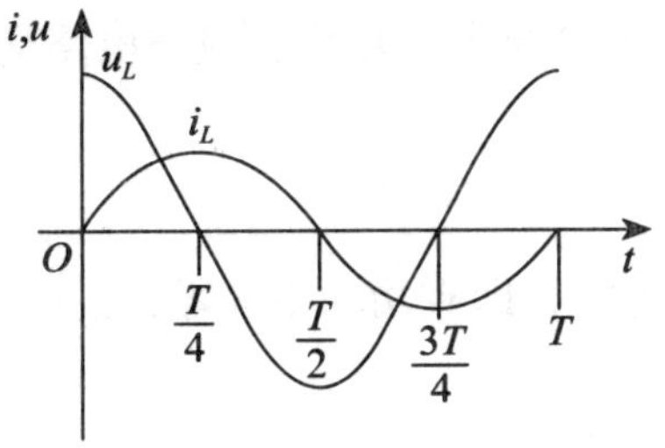

（a）波形图

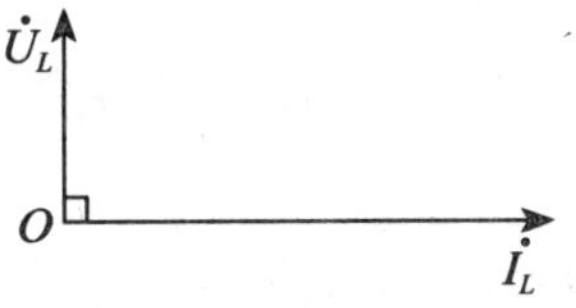

（b）相量图

图8-17　纯电感电压与电流的波形和相量图

步骤 8：分析纯电感电路的功率

1. 瞬时功率

任一瞬间，电感上的电压与电流的瞬时值的乘积叫作瞬时功率，即

$$\begin{aligned} P_L &= u_L i \\ &= \sqrt{2}\,U_L \sin\left(\omega t + \frac{\pi}{2}\right) \times \sqrt{2}\,I_L \sin\omega t \\ &= 2U_L I_L \sin\omega t \cos\omega t \\ &= U_L I_L \sin 2\omega t \end{aligned}$$

因此，瞬时功率是一条正弦曲线，其频率为电源频率的两倍，波形图如图 8-18 所示。

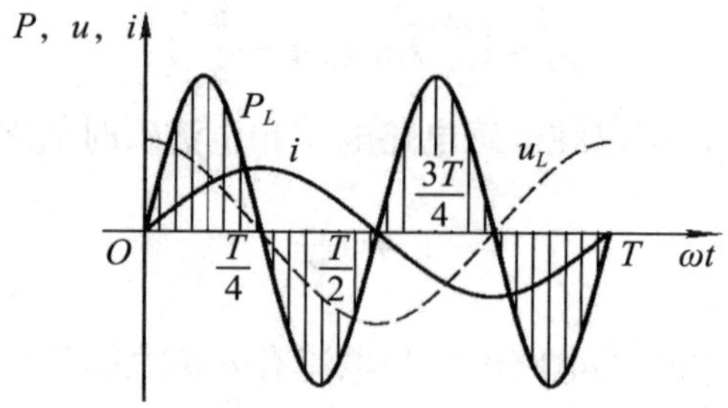

图8–18　纯电感电路的功率曲线

从图中可以看出，在第一个和第三个 $\frac{1}{4}$ 周期内，u_L 与 i 同向，所以 p_L 为正值，说明在此段时间内，电感线圈从电源获取电能，并将它变为磁场能储存起来，此时电感线圈起负载作用。在第二个和第四个 $\frac{1}{4}$ 周期内，u_L 与 i 反向，所以 p_L 为负值，说明在此段时间内，电感线圈把储存的磁场能转化为电能送回电源，此时电感线圈起电源作用。因此，在一个周期内，电感线圈时而“吞进”功率，时而“吐出”功率，只与电路交换能量，自身并不消耗电能，因此，电感线圈是一个储能元件。

2. 有功功率

由于瞬时功率在一个周期内的平均值为零，即有功功率为零，说明电感是个储能元件，不消耗电能，即

$$P=0$$

3. 无功功率

虽然电感元件不消耗电能，但它在将电源电能和线圈磁场能进行交换的过程中，要占据一定的能量，而且这部分能量是不能用来做有用功的，为了表示这部分能量的大小，我们引入了“无功功率”的概念，用符号 Q 表示，单位为乏（Var）。

无功功率的大小，是用瞬时功率的最大值来衡量的，即无功功率的计算公式为

$$Q_L=U_LI_L=I_L^2X_L=\frac{U_L^2}{X_L} \tag{8-9}$$

注意：无功功率并不是“无用”功率，它是相对有功功率而言的，它指的是电感元件在交流电路中，不“消耗”但必须“占用”的功率，供电感与电源之间进行能量的交换。比如：变压器就是通过不断交换的无功功率将电能从一次侧传到了二次侧，如果没有这部分无功功率，变压器就无法工作。

【例 8–2】若把电感为 10 mH 的线圈接到 $u=141\sin(100\pi t+\frac{\pi}{6})$ V 的电源上，试求：

（1）线圈中电流的有效值；

（2）写出电流瞬时值表达式；

（3）画出电流和电压的相量图；

（4）无功功率。

解：由 $u=141\sin\left(100\pi t+\dfrac{\pi}{6}\right)$ V 得

$$U_{\mathrm{m}}=141\ \mathrm{V},\ \omega=100\pi\ \mathrm{rad/s},\ \varphi_u=\frac{\pi}{6}$$

线圈的感抗为

$$X_L=\omega L=100\pi\times10\times10^{-3}\ \Omega=3.14\ \Omega$$

电压有效值为

$$U=\frac{U_{\mathrm{m}}}{\sqrt{2}}=\frac{141}{\sqrt{2}}\ \mathrm{V}=100\ \mathrm{V}$$

（1）线圈中电流的有效值为

$$I=\frac{U}{X_L}=\frac{100}{3.14}\ \mathrm{A}\approx32\ \mathrm{A}$$

（2）在纯电感电路中，电压超前电流 $\dfrac{\pi}{2}$，所以

$$\varphi_i=\varphi_u-\frac{\pi}{2}=\frac{\pi}{6}-\frac{\pi}{2}=-\frac{\pi}{3}$$

电流瞬时值表达式为

$$i=32\sqrt{2}\sin\left(100\pi t-\frac{\pi}{3}\right)\mathrm{A}=45\sin\left(100\pi t-\frac{\pi}{3}\right)\mathrm{A}$$

电压、电流相量图如图 8-19 所示。

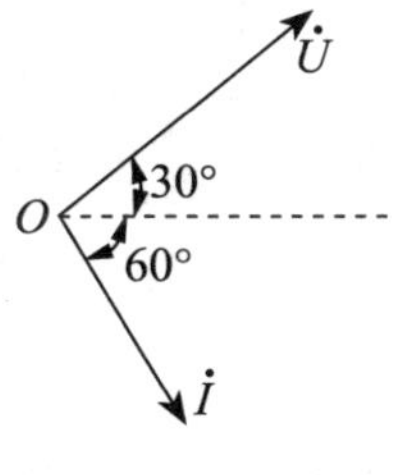

图8-19　电压、电流相量图

（4）无功功率为

$$Q=UI=100\times32=3\ 200\ \mathrm{Var}$$

步骤 9：认识纯电容单相正弦交流电路

在交流电路中，如果只用电容器作负载，且可以忽略介质的损耗，那么这个电路叫作纯电容电路，如图 8-20 所示。

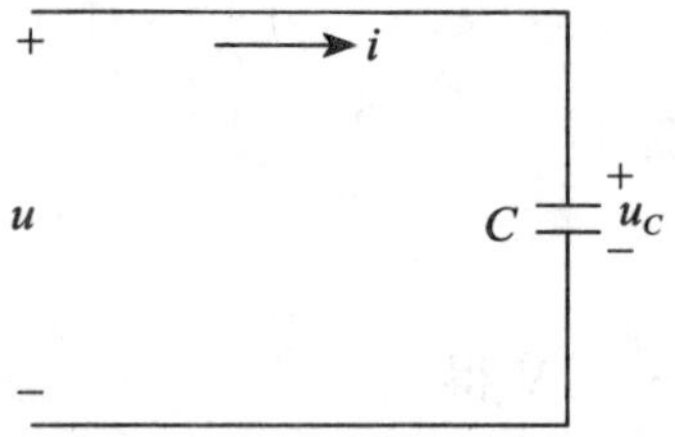

图8-20　纯电容电路

步骤 10：探究纯电容单相正弦交流电路中电压和电流的关系

1. 数量关系

（1）用 EWB 仿真软件搭接如图 8-21 所示的仿真电路。

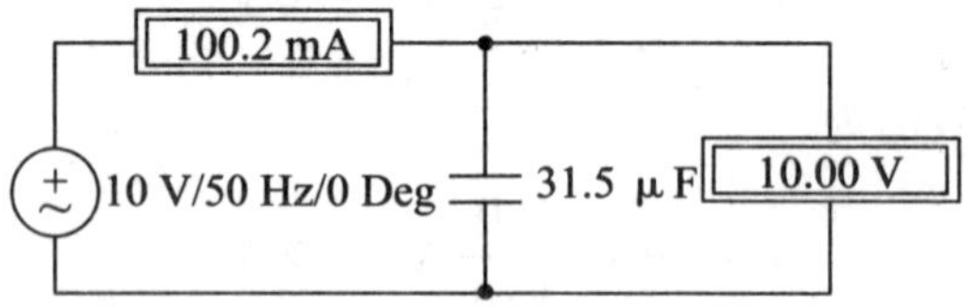

图8-21　纯电容电压与电流数量关系仿真电路图

（2）将电容量调整为 31.5 μF，交流电源调为 10 V/50 Hz，电流表和电压表均调为“AC”挡位。将电流表和电压表的示数填入表 8-3 中。

（3）将交流电源调为 100 V/50 Hz，再将电流表和电压表的示数填入表 8-3 中。

（4）将交流电源调为 10 V/500 Hz，再将电流表和电压表的示数填入表 8-3 中。

（5）保持交流电源为 10 V/50 Hz，将电容器的电容量调为 315 μF，再将电流表和电压表的示数填入表 8-3 中。

表8-3　纯电容电路实验数据

交流电压 U	频率 f	电容量 C	电压表 U_L	电流表 I	容抗 X_C
10 V	50 Hz	31.5 μF	10 V	0.1 A	100 Ω
100 V			100 V	1 A	100 Ω
10 V	500 Hz	31.5 μF	10 V	1 A	10 Ω
10 V	50 Hz	315 μF	10 V	1 A	10 Ω
结论					

（6）实验结论：

①电容器对交流电流有阻碍作用，这种阻碍作用称为容抗，用符号 X_C 表示。

②容抗与交流电源频率成反比，与电容器的电容量成反比。容抗的计算公式为

$$X_C = \frac{1}{\omega C} = \frac{1}{2\pi fC} \tag{8-10}$$

从式（8-10）中可以看出，对于交流电，频率越高，X_C 就越小；反之，频率越低，X_C 就越大。对于直流电来说，$f = 0$，$X_C = \infty$，可视为断路。因此，电容器在电路中，有“通交流、隔直流，通高频、阻低频”的特性，这一特性在电子技术中有着广泛的应用。

③纯电容电路电压与电流有效值之间仍符合欧姆定律，即

$$I_C = \frac{U_C}{X_C} \tag{8-11}$$

（7）也可以按图 8-22 所示的电路进行实物连线，研究电压和电流之间的数量关系。

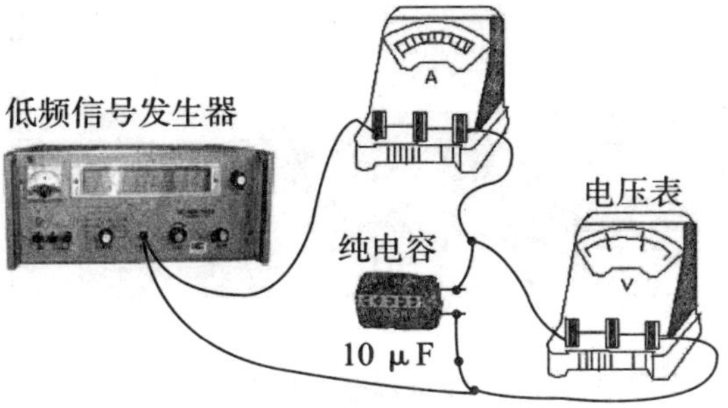

图8-22　纯电容电压与电流数量关系实物接线图

2. 相位关系

（1）用 EWB 仿真软件搭接如图 8-23 所示的仿真电路。

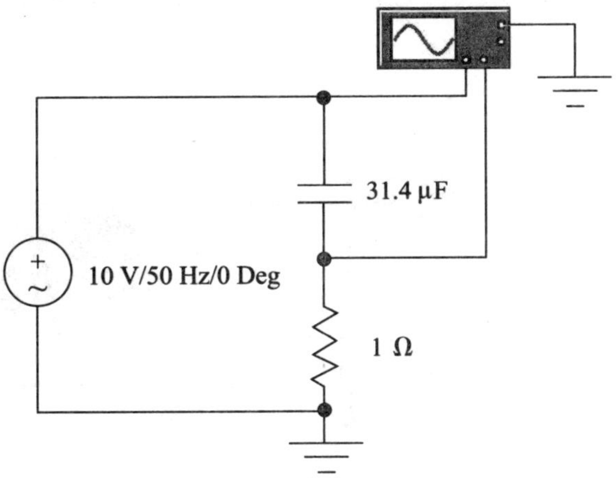

图8-23　纯电容电压与电流相位关系仿真电路图

（2）将电容器的电容量调整为 31.4 μF，交流电源仍调为 10 V/50 Hz，在电路中串入一个阻值很小（1 Ω）的取样电阻，用它来取样电路中的电流信号，由于它的阻值很小，不

会对电路的工作造成影响。

（3）用示波器 A 通道观测交流电路总电压的波形，用 B 通道观测取样电阻两端电压（电路中电流）的波形。

（4）接通仿真电源，调节示波器控制面板上的相关控件，观察 A、B 通道的波形，如图 8–24 所示。

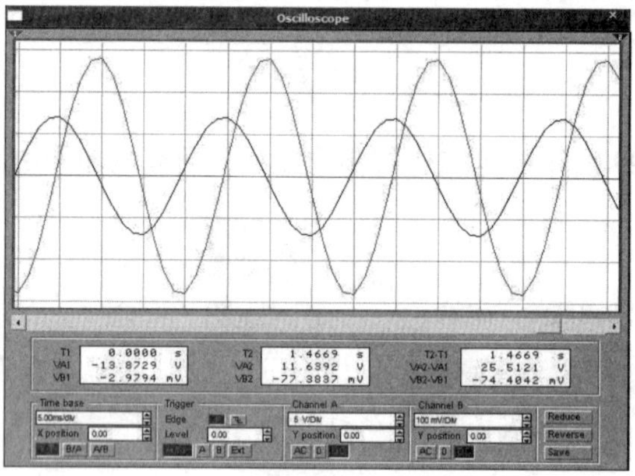

图8–24　纯电容电压与电流波形图

（5）实验现象：示波器显示，电压、电流波行一个周期均为 4 格（360°），电流超前电压 1 格（90°）。

（6）实验结论：纯电容电路，电流超前电压 90°。

（7）也可以按图 8–25 所示的电路进行实物连线，研究电压和电流之间的相位关系。

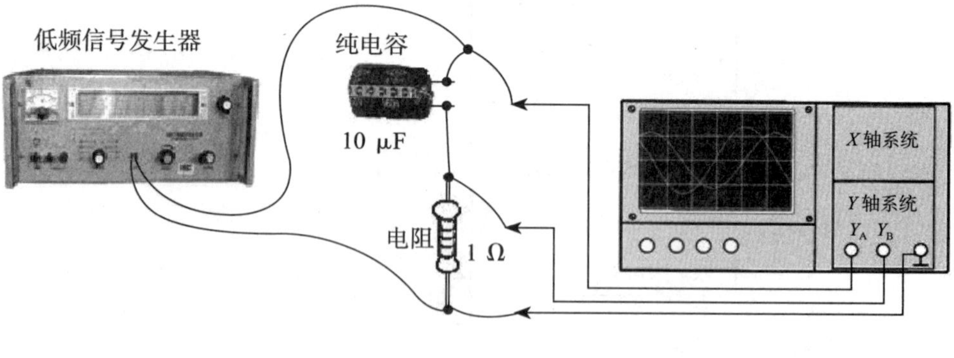

图8–25　纯电容电路电压、电流相位关系的实物接线图

步骤 11：总结纯电容电路中电压和电流的关系

在纯电容电路中，若设电容端电压为 $u_C = U_{Cm} \sin \omega t$

则 $$i_C = I_{Cm}\sin\left(\omega t + \frac{\pi}{2}\right)$$

由于电流超前电压 90°，所以纯电容电路电压和电流瞬时值之间不符合欧姆定律，即

$$i_C \neq \frac{u_C}{X_C} \tag{8-12}$$

根据式（8–11）可知，纯电容电路电压与电流有效值之间符合欧姆定律，所以最大值也符合欧姆定律，即

$$I_{Cm} = \frac{U_{Cm}}{X_C} \tag{8-13}$$

数量关系：纯电容电路中，电压和电流的最大值、有效值之间都符合欧姆定律，但瞬时值之间不符合欧姆定律。

相位关系：纯电容电路中，电流超前电压 90°，其波形和相量图如图 8–26 所示。

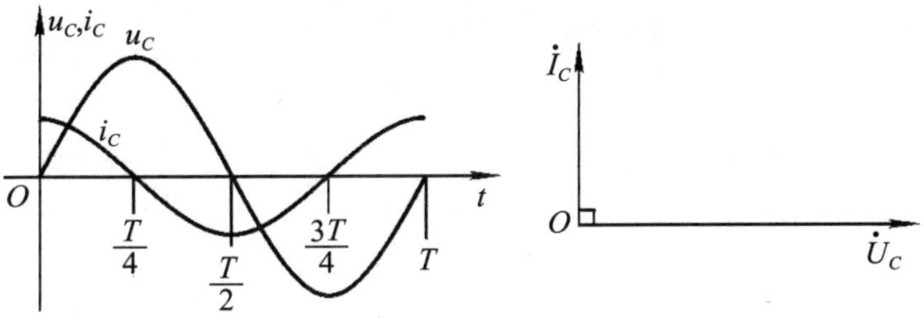

（a）波形图　　（b）相量图

图8–26　纯电容电路中电压与电流的波形图和相量图

步骤 12：分析纯电容电路的功率

1. 瞬时功率

与纯电感电路类似，纯电容电路的瞬时功率也等于电压与电流的瞬时值的乘积，即

$$P_C = u_C i_C = U_C I_C \sin 2\omega t$$

因此，瞬时功率仍是一条正弦曲线，其频率为电源频率的两倍，波形图如图 8–27 所示。

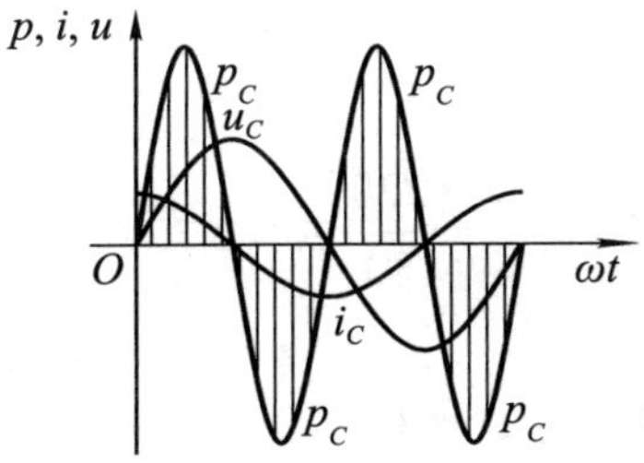

图8–27　纯电容电路的功率曲线

从图中可以看出，瞬时功率的最大值为 $U_C I_C$，在电源电压或电流变化的一个周期内，电容器两次从电源吸收能量给极板充电，将电能转换为电场能储存在两极板中；又两次对电源放电，将电容器储存的电场能释放回电源。与纯电感电路一样，在电容器这种充放电过程中，只有能量的互相转换，而无能量消耗，所以电容器也是储能元件，而不是耗能元件，与电感线圈不同，电感线圈储存的是磁场能，而电容器储存的是电场能。

2. 有功功率

由于电容元件也是一种储能元件，在电路中只与电源进行能量交换，但不消耗电能，因此，其有功功率也为零，即

$$P=0$$

3. 无功功率

虽然电容元件不消耗有功功率，但它也要占用无功功率来进行能量转换，我们仍用瞬时功率的最大值来衡量，即无功功率的计算公式为

$$Q_C=I_C U_C=I_C^2 X_C=\frac{U_C^2}{X_C} \tag{8-14}$$

【例 8-3】若把一个电容量为 $C=40\,\mu\text{F}$ 的电容器接到 $u=220\sqrt{2}\sin\left(314t+\frac{\pi}{3}\right)\text{V}$ 的电源上，试求：

（1）电容的容抗；

（2）写出电流瞬时值表达式；

（3）画出电流和电压相量图；

（4）无功功率。

解：由 $u=220\sqrt{2}\sin\left(314t+\frac{\pi}{3}\right)\text{V}$ 可以得出

$$U=220\text{ V},\ \omega=314\text{ rad/s},\ \varphi_u=\frac{\pi}{3}$$

（1）电容器的容抗为

$$X_C=\frac{1}{\omega C}=\frac{1}{314\times 40\times 10^{-6}}\ \Omega\approx 80\ \Omega$$

（2）电流的有效值为

$$I=\frac{U}{X_C}=\frac{220}{80}\text{ A}\approx 2.75\text{ A}$$

在纯电容电路中，电流超前电压 $\frac{\pi}{2}$，所以

$$\varphi_i=\varphi_u+\frac{\pi}{2}=\frac{\pi}{3}+\frac{\pi}{2}=\frac{5\pi}{6}$$

电流的瞬时值表达式为

$$i=2.75\sqrt{2}\sin\left(314t+\frac{5\pi}{6}\right)\text{A}=3.89\sin\left(314t+\frac{5\pi}{6}\right)\text{A}$$

（3）电流和电压的相量图，如图 8–28 所示。

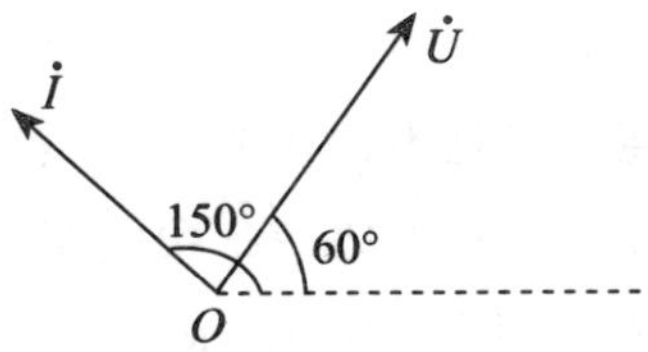

图8–28　例8–3题图

（4）$Q=IU=2.75\times 220=605$ Var

任务检测

1. 已知某白炽灯工作时的电阻为 484 Ω，若在其两端加上 $u=220\sqrt{2}\sin\omega t$ V 电压，试求：

（1）白炽灯正常工作时电流的瞬时值表达式；

（2）白炽灯的功率。

2. 把电感为 10 mH 的纯电感线圈连接到 $u=141\sin\left(1000t-\frac{\pi}{6}\right)$ V 的电源上，试求：

（1）电流有效值；

（2）电流的瞬时值表达式；

（3）画出电压、电流的相量图；

（4）有功功率；

（5）无功功率。

3. 把 $C=100\,\mu\text{F}$ 的电容器，接到 $u=220\sqrt{2}\sin 1000t$ V 的电源上，试求：

（1）电容的容抗；

（2）电流的有效值；

（3）电流瞬时值的表达式；

（4）画出电压、电流的相量图；

（5）有功功率；

（6）无功功率。

任务二 分析串联正弦交流电路

任务描述

在实际交流电路中，单一的纯电路是不存在的，只是在某一参数起决定作用时，将其他次要参数忽略罢了。实际用电设备都是由单一参数电路元件组合而成的，如即将学习的荧光灯电路、变压器、电动机等设备都可认为的是 R−L 串联电路，所以讨论多个参数元件的电路更有实用价值。本任务我们将讨论由 R、L、C 三个元件中的两个和三个串联组成的交流电路，并通过讨论此类电路，学会串联电路的分析方法。

相量图分析法是交流电路的基本分析方法，其最大优点是直观：将抽象的电路问题转化为数学问题——解三角形。应紧紧抓住相量图这个工具，学会分析电路的方法，提高研究问题、解决问题的能力是本此任务的宗旨。

任务目标

1. 会用相量图分析串联正弦交流电路；
2. 理解电压三角形、阻抗三角形和功率三角形的含义。

任务实施

一、任务准备

1. 安装有 EWB 仿真软件的电脑。
2. 相量的加法、直角三角形的边角关系、勾股定理等数学知识。

在如图 8−29 所示的直角三角形中，有以下重要的关系式

$$|Z| = \sqrt{R^2 + X_L^2}$$

$$\varphi = \arctan \frac{X_L}{R}$$

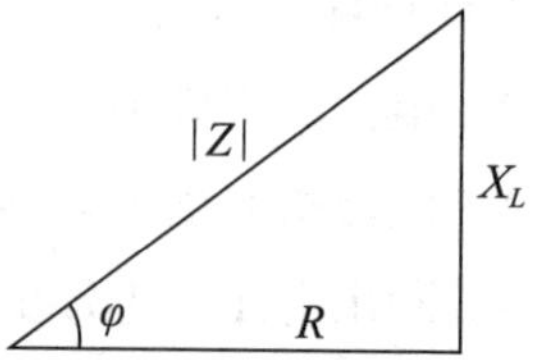

图8−29 直角三角形的边角关系

二、分析 R–L 串联正弦交流电路

步骤 1：认识 R–L 串联电路

由电阻、电感串联所组成的电路，叫作 R–L 串联电路。如图 8–30 所示。

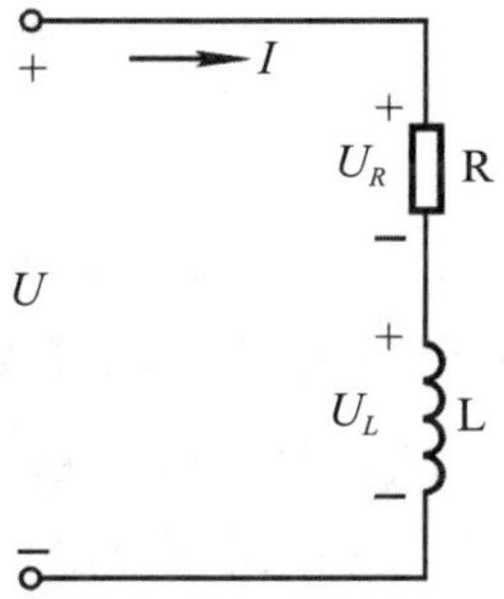

图8–30　R–L串联电路

在电气设备和器件中，同时具有电阻和电感的事例很多，如日光灯电路、变压器和电动机都可以视为 R–L 串联电路。

步骤 2：探究 R–L 串联单相正弦交流电路中电压和电流的关系

1. 总电压与各元件端电压间的数量关系

（1）用 EWB 仿真软件搭接如图 8–31 所示的仿真电路。

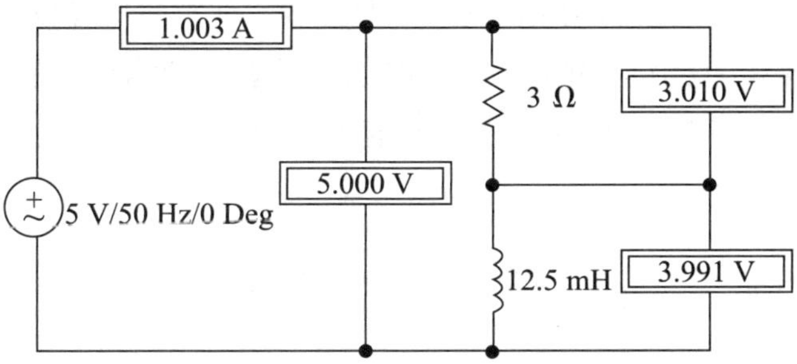

图8–31　R–L串联电路总电压与各元件端电压数量关系

（2）将电阻的阻值调整为 3 Ω，电感的电感量调整为 12.5 mH，交流电源调为 5 V/50 Hz，电流表和电压表均调为“AC”挡位。将电流表和各电压表的示数以及计算得出的 R–L 串联电路总阻抗填入表 8–4 中。

（3）将电阻的阻值调整为 8 Ω，电感的电感量调整为 18.8 mH，再将电流表和各电压表的示数以及总阻抗 |Z| 填入表 8–4 中。

表8-4 R-L串联电路实验数据

电阻 R/Ω	电感 L/mH	总电压 U/V	电阻电压 U_R/V	电感电压 U_L/V	总电流 I/A	总阻抗 $\|Z\|=\frac{U}{I}/\Omega$
3	12.5	5	3	4	1	5
8	18.8	5	4	3	0.5	10

（4）实验结论：

由表 8-4 中的实验数据可以得出 R-L 串联电路具有如下的规律：

①总电压的平方等于电阻两端电压的平方与电感两端电压的平方之和，即

$$U^2=U_R^2+U_L^2 \text{ 或 } U=\sqrt{U_R^2+U_L^2} \tag{8-15}$$

②总阻抗的平方等于电阻的平方与感抗的平方之和，即

$$|Z|^2=R^2+X_L^2 \text{ 或 } |Z|=\sqrt{R^2+X_L^2} \tag{8-16}$$

$|Z|$——R-L 串联电路的阻抗，表示电阻与电感对交流电共同的阻碍作用，单位为欧姆（Ω）。

③总电压与总电流的有效值仍符合欧姆定律，即

$$I=\frac{U}{|Z|} \tag{8-17}$$

（5）也可以按图 8-32 所示的电路进行实物连线，研究电压和电流之间的数量关系。图中的电感线圈用 40 W 日光灯的镇流器，用交流电压表分别测量电阻两端的电压 U_R 和电感两端电压 U_L 以及总电压 U，通过测量结果验证三者之间的数值关系。

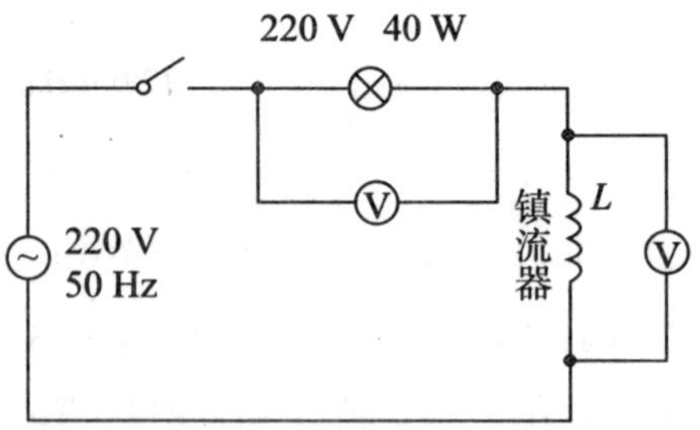

图8-32 R-L串联电路电压间数量关系实物接线图

2. 总电压与总电流的相位关系

（1）用 EWB 仿真软件搭接如图 8-33 所示的仿真电路。

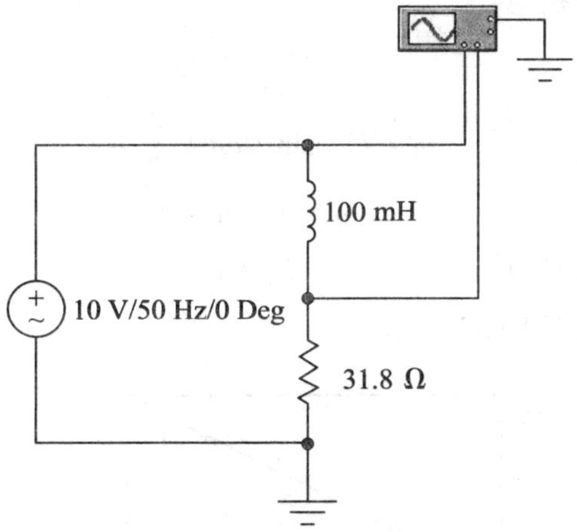

图8-33　R-L串联电路电压与电流相位关系仿真电路图

（2）电阻的阻值调整为 31.8 Ω，电感的电感量调整为 100 mH，交流电源调整为 10 V/50 Hz。

（3）用示波器 A 通道观测 R-L 串联电路总电压的波形，用 B 通道观测电阻两端电压的波形。由于纯电阻两端电压与电流是同相位的，因此示波器显示的电阻 R 的端电压与总电压的相位关系，实质上就是 R-L 串联电路总电压与电路总电流的相位关系。

（4）接通仿真电源，调节示波器控制面板上的相关控件，观察 A、B 通道的波形，如图 8-34 所示。

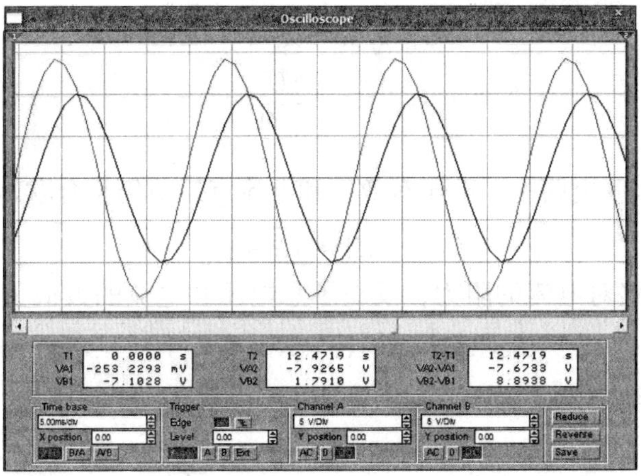

图8-34　R-L串联电路电压与电流相位关系图

（5）实验结论：R-L 串联电路总电压超前电流 φ 角（$0° < \varphi < 90°$）。

步骤 3：总结 R-L 串联电路中电压和电流的关系

假设 R-L 串联电路中电流的瞬时值表达式为

$$i = I_m \sin \omega t$$

则每个元件的电压分别为

$$u_R = U_{Rm} \sin \omega t$$

$$u_L = U_{Lm} \sin\left(\omega t + \frac{\pi}{2}\right)$$

由基尔霍夫定律可知 $u = u_R + u_L$

与之对应的相量关系式为 $\dot{U} = \dot{U}_R + \dot{U}_L$

作出它们的相量图如图 8-35 所示。

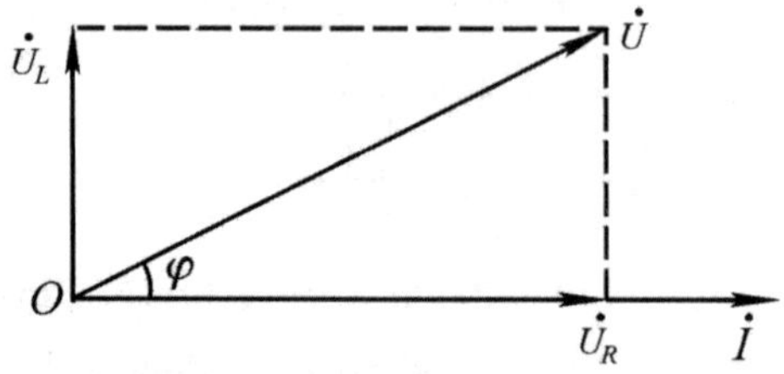

图8-35 RL串联电路相量图

（1）数值关系

从图中可以看出，总电压与各部分电压构成一个直角三角形，称为电压三角形。各部分电压的关系为

$$U = \sqrt{U_R^2 + U_L^2}$$

又由于 $U_R = RI$，$U_L = X_L I$，则上式还可写为

$$U = \sqrt{R^2 + X_L}\ I = |Z|\,I$$

还可以写成 $I = \dfrac{U}{|Z|}$

可见，在 RL 串联电路中，电压有效值和电流有效值仍符合欧姆定律。

其中 $|Z| = \sqrt{R^2 + X_L^2}$

$|Z|$ 体现了电路对电流的阻力，反映了总电压和电流的数值关系，因此，称 $|Z|$ 为阻抗，其单位为欧姆（Ω）。由上式不难看出，R、X_L、$|Z|$ 三者也构成一个直角三角形，称为阻抗三角形，如图 8-36 所示。

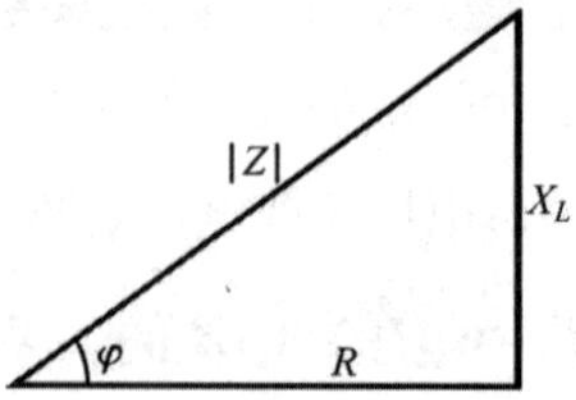

图8-36 RL串联电路的阻抗三角形

（2）相位关系

由图 8−35 可以看出：在 R−L 串联电路中，总电压超前电流一个角度 φ，且 $0<\varphi<\frac{\pi}{2}$，通常把总电压超前电流的电路叫感性电路，或者说负载是感性负载。 角度 φ 可用下列公式计算

$$\varphi=\arctan\frac{U_L}{U_R}=\arctan\frac{X_L}{R} \tag{8-18}$$

步骤 4：分析 R–L 串联电路的功率

1. 有功功率

在 RL 串联电路中，只有电阻元件消耗能量，因此，电路的有功功率等于电阻元件所消耗的功率，即

$$P=P_R=U_RI=I^2R=\frac{U_R^2}{R}$$

从图 8−35 可知

$$U_R=U\cos\varphi$$

式中，U_R 为电阻元件上的电压，U 为电路的总电压。

因此，在 RL 串联电路中，有功功率也可表示为

$$P=UI\cos\varphi \tag{8-19}$$

（2）无功功率

在 RL 串联电路中，只有电感元件与电源交换能量，因此，电路的无功功率等于电感元件的无功功率，即

$$Q=U_LI=UI\sin\varphi \tag{8-20}$$

（3）视在功率

对于电源来说，其输出的总容量为总电流与总电压有效值的乘积，叫作视在功率，用 S 表示，单位为伏安（VA）或千伏安（kVA）。用公式表示为

$$S=UI \tag{8-21}$$

由式（8−19）、（8−20）、（8−21）可知

$$S=\sqrt{P^2+Q^2} \tag{8-22}$$

这样，有功功率 P、无功功率 Q 以及视在功率 S 三者也组成一个直角三角形，称之为功率三角形，如图 8−37 所示。

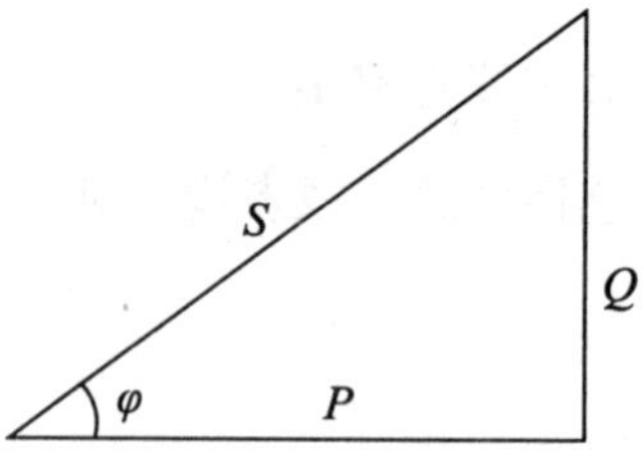

图8-37 RL串联电路的功率三角形

（4）功率因数

在交流电路的功率计算中，有功功率所占比例越大，则电能的利用率就越高。为了衡量电能利用率的高低，我们引入功率因数的概念，用 $\cos\varphi$ 表示。功率因数在数值等于有功功率与视在功率之比。即

$$\cos\varphi=\frac{P}{S} \tag{8-23}$$

功率因数的大小反映了电源容量的利用率。功率因数的大小与电路的负载性质有关，如白炽灯泡、电阻炉等纯电阻负载的功率因数为 1，电感性或电容性负载的功率因数都小于 1。

【例 8-4】在 RL 串联电路中，已知 $R=60\ \Omega$，$L=255$ mH，电源电压为 $u=220\sqrt{2}\sin\left(314t+\frac{\pi}{3}\right)$ V，试求：

（1）电路中的电流；（2）总电压与电流的相位差；（3）电阻、电感的电压；（4）作出总电压与总电流的相量图；（5）有功功率、无功功率、视在功率和功率因数。

解：（1）

$$X_L=\omega L=314\times255\times10^{-3}\ \Omega\approx80\ \Omega$$

$$|Z|=\sqrt{R^2+X_L^2}=\sqrt{60^2+80^2}\ \Omega=100\ \Omega$$

$$U=\frac{U_m}{\sqrt{2}}=\frac{220\sqrt{2}}{\sqrt{2}}\text{ V}=220\text{ V}$$

$$I=\frac{U}{|Z|}=\frac{220}{100}\text{ A}=2.2\text{ A}$$

（2）

$$\varphi=\arctan\frac{X_L}{R}=\arctan\frac{80}{60}=53.1°$$

（3）

$$U_R=IR=2.2\times60=132\text{ V}$$

$$U_L=IX_L=2.2\times80=176\text{ V}$$

（4）总电压与总电流的相量图如图 8−38 所示

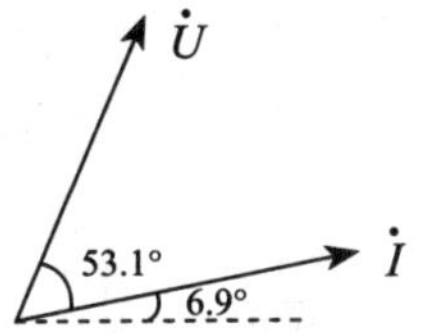

图8−38　例8−4题图

（5）

$$P = I^2R = 2.2^2 \times 60\ \text{W} = 290.4\ \text{W}$$

$$Q = I^2X_L = 2.2^2 \times 80\ \text{var} = 387.2\ \text{var}$$

$$S = UI = 220 \times 2.2\ \text{V A} = 484\ \text{V A}$$

$$\cos\varphi = \frac{R}{|Z|} = \frac{60}{100} = 0.6$$

三、分析 R−C 串联正弦交流电路

步骤 1：认识 R−C 串联电路

由电阻、电容串联所组成的电路，叫 R−C 串联电路。如图 8−39 所示。

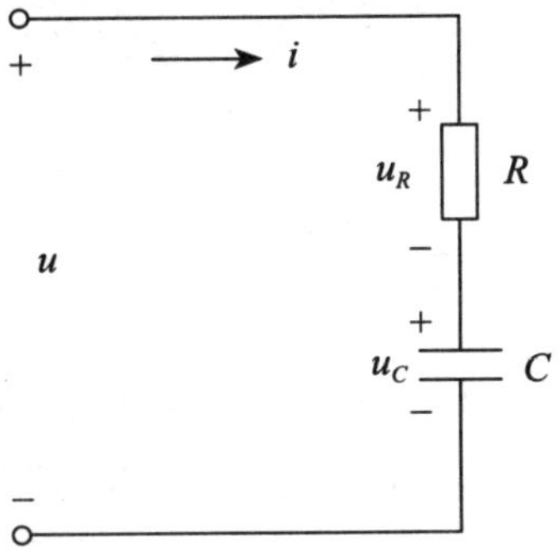

图8−39　R−C串联电路

R−C 串联电路在电子技术中应用尤其广泛，常见的有 RC 耦合、RC 振荡、RC 移相电路等。

步骤 2：探究 R−C 串联单相正弦交流电路中电压和电流的关系

1. 总电压与各元件端电压间的数量关系

（1）用 EWB 仿真软件搭接如图 8−40 所示的仿真电路。

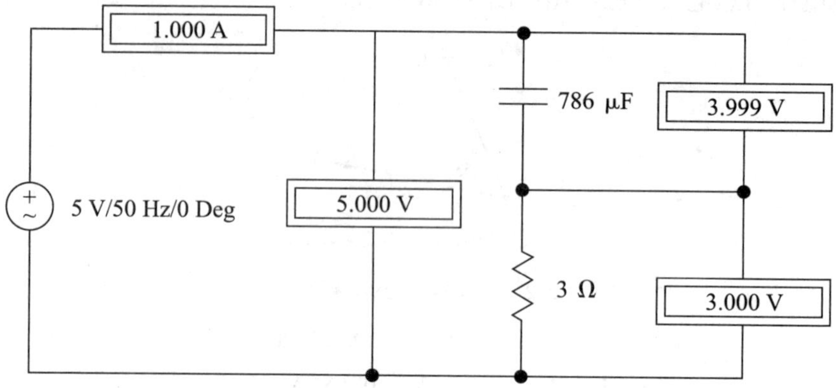

图8-40　R-C串联电路总电压与各元件端电压间数量关系

（2）将电阻的阻值调整为 3 Ω，电容器的电容量调整为 786 μF，交流电源调为 5 V/50 Hz，电流表和电压表均调为“AC”挡位。将电流表和电压表的读数以及计算得出的 R-C 串联电路总阻抗 |Z| 填入表 8-5 中。

（3）将电阻的阻值调整为 8 Ω，电容器的电容量调整为 524 μF，再将电流表和各电压表的读数以及总阻抗 |Z| 填入表 8-5 中。

表8-5　R-C串联电路实验数据

电阻 R/Ω	电容 C/μF	总电压 U/V	电阻电压 U_R/V	电容电压 U_C/V	总电流 I/A	总阻抗 $\lvert Z\rvert=\frac{U}{I}$/Ω
3	786	5	3	4	1	5
8	524	5	4	3	0.5	10

（4）实验结论：

由表 8-5 中的实验数据可以得出 R-C 串联电路具有如下的规律：

①总电压的平方等于电阻两端电压的平方与电容两端电压的平方之和，即

$$U^2=U_R^2+U_C^2 \text{ 或 } U=\sqrt{U_R^2+U_C^2} \tag{8-24}$$

②总阻抗的平方等于电阻的平方与容抗的平方之和，即：

$$|Z|^2=R^2+X_C^2 \text{ 或 } |Z|=\sqrt{R^2+X_C^2} \tag{8-25}$$

$|Z|$——RC 串联电路的阻抗，表示电阻与电容对交流电共同的阻碍作用，单位为欧姆（Ω）。

③总电压与总电流的有效值仍符合欧姆定律，即

$$I=\frac{U}{|Z|} \tag{8-26}$$

2. 总电压与总电流的相位关系

（1）用 EWB 仿真软件搭接如图 8-41 所示的仿真电路。

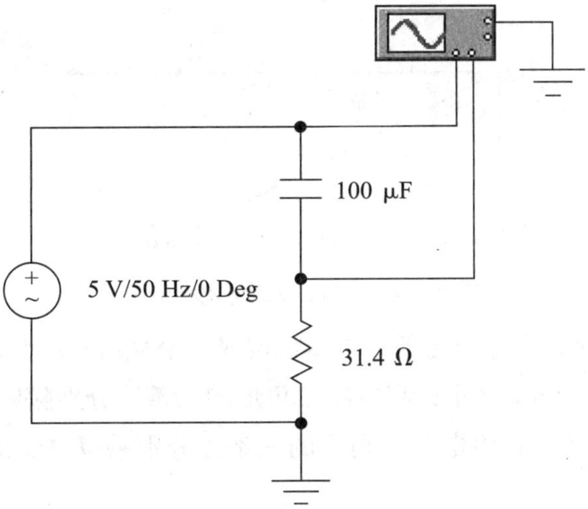

图8-41　R-C串联电路电压与电流相位关系

（2）电阻的阻值调整为 31.4 Ω，电容器的电容量调整为 100μF，交流电源仍调为 5V/50Hz。

（3）用示波器 A 通道观测交流电路总电压的波形，用 B 通道观测电阻两端电压（电路中电流）的波形。

（4）接通仿真电源，调节示波器控制面板上的相关控件，观察 A、B 通道的波形，如图 8-42 所示。

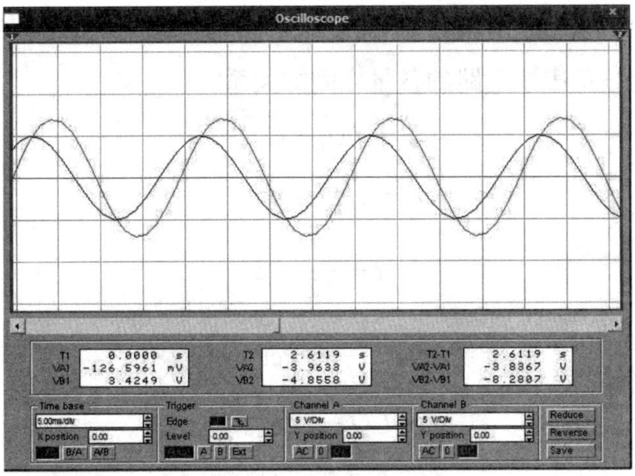

图8-42　R-C串联电路电压与电流波形图

（5）实验结论：R-C 串联电路电流超前总电压 φ 角（$0° < \varphi < 90°$）。

步骤 3：总结 R-C 串联电路中电压和电流的关系

以电路中的电流为参考相量，可做出 R-C 串联电路中电流与各电压的相量图如图

8-43 所示。

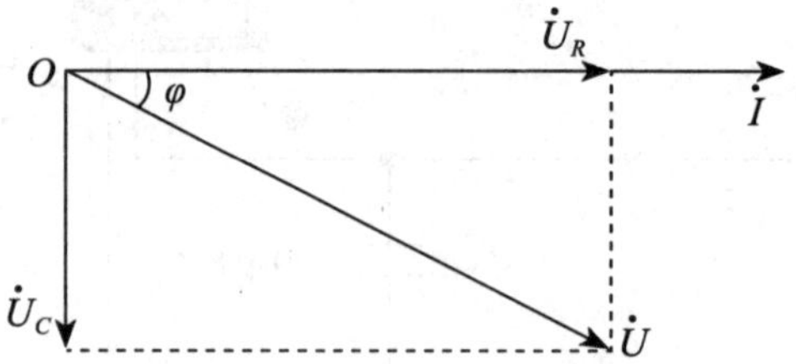

图8-43　R–C串联电路相量图

从图 8-43 可以看出，总电压与各分电压也构成一个直角三角形，即 R–C 串联电路的电压三角形，如图 8-44（a）所示；将电压三角形的三条边分别除以电流即可得到阻抗三角形，如图 8-44（b）所示；将电压三角形的三条边分别乘以电流即可得到功率三角形，如图 8-44（c）所示。

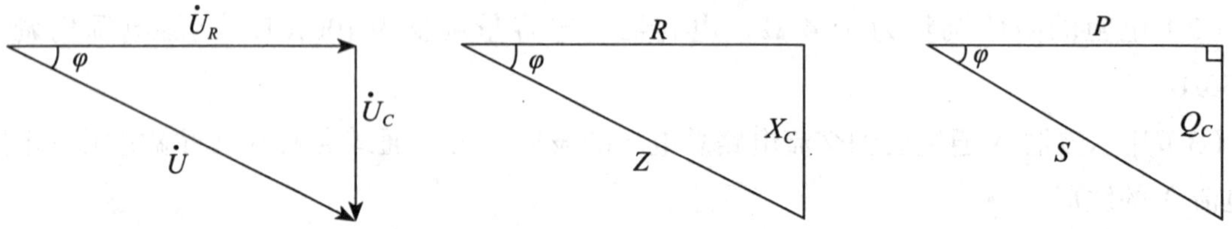

（a）电压三角形　（b）阻抗三角形　（c）功率三角形

图8-44　RC串联电路的三个三角形

三个三角形对应边成比例，因此为三个相似三角形，但只有电压三角形为相量三角形。由三个三角形可得出 R–C 串联电路的各量之间的关系。

$$U=\sqrt{U_R^2+U_C^2}$$

$$|Z|=\sqrt{R^2+X_C^2}$$

$$I=\frac{U}{|Z|}$$

$$\varphi=\arctan\frac{U_C}{U_R}=\arctan\frac{X_C}{R} \tag{8-27}$$

$$P=U_RI=UI\cos\varphi \tag{8-28}$$

$$Q=U_CI=UI\sin\varphi \tag{8-29}$$

$$S=UI \tag{8-30}$$

$$S=\sqrt{P^2+Q_C^2} \tag{8-31}$$

【例 8-5】为了使一个 36 V/0.3 A 的白炽灯能接在 220 V/50 Hz 的交流电源上工作，可利用电容器降压，应串入多大容量的电容器？

解：白炽灯电阻值

$$R=\frac{U_R}{I}=\frac{36}{0.3}\ \Omega=120\ \Omega$$

电路的阻抗

$$|Z|=\frac{U}{I}=\frac{220}{0.3}\ \Omega\approx 733\ \Omega$$

电容器的容抗

$$X_C=\sqrt{|Z|^2-R^2}=\sqrt{733^2-120^2}\ \Omega\approx 723\ \Omega$$

电容器的容量

$$C=\frac{1}{\omega X_C}=\frac{1}{2\times 3.14\times 50\times 723}\ \mathrm{F}\approx 4.4\ \mu\mathrm{F}$$

四、分析 R-L-C 串联正弦交流电路

步骤 1：认识 R-L-C 串联电路

由电阻、电感、电容串联所组成的电路，叫 R-L-C 串联电路。如图 8-45 所示。

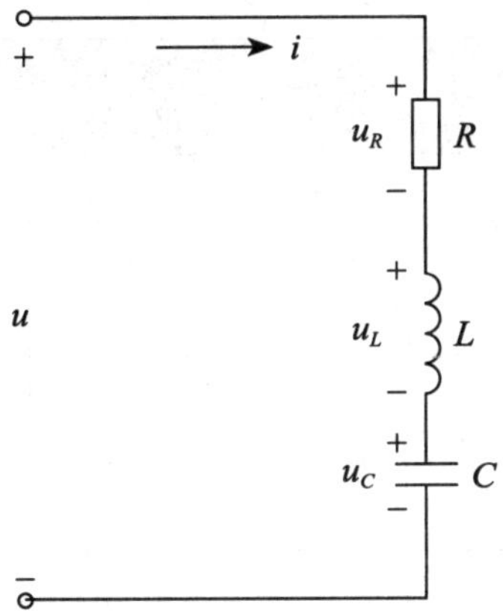

图8-45　R-L-C串联电路

R-L-C 串联电路在电工电子技术中应用也非常广泛，比如：收音机等电子设备中的接收选台电路，就是 R-L-C 串联电路的应用实例。

步骤 2：探究 R-L-C 串联电路中电压和电流的关系

1. 总电压与各元件端电压间的数量关系

（1）用 EWB 仿真软件搭接如图 8-46 所示的仿真电路。

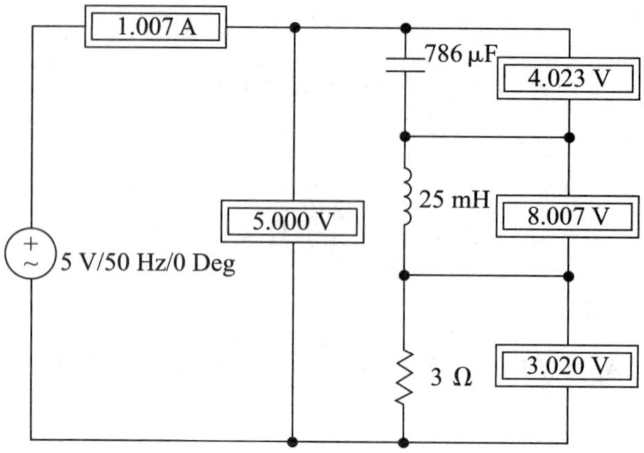

图8-46 R-L-C串联电路总电压与各元件端电压间数量关系

（2）将电阻的阻值调整为 3 Ω，电容器的电容量调整为 786 μF，电感的电感量调整为 25 mH，交流电源调为 5 V/50 Hz，电流表和电压表均调为“AC”挡位。将电流表和电压表的读数以及计算得出的 R-L-C 串联电路总阻抗填入表 8-6 中。

（3）将电容器的电容量调整为 264 μF，其余参数不变，再将电流表和各电压表的读数以及总阻抗 填入表 8-6 中。

表8-6 *R-L-C*串联电路实验数据

R、L、C	总电压 U/V	电阻电压 U_R/V	电容电压 U_C/V	电感电压 U_L/V	总电流 I/A	总阻抗 $\|Z\|=\frac{U}{I}$/Ω
$R=3\ \Omega$ $C=786\ \mu F$ $L=25\ mH$	5	3	4	8	1	5
$R=3\ \Omega$ $C=264\ \mu F$ $L=25\ mH$	5	3	12	8	1	5

（4）实验结论：

由表 8-6 中的实验数据可以得出 R-L-C 串联电路具有如下的规律：

①总电压的平方等于电阻两端电压的平方与电感、电容两端电压之差的平方之和，即

$$U^2=U_R^2+(U_L-U_C)^2 \text{ 或 } U=\sqrt{U_R^2+(U_L-U_C)^2} \tag{8-32}$$

②总阻抗的平方等于电阻的平方与感抗、容抗之差的平方之和，即

$$|Z|^2=R^2+(X_L-X_C)^2 \text{ 或 } |Z|=\sqrt{R^2+(X_L-X_C)^2} \tag{8-33}$$

③总电压与总电流的有效值仍符合欧姆定律，即

$$I=\frac{U}{|Z|} \tag{8-34}$$

2. 总电压与总电流的相位关系

（1）用 EWB 仿真软件搭接如图 8-47 所示的仿真电路。

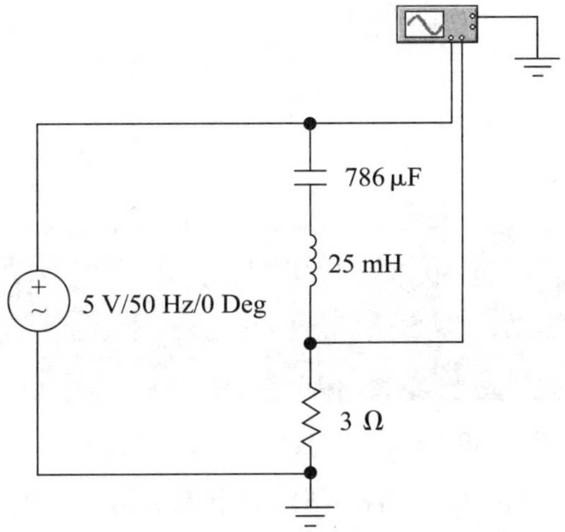

图8-47 R-L-C串联电路电压与电流相位关系

（2）将电阻的阻值调整为 3 Ω，电容器的电容量调整为 786 μF，电感的电感量调整为 25 mH，交流电源仍调为 5 V/50 Hz。

（3）用示波器 A 通道观测交流电路总电压的波形，用 B 通道观测电阻两端电压（电路中电流）的波形。

（4）接通仿真电源，调节示波器控制面板上的相关控件，观察 A、B 通道的波形，如图 8-48 所示。

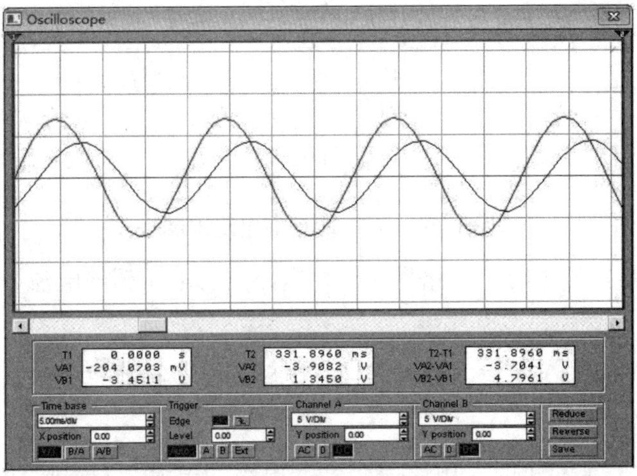

图8-48 R-L-C感性电路电压与电流波形图

（5）将电容器的电容量调整为 264 μF，其余参数不变，则观察到的总电压与电流的波形如图 8-49 所示。

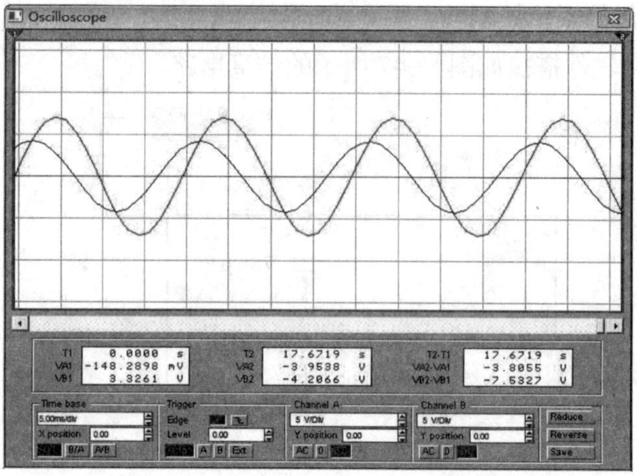

图8-49　R-L-C容性电路电压与电流波形图

（6）实验结论：当 $X_L > X_C$ 时，总电压超前总电流 φ 角；当 $X_L < X_C$ 时，总电流超前总电压 φ 角（$0° < \varphi < 90°$）。

步骤 3：总结 R-L-C 串联电路中电压和电流的关系

以电路中的电流为参考相量，可作出 R-L-C 串联电路中电流与各电压的相量图，如图 8-50 所示。

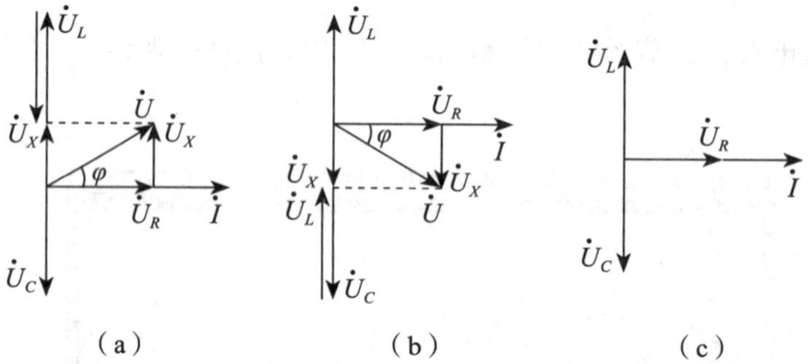

图8-50　R-L-C串联电路相量图

（1）当 $U_L > U_C$（$X_L > X_C$）时，电路呈感性，电路的总电压超前电流 φ 角，如图 8-50（a）所示；

（2）当 $U_L < U_C$（$X_L < X_C$）时，电路呈容性，电路的电流超前总电压 φ 角，如图 8-50（b）所示；

（3）当 $U_L = U_C$（$X_L = X_C$）时，电路呈阻性，电路的电流与总电压同相，如图 8-50（c）所示。

（4）电阻电压相量 $\dot{U}_R$、电抗电压相量 $\dot{U}_X$ 和总电压相量 $\dot{U}$ 构成电压三角形。其中：$\dot{U}_X = \dot{U}_L + \dot{U}_C$，但因为电感电压和电容电压相位上是反相的，所以 $\dot{U}_X$ 的长度为 $U_L - U_C$。

$R-L-C$ 串联电路的电压三角形、阻抗三角形和功率三角形，如图 8-51 所示。

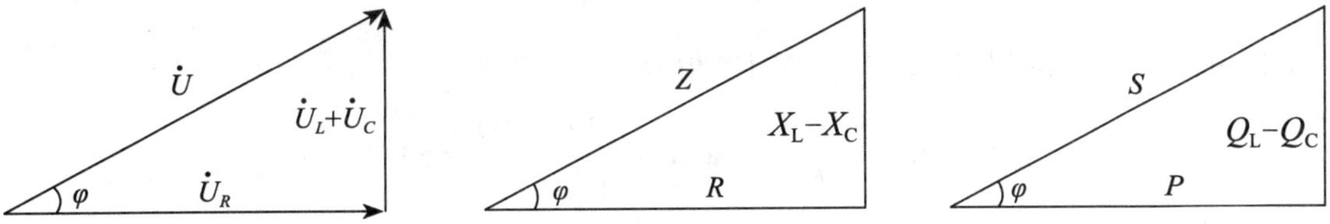

（a）电压三角形　　（b）阻抗三角形　　（c）功率三角形

图8-51　R-L-C串联电路的三个三角形

由于 $\dot{U}_L$ 和 $\dot{U}_C$ 是反相的，说明电感和电容一个在吸收电能时，另一个恰好在放出电能，它们的无功功率是相互补偿的，它们需要占用的电源的无功功率只是它们无功功率之差。

由三个三角形可得出 R-L-C 串联电路的各量之间的关系。

$$U=\sqrt{U_R^2+(U_L-U_C)^2}$$

$$|Z|=\sqrt{R^2+(X_L-X_C)^2}$$

$$I=\frac{U}{|Z|}$$

$$\varphi=\arctan\frac{U_L-U_C}{U_R}=\arctan\frac{X_L-X_C}{R}=\arctan\frac{Q_L-Q_C}{P} \tag{8-35}$$

$$P=U_RI=UI\cos\varphi \tag{8-36}$$

$$Q=|Q_L-Q_C|=|U_LI-U_CI|=UI\sin\varphi \tag{8-37}$$

$$S=UI=\sqrt{P^2+Q^2} \tag{8-38}$$

【例 8-6】在 RLC 串联电路中，已知 $R=30\ \Omega$，$L=445\ \text{mH}$，$C=32\ \mu\text{F}$，电源电压为 $u=220\sqrt{2}\sin\left(314t+\frac{\pi}{3}\right)\text{V}$，试求：

（1）电路中的电流；

（2）电压与电流的相位差；

（3）电阻、电感和电容的电压；

（4）有功功率、无功功率、视在功率和功率因数。

解：（1）电路的感抗、容抗、阻抗分别为

$$X_L=\omega L=314\times445\times10^{-3}\ \Omega\approx140\ \Omega$$

$$X_C=\frac{1}{\omega C}=\frac{1}{314\times32\times10^{-6}}\ \Omega\approx100\ \Omega$$

$$|Z|=\sqrt{R^2+(X_L-X_C)^2}=\sqrt{30^2-(140-100)^2}\ \Omega=50\ \Omega$$

电路中电流为

$$I=\frac{U}{|Z|}=\frac{220}{50}\text{ A}=4.4\text{ A}$$

（2）电压与电流的相位差即电路的阻抗角为

$$\varphi=\arctan\frac{X_L-X_C}{R}=\arctan\frac{140-100}{30}=53.1^\circ$$

（3）各元件上的电压为

$$U_R=RI=30\times4.4\text{ V}=132\text{ V}$$

$$U_L=X_LI=140\times4.4\text{ V}=616\text{ V}$$

$$U_C=X_CI=100\times4.4\text{ V}=440\text{ V}$$

（4）功率和功率因数为

$$P=IU_R=4.4\times132=580.8\text{ W}$$

$$Q=U_LI-U_CI=(616-440)\times4.4=774.4\text{ Var}$$

$$S=UI=220\times4.4=968\text{ VA}$$

$$\cos\varphi=\frac{R}{|Z|}=\frac{30}{50}=0.6$$

五、分析 R–L–C 串联谐振电路

步骤 1：认识 R–L–C 串联谐振电路

前面已经分析过，在 R–L–C 串联电路中，有可能发生总电压和电流同相的现象，这种现象叫作谐振。谐振可以发生在任何一个含有 L、C 的电路中，谐振现象在无线电接收装置中得到广泛应用，利用 LC 谐振的原理，从而保证了最大限度地接收某一频率的电磁波，从收音机到电视机，甚至手机都是这样。因此，理解 LC 谐振原理具有非常重要的现实意义。

1. 谐振条件和谐振频率

R–L–C 串联电路发生谐振的条件是电路中的电抗为零，即

$$X_L=X_C$$

$$2\pi fL=\frac{1}{2\pi fC}$$

谐振时的频率为

$$f_0=\frac{1}{2\pi\sqrt{LC}} \tag{8-39}$$

可见，谐振频率 f_0 的大小是由电路中电感量 L 和电容量 C 决定的，因此，也叫固有频率。改变电感或电容就能改变谐振频率 f_0 的大小。

从式（8−39）可以看出，要使电路发生谐振有两种调节方法：若 L 和 C 为定值时，调节电源频率 f，使它与电路的固有频率 f_0 相等；反之，若电源的频率一定时，调节电路参数 L 和 C 的大小，使电路的固有频率 f_0 等于电源的频率。如收音机的调谐电路，就是通过改变 C 的大小，来选择不同广播频率的电台。

步骤 2：探究串联谐振电路的特点

串联谐振电路具有以下特点：

1. 阻抗最小，且为纯电阻，即 $|Z| = R$；

2. 电路中的电流最大，且与电压同相，即

$$I_0 = \frac{U}{R} \tag{8-40}$$

3. 电感与电容两端的电压相等，其大小为总电压的 Q 倍，即

$$U_C = U_L = I_0 X_L = \frac{U}{R} X_L = \frac{X_L}{R} U = QU \tag{8-41}$$

式中的 Q 称为串联谐振电路的品质因数，其大小为

$$Q = \frac{X_L}{R} = \frac{X_C}{R} \tag{8-42}$$

Q 的大小一般可达到 100 左右，当电路发生谐振时，电感和电容上的电压要比电源电压大许多倍，所以串联谐振又叫电压谐振。

步骤 3：了解串联谐振的应用与防护

在无线电工程中，串联谐振非常有用，由于外来的无线电信号非常微弱，通过串联谐振可把某一频率信号放大几十倍甚至几百倍，把它从众多的电磁波中选择出来，这一过程称为调谐。图 8−52 为收音机的调谐电路。

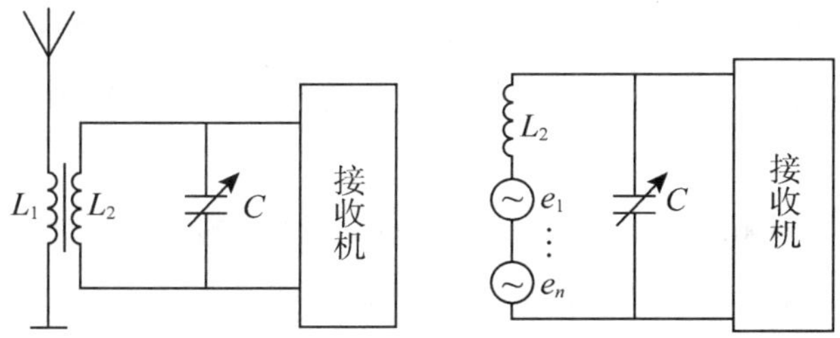

图8−52　收音机的调谐电路

各种不同频率的电磁波都会在天线中产生感应电流，如果我们想收听 990 kHz 电台的播音，只要调节电容 C，使 LC 串联谐振频率等于 990 kHz，这时在电路中，该频率信号的电流最大，在电容器两端该频率信号的电压也最大，于是，我们便能收听到 990 kHz 这个

电台的节目了，而其他各频率的信号，由于没有发生谐振，在回路中的电流很小，因此就被抑制掉了。

在电力工程中，如避雷装置在出厂前需进行交流耐压试验，在这种试验中必须使用交流高压电源，利用串联谐振的特性，可以获得这种交流高压。

但是，串联谐振也有其不利的一面，如在电力系统中，若电压 U 为 380 V，Q 的值为 100，则在谐振时电感和电容上的电压高达 38 000 V，如此强大的谐振电压会造成电容器和线圈的绝缘材料击穿，造成设备的损坏，因此，在电力系统中应避免谐振的出现。

步骤 4：理解谐振电路的选择性与通频带

1. 选择性

当电路发生谐振时，$f=f_0$，$I=I_0$，电流达到最大值；当电路频率偏离谐振频率 f_0 后（$f>f_0$ 或 $f<f_0$），电流均小于 I_0，电流的下降程度则受到 Q 值大小的影响，电路电流与频率和 Q 值的关系如图 8-53 所示。

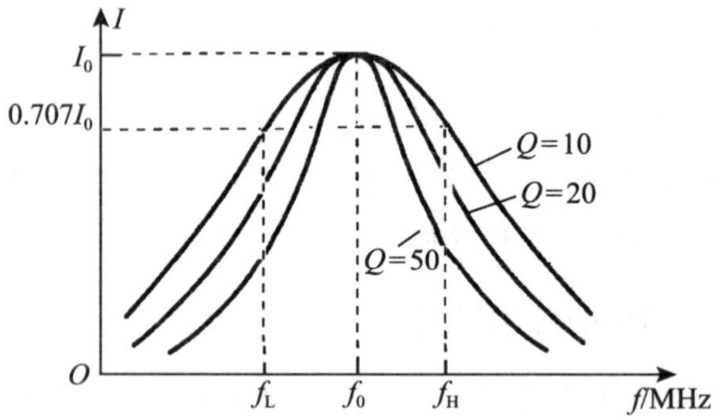

图8-53　谐振曲线及通频带

Q 值越大，电流衰减越大，曲线越尖锐，对非谐振频率的信号衰减能力越强，而对谐振频率及其邻近频率的信号选择能力就越好。所以，收音机、电视机等电子接收设备就是利用谐振电路的选择性来选取我们要收听的电台或收看的电视台的。

2. 通频带

在电子线路中所传输的信号，往往并不是单一频率的信号，而是包含着一个频率范围。例如音乐节目既有高音又有中音和低音，频率范围要达到十几千赫兹。为了保证能不失真地重现音乐信号，就要求调谐电路也必须有足够宽的频率范围。电子技术中规定，在输入信号不变的情况下，回路中电流不小于谐振电流的 0.707 倍的一段频率范围称为谐振电路的通频带，简称带宽，用字母 BM 表示。在图 8-53 中，它的通频带为

$$BM=f_H-f_L$$

在选择电路的品质因数 Q 时要综合考虑：Q 值越大，电流谐振曲线越尖锐，选择性越

好，但频带就会越窄，某些有用信号选择不进来，使信号质量变差，对实际电路要兼顾选择性和通频带，选取合适的 Q 值。

六、理解提高功率因数的意义和方法

步骤 1：认识提高功率因数的意义

前面已经分析过，有功功率与视在功率的比值称为功率因数，用 $\cos\varphi$ 表示。φ 角则定义为功率因数角，它是电路总电压与总电流的相位差，也是电路的阻抗角。功率因数与电路的性质有关，其大小取决于电路参数 R、L、C。对于纯电阻电路，$\cos\varphi = 1$；对于纯电感或纯电容电路，$\cos\varphi = 0$；而对于 R、L、C 组成的串联电路，$0 < \cos\varphi < 1$。

在实际用电设备中，除了少数是电阻性负载外（如电炉、电烙铁、白炽灯），大多数是感性负载（如电动机、变压器、荧光灯），满载时的功率因数约为 0.7 ~ 0.85，轻载时则更低。这些感性负载占用大量的无功功率，造成电源容量利用率低，电路损耗大，因此，提高电路的功率因数具有重要的意义。

提高功率因数的意义主要体现在以下两方面：

（1）提高供电设备的利用率，使电源设备的容量得到充分利用。

我们知道，发电机和变压器在正常运行时不能超过其额定电压 U_N 和额定电流 I_N，其额定视在功率是一个确定的值。如一台容量（即视在功率）为 500 kVA 的发电机，如果负载的功率因数 $\cos\varphi = 1$，则它输出的有功功率 $P = S\cos\varphi = 500$ kW，发电机提供的能量全部消耗了，能量的利用率为 100%，如果负载的 = 0.6，发电机仍然提供 500 kVA 的视在功率，但被负载消耗掉的有功功率只有 $P = S\cos\varphi = 300$ kW，其他都被电感或电容占用着并没消耗掉，此时能量的利用率只有 60%。由此可知，负载的功率因数越高，电源供给负载的有功功率 P 就越大，电源的利用率就越高。

（2）减小输电线路的功率损耗，提高输电效率。

因为 $P = UI\cos\varphi$，所以输电线路的传输电流为

$$I = \frac{P}{U\cos\varphi}$$

如果传输功率 P 不变，当电路电压和功率不变时，功率因数 $\cos\varphi$ 越高，则线路中的传输电流 I 越小，线路中的功率损耗 $P_{损} = I^2 r_{线}$ 和损耗电压 $U_{损} = I r_{线}$ 随之减小，输电效率则提高。因此，在实际工作中要设法提高功率因数。

步骤 2：探究提高功率因数的方法

目前广泛应用的提高功率因数的方法是在感性负载两端并联适当的补偿电容器，利用电容器的无功功率与电感的无功功率相互补偿，抵消电感对无功功率的占用，从而达到提

高功率因数的目的。其电路如图 8-54（a）所示。

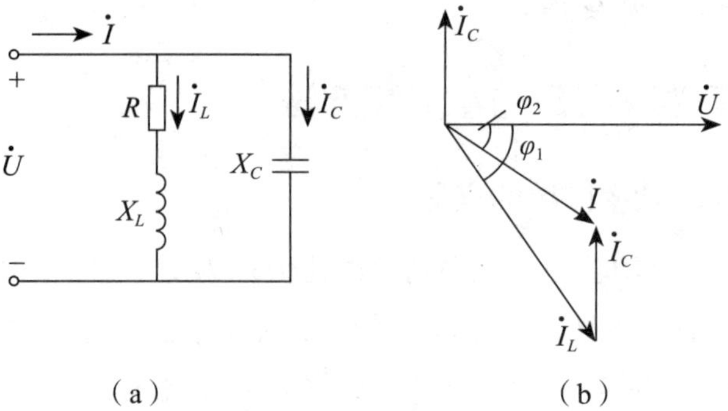

图8-54　功率因数的提高

8-54（b）为并联电容后的相量图，从图中可以看出，$\dot{I}_L$ 为没并联电容之前的负载电流，$\dot{I}_L$ 滞后于电压 φ_1 角，线路中的总电流（$\dot{I}=\dot{I}_L$）也滞后于电压 φ_1 角，电路的功率因数为 $\cos\varphi_1$；并联电容后，负载电流 $\dot{I}_L$ 不变，而线路总电流变为 $\dot{I}=\dot{I}_L+\dot{I}_C$，通过相量图分析，此时的总电流 $\dot{I}$ 滞后于电压 φ_2 角，电路的功率因数变为 $\cos\varphi_2$，由于 $\varphi_2<\varphi_1$，因而 $\cos\varphi_2>\cos\varphi_1$，电路的功率因数得到了提高。当然，并联的补偿电容的电容量必须通过计算，电容量适当才能达到我们预期的目的。应用于电力系统的补偿电容器外形如图 8-55 所示。

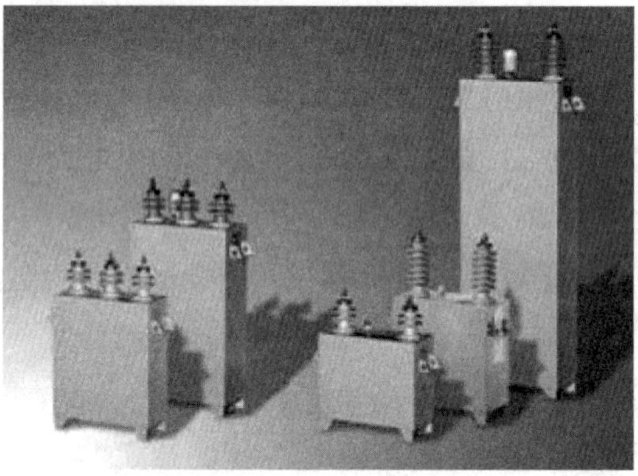

图8-55　补偿电容器

任务检测

1. 在RL串联电路中，已知$R=30\ \Omega$，$L=445\ \text{mH}$，电源电压为$U=220\sqrt{2}\sin(314t+\frac{\pi}{3})\text{V}$，试求：

（1）电路中的电流；

（2）有功功率、无功功率、视在功率和功率因数。

2. 如图 8-56 所示的 RC 串联移相电路中，电容 $C = 0.12\ \mu\text{F}$，输入的正弦电压频率 $f = 100\ \text{Hz}$，电压的有效值为 1 V。要使输出电压 u_0 滞后输入电压 $u_I\ \frac{\pi}{3}$，试求电阻 R 的值应为多少？输出电压有效值为多少？

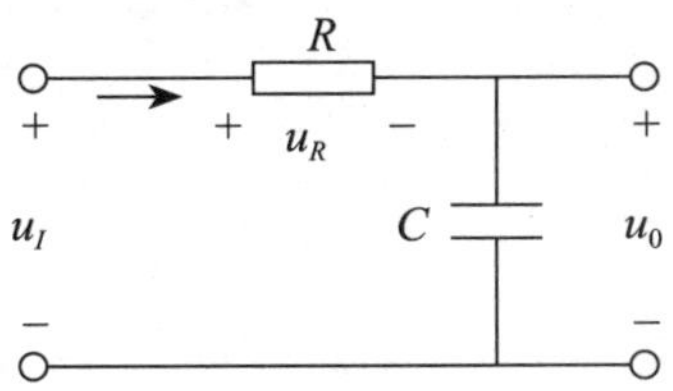

图8-56　RC串联移相电路

3. 如图 8-57 所示，已知 $u = 28.28\sin(\omega t + 45°)\text{V}$，$R = 8\ \Omega$，$X_L = X_C = 6\ \Omega$，则各电流表、电压表的读数为：(V) 的读数为 ＿＿＿＿＿；(A) 的读数为 ＿＿＿＿＿；(V_1) 的读数为 ＿＿＿＿＿；(V_2) 的读数为 ＿＿＿＿＿；(V_3) 的读数为 ＿＿＿＿＿；(V_4) 的读数为 ＿＿＿＿＿；(V_5) 的读数为 ＿＿＿＿＿。

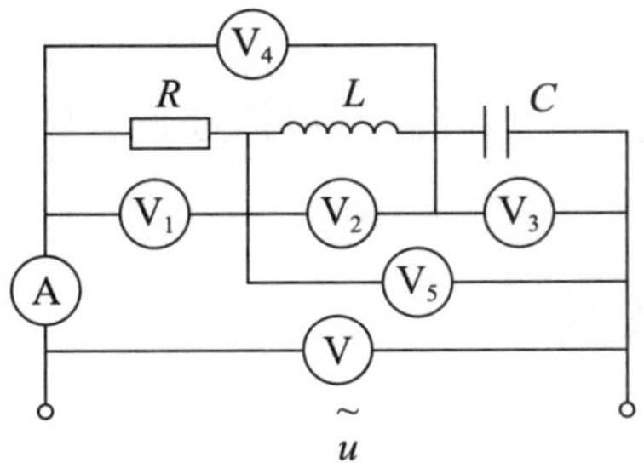

图8-57　R-L-C电路

任务三 认识常用的电光源及荧光灯的安装

任务描述

将电能转换为光能的器件或装置称为电光源。白炽灯的发明使人类从漫长的火光照明进入电气照明时代，从此电光源广泛应用于日常照明、工农业生产、国防和科研等方面。随着科学技术的发展，新型节能灯具不断涌现。

常用的电光源有：热至发光电光源（如白炽灯、卤钨灯等）、气体放电发光电光源（如荧光灯、高压汞灯、高压钠灯、霓虹灯等）、LED（发光二极管）发光光源。

任务目标

1. 认识常用照明电光源；
2. 了解常用电光源的结构、应用场合；
3. 会安装荧光灯电路。

任务实施

一、任务准备

常用的各种电光源，荧光灯实训套件（包括灯管、灯座、镇流器、启辉器、开关、导线）一套，电工工具一套。

步骤 1：认识常用的电光源

1. 白炽灯

普通白炽灯如图 8-58（a）所示，是利用最早的一种电光源，它是根据热辐射原理制成的。白炽灯的灯丝是由钨丝制成的，绕成单旋或双螺旋状，通过电流灯丝被加热至 3 600 ℃左右的白炽状态而发光。由于结构简单、易于制造、价格低廉、使用方便，是应用最广的电光源。但它的能量转换效率低，大部分能量转化为热能损失，可见光不多，发光效率低（12% ~ 18%）和使用寿命短是它的主要缺点。

近些年发展起来的涂白白炽灯、氪气灯和红外反射膜白炽灯，在提高发光效率和延长使用寿命方面有了进一步的改善。涂白白炽灯是在灯泡的玻璃壳上涂以白色的无机粉末，可提高 5%的发光效率，比普通白炽灯发光柔和、感觉舒适。氪（Kr）气灯是以导热率低的氪气替代普通白炽灯的氩（Ar）气和氮（N）气等惰性气体作为填充气，可减少灯丝的热损失和气化速率，发光效率可提高 10%，使用寿命能延长一倍。红外线反射膜白炽灯是在灯泡玻璃表面镀上透光的红外线反射膜，把灯丝反射的红外线再反射回灯丝，通过提高灯丝温度来提高发光效率，可节电 1/3 以上。这些新的白炽灯种，依靠在光效和寿命方面的优势，正在部分取代普通白炽灯。

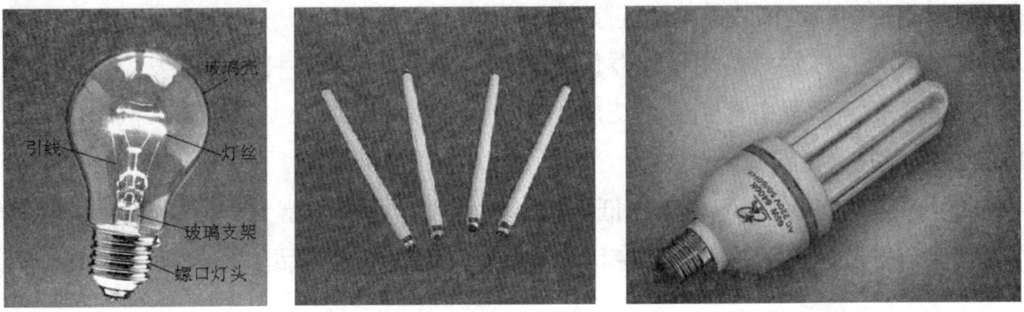

（a）白炽灯　　（b）荧光灯　　（c）节能灯

图8-58　常用电光源

2. 荧光灯

为提高光效，在 20 世纪 40 年代初发明了荧光灯，如图 8-58（b）所示，因其光色接近日光又称日光灯。荧光灯管两端各有一灯丝，灯管内充有稀薄的汞蒸气，灯管内壁上涂有荧光粉，两个灯丝之间的气体导电时发出紫外线，使荧光粉发出柔和的可见光。它的发光效率是普通白炽灯的 3 倍以上，使用寿命是普通白炽灯的 4 倍，而且灯壁温度低，它是替代低效白炽灯的主要灯种。荧光灯的应用领域极为广泛，在住宅、办公、商场、宾馆、车间、医院、展示厅等很多场所得到了广泛应用。它的缺点是在使用电感镇流器时，功率因数低，还有频闪效应，长期在日光灯下工作，眼睛容易疲劳，会影响视力。

3. 节能灯

随着科技的发展，近几年又发明了一种新型的电光源——节能灯，如图 8-58（c）所示，又叫紧凑型荧光灯，是镇流器和灯管一体化的新型电光源。电子节能灯的核心部分是灯管和电子镇流器。灯管涂有三基色荧光粉，能发出更亮的光，比标准荧光灯更接近太阳光，可以大大提高发光效率；电子镇流器采用电子元件，功耗小，重量轻，可以方便地安装在灯内，大大减小灯的重量，更突出的特点是提高工作频率后，感觉不到灯的闪烁，大幅改善了频闪效应，同时也兼有白炽灯和荧光灯的主要优点。电子节能灯可直接安装在白炽灯的灯头上，在同样光通量下可节电 70% ~ 80%，是替代白炽灯最理想的电光源。另外，灯管可以做成各种形状，起到装饰的效果，所以节能灯成了室内装修的时尚灯。由于电子节能灯发光效率高，无污染、无噪音、无闪烁，被人们誉为“绿色光源”，它将成为家庭使用的主要电光源。

4. LED 灯

白炽灯由于发光效率低已逐步被发光效率较高的荧光灯代替，但荧光灯的灯管中含汞，会对环境造成严重污染，因此这些传统的电光源正在逐步被新型电光源取代，如图 8-59（a）所示的 LED 灯，就是一种新型的节能型电光源，正在逐步取代传统的电光源。LED 灯是利用发光二极管发光的，核心部分是半导体材料组成的晶片，微小的半导体晶片被封装在洁净的环氧树脂中，通过加装的电极连接在电路中。

最初的发光二极管只是用作仪器仪表的指示光源，后来各种颜色的发光二极管在交通信号灯和大面积显示屏中得到了广泛应用，产生了很好的效果。近年来，汽车信号灯也成为 LED 灯应用的重要领域。

LED 灯具有体积小、低电压、低电流、功耗小、色彩丰富、寿命长、无污染等优点，正在得到快速普及和发展，国家已将其作为重点发展的节能产品。

（a）LED 灯　（b）高压汞灯　（c）高压钠灯

图8-59　常用电光源

5. 高压汞灯（钠灯）

高压汞灯，如图 8-59（b）所示，与荧光灯一样同属气体放电光源。但是，它具有较高的光效、较长的寿命、较强的抗震性能，其缺点是显色性较差。它由荧光泡壳和放电管两部分组成，放电管是核心部分，用石英玻璃制成，内充汞与惰性气体。放电时，内部汞蒸气压为 2 ~ 5 个大气压，因此称为高压汞灯。通电后放电管内的高压汞蒸气产生弧光放电，发出很强的可见光和紫外线，紫外线照射在荧光泡壳上，发出大量可见光。高压汞灯从启动到正常工作需要一段时间，通常为 4 ~ 10 分钟。高压汞灯熄灭以后，不能立即启动。因为灯熄灭后，内部还保持着较高的汞蒸气压，要等灯管冷却，汞蒸气凝结后才能再次点燃。冷却过程需要 5 ~ 10 分钟。高压汞灯适用于较大面积照明，例如街道、广场、没有色差要求的仓库、车间等。

高压钠灯，如图 8–59（c）所示，也是一种高气压放电灯，它是利用高压钠蒸气放电的电光源。高压钠灯使用时发出金色光，具有发光效率高、耗电少、寿命长、透雾能力强和不诱虫等优点。适用于多雾、多尘的照明场所，高压钠灯广泛应用于街道、桥梁、高速公路等大型露天场地的照明，已逐步取代相对而言耗能大的高压汞灯。最近开发出来的颜色改善型和高显色型高压钠灯，可用于对颜色有要求的体育馆、剧场、展览厅、大型超市等场所照明。

高压钠灯在工作时，电路中除了灯泡外，还必须按内触发高压钠灯或外触发高压钠灯分别选用相应的工作电路，方可达到高压钠灯正常工作的要求。

步骤 2：认识荧光灯电路的组成及工作原理

荧光灯是日常生活中最为常见的照明灯具，无论是居室、办公室、宿舍还是教室都可以看到荧光灯的身影，因此，认识荧光灯电路、会荧光灯电路的安装是我们要掌握的基本技能。

1. 认识荧光灯电路各组成部件

荧光灯电路由灯管、镇流器、启辉器及开关组成，如图 8–60 所示。

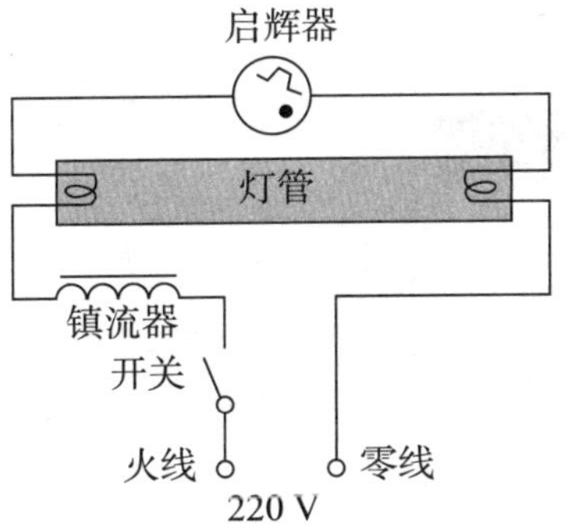

（a）原理图

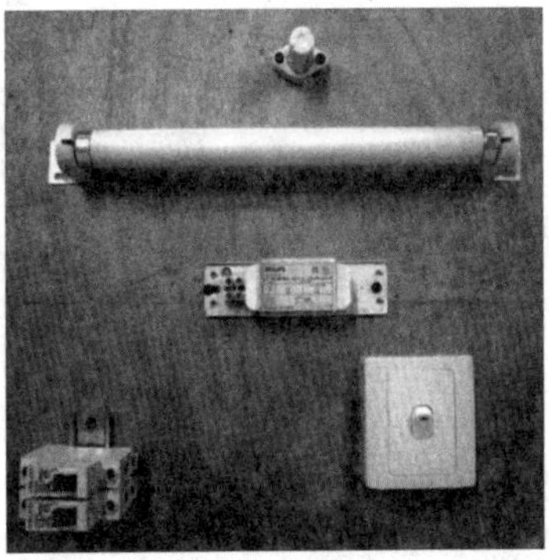

（b）实物图

图8–60　荧光灯电路

（1）灯管

荧光灯灯管两端各有一个灯丝，管中充有稀薄的氩和微量的水银，管壁上涂着荧光粉如图 8–61（a）所示。荧光粉的种类不同，发光的颜色也不一样。现在有一种新型的 LED 荧光灯管正在逐步普及，如图 8–61（b）所示。

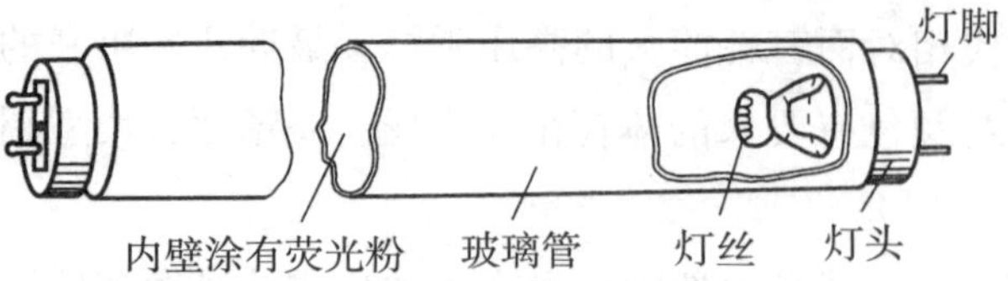

（a）荧光灯管

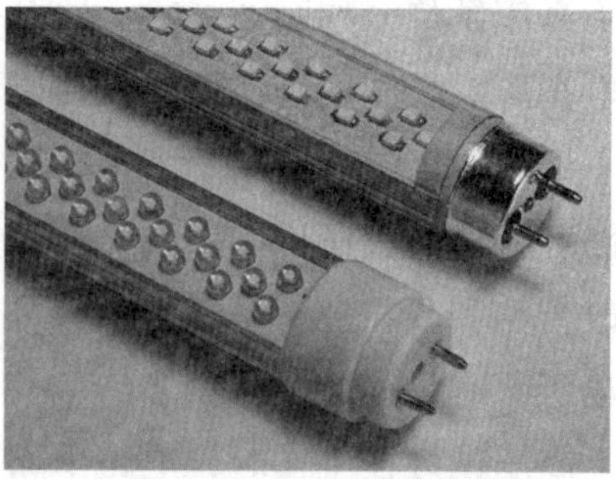

（b）LED荧光灯管

图8-61 荧光灯灯管结构

（2）镇流器

镇流器其实就是一个带铁芯的大电感线圈。如图 8-62 所示。

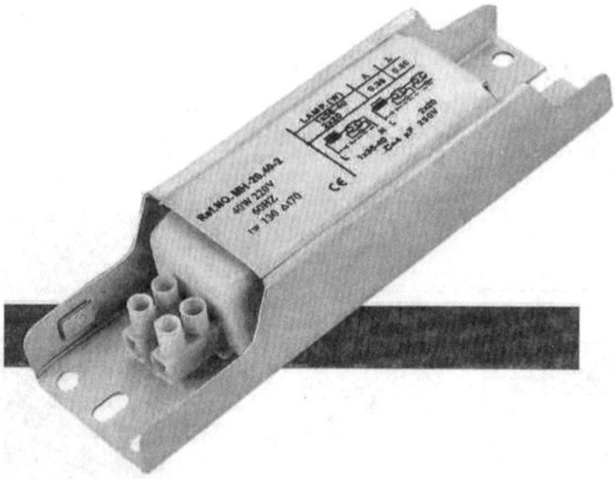

图8-62 荧光灯镇流器

（3）启辉器

启辉器是一个充有氖气的小玻璃泡，如图 8-63 所示，里面装有两个电极，一个固定的静触片，另一个是由双金属片制成的 U 形动触片。为了防止启辉器通断时产生干扰信号，在启辉器的两个电极上并联一个电容器。

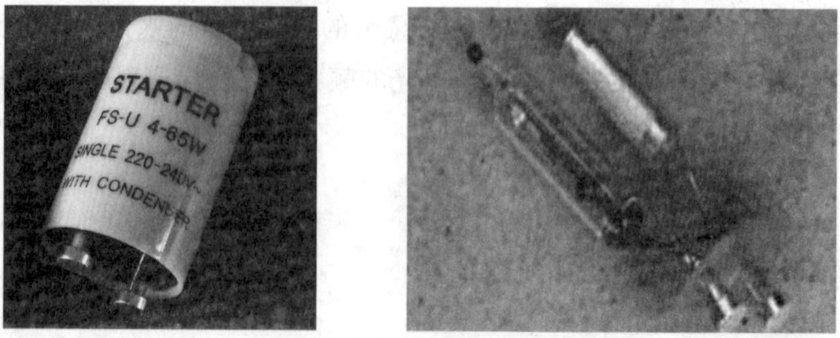

图8-63 启辉器结构

2. 荧光灯电路工作原理

当开关闭合后，电源电压加在启辉器的两极之间，使启辉器中的氖管放电而发出辉光，辉光产生的热量使U形触片膨胀弯曲，与静触片接触而使电路接通，于是镇流器和灯丝中就有电流通过。电路接通后，启辉器中的氖管停止放电，U形触片冷却收缩，两个触片分离，电路自动断开。

在电路突然断开的瞬间，镇流器两端产生一个瞬时高电压，这个电压和电源电压一起加在灯管两端，使灯管中的水银蒸气产生弧光放电，弧光放电时产生的紫外线激发了灯管壁上的荧光粉使灯管发光。

步骤3：安装荧光灯电路

1. 实训器材

电工工具1套，万用表一块，荧光灯安装板1块，荧光灯套件（220 V、40 W，包括灯管、灯座、启辉器、镇流器）1组，电源开关1个，灯开关1个，导线若干，所需器材如图8-64所示。

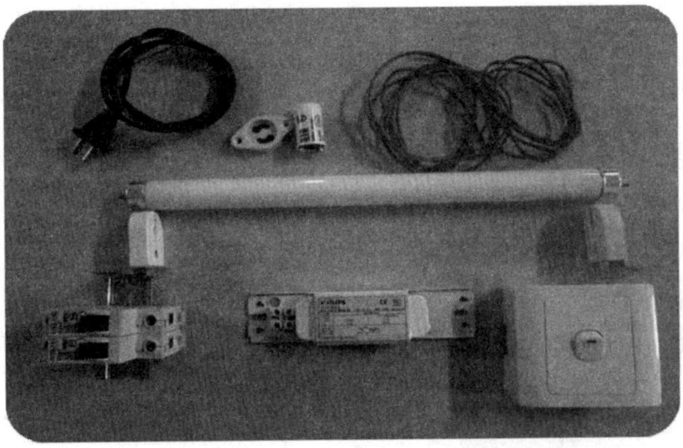

图8-64　荧光灯电路安装实训器材

2. 实训要求

（1）不允许带电操作，即荧光灯接好后再接通电源；

（2）相线进开关，各接线点要接牢，不能松动；

（3）灯管和镇流器的功率应相同，否则，灯管不能发光或会使灯管和镇流器损坏。

3. 实训步骤

（1）根据安装要求在安装板上标画出各元器件的位置和导线的走向；

（2）按图8-65（a）所示，在荧光灯安装板上安装固定好各部件；

（3）按图8-65（a）所示的接线示意图在实物接线板上接线，安装完成的效果图如图8-65（b）所示；

（4）通电前用万用表检查线路有无短路、断路故障；

（5）再经老师检查后，即可通电，看灯管是否正常发光。

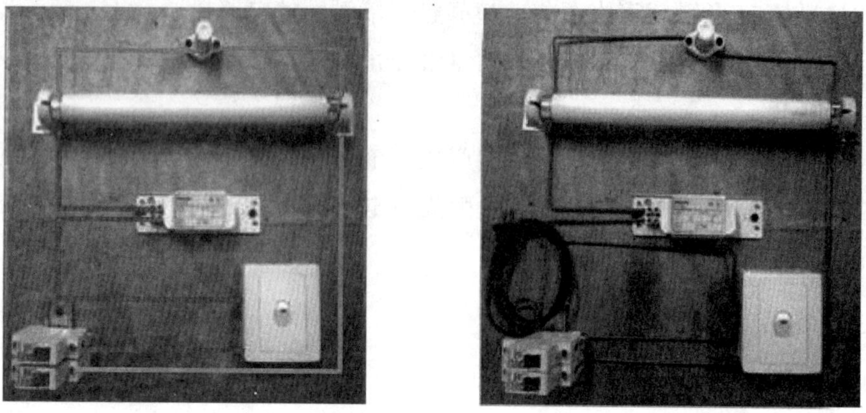

（a）接线示意图　　（b）安装完成图

图8-65　荧光灯电路安装图

步骤 4：认识电子镇流器式荧光灯电路

目前，还有一种应用更为普及的电子镇流器式荧光灯，它的成本更低，这种电子镇流器，如图 8-66（a）所示，不但具有电感镇流器的功能，还涵盖了启辉器功能，使得电路更为简单。电子镇流器一般有 6 根出线，其中 2 根接电源，另外 4 根分为两组，分别接灯管两边灯丝，如图 8-66（b）所示。

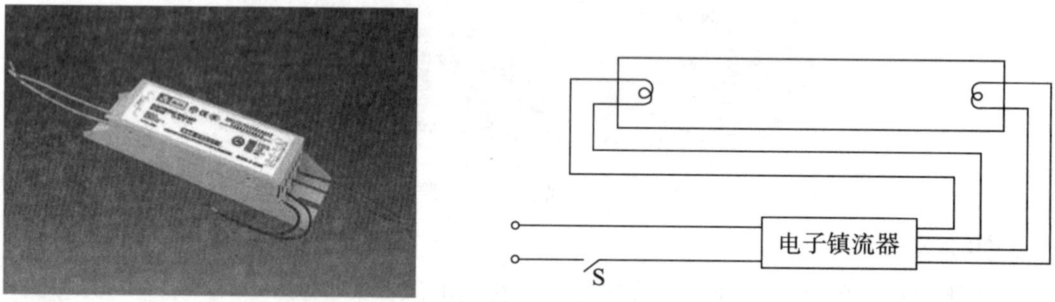

（a）电子镇流器　　（b）接线图

图8-66　电子镇流器荧光灯电路

任务检测

1. 灯管点亮后，拔下启辉器，灯还亮吗？这时将开关断开，灯灭，重新闭合开关，灯还亮吗？

2. 正常工作时，灯管两端的电压大概为多少？镇流器两端的电压大概为多少？这两个电压的和为什么不等于总电压 220 V？

任务四　安装照明电路配电板

任务描述

每一个单相交流电用户在进户处都装有一个配电板，将配电板装入专用的箱内，便成为配电箱；装在屏上，则为配电屏。配电板是连接电源与用电设备的中间装置，它除了分配电能外，还具有对用户的用电情况进行控制、计量、指示及保护等功能。配电板一般由单相电能表、电源开关和熔断器等组成，如图 8-67 所示。

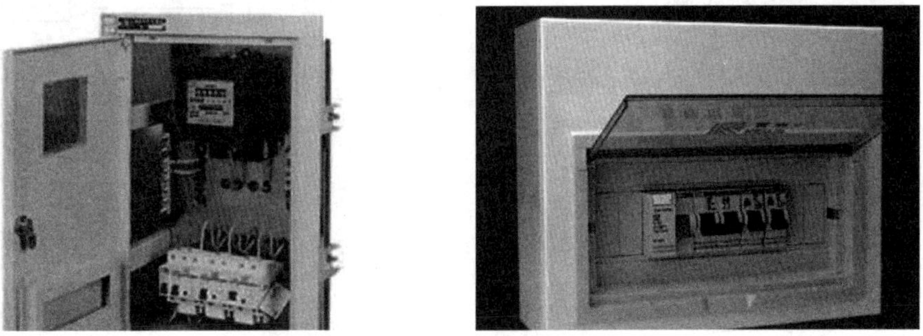

图8-67　照明电路配电板的组成

任务目标

1. 了解照明电路配电板的组成；
2. 认识电能表、开关、保护装置等器件的结构、性能和用途；
3. 会安装照明电路配电板。

任务实施

一、任务准备

单相电能表 1 只，电源开关 1 只（闸刀开关或低压断路器），熔断器（插入式或封闭管式）2 只，配电板（木制、硬塑料或金属的）一块，墙壁开关 1 只，白炽灯泡（带灯座）一套，电工工具一套，导线适量。

步骤 1：认识电能表

1. 单相感应式电能表

电能表又叫电度表，是用来计量在一段时间内负载消耗电能的测量仪表。电能表有单相电能表和三相电能表两种，单相用电电路（如照明电路）选用单相电能表。图 8-68 为单相感应式电能表的外形及结构。

（a）外形

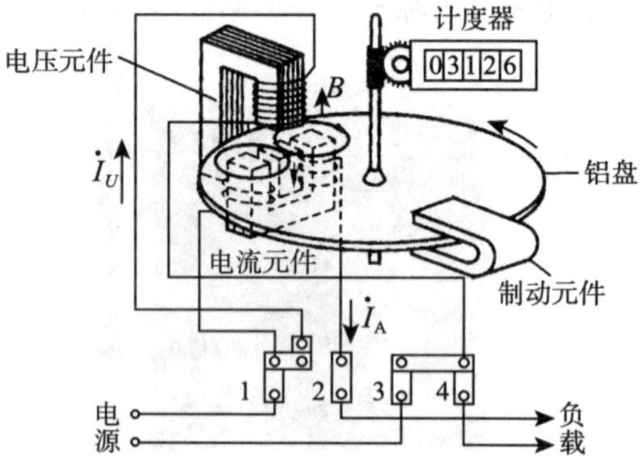

（b）结构

图8-68　单相感应式电能表的外形及结构

电能表的内部结构如图 8-68（b）所示，主要由驱动元件、转动元件、制动元件和计度器四部分组成。其工作原理为：当驱动元件中的电压线圈和电流线圈中有交流电流通过时，在转动元件（铝盘）种感应出涡流，涡流在磁通的作用下产生转动力矩使铝盘转动，铝盘的转动速度与负载消耗的功率成正比，铝盘通过传动蜗杆、蜗轮带动计度器即可显示出负载消耗的电能及“度”数。

单相电能表的接线盒里共有四个接线柱，从左到右按 1、2、3、4 编号，接线方法一般按 1、3 接电源进线，2、4 接出线，如图 8-69 所示。有些电能表的接线比较特殊，所以具体的接线方法应参照电能表接线盒盖子上的接线图。

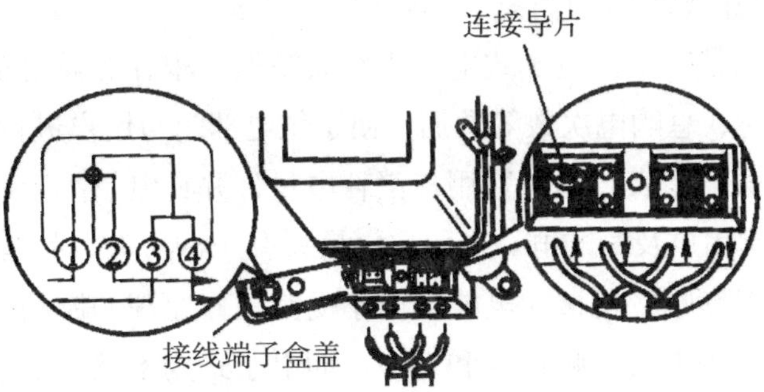

图8-69　单相电能表的接线图

2. 电子式电能表

随着电子工业的发展，电能表正在向高智能、高精度、高可靠性和全自动计费的方向发展，近年来，电子式电能表（图 8-70 所示）已经得到广泛应用。

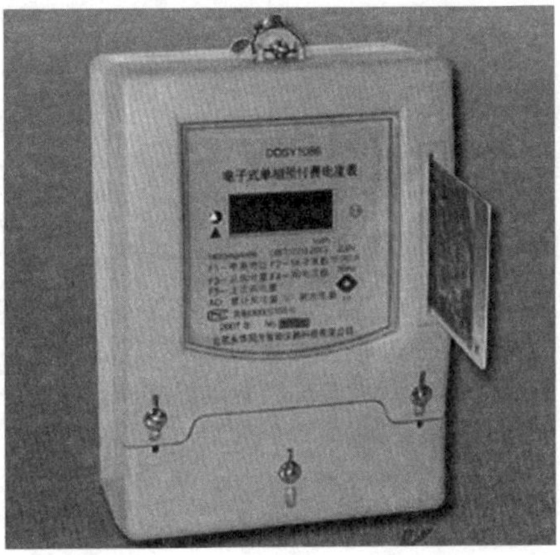

图8-70　电子式电能表

电子式电能表是采用电子乘法器实现功率运算的新型电能计量仪表。具体是把输入的电压信号和电流信号经分压器和互感器进行增益和相位补偿后，分别送至有功乘法器和无功乘法器产生脉冲信号，经过处理器、检测器等电路准确地测量出有功、无功、视在功率电能，并进行各种费率时段的处理和计算。

电子式电能表的优点主要有：

（1）精度高、误差小。测量精度可达 0.5 级以上。

（2）省去抄表环节。实现电量预购功能是电子式电能表的主要特点，用户到供电部门预先购买了电量，就不用抄表员去用户处抄表，减少用工成本。

（3）便于信息化管理。电子式电能表装有微电脑和专用程序，所有程序和数据处理均自动完成。供电部门可通过计算机售电管理系统对用户实现预购电量、预置最大负荷限制、对电卡进行密码设置等功能。同时按需要储存用户表的出厂表号、表常数、计度器初始值、用户住址、姓名等相关信息以便进行系统的管理。

（4）记录判断及报警功能。电子式电能表在其数据卡中存有总电量、本次剩余电量和上次剩余电量、负电量、总购电次数等数据，便于供电部门与用户进行信息传递，保护供、需双方的利益。电子式电能表自动计算用户消耗电量，并在电量小于一定量时数码管常亮并显示所剩电量，提醒用户及时购电。当用户电量只有 5 kWh 时，报警提醒用户购电。

（5）不受安装位置影响。机械式电能表由于受其工作原理的制约，对其安装位置尤其是悬挂角度要求很高，否则会影响精度和寿命。而电子式则不然，由于采用电子技术，其精度取决于采样及运算的准确度，而与安装位置无关。

步骤 2：认识电源开关

1. 刀开关

刀开关又称“闸刀开关”，是结构最简单、应用广泛的一种电源开关。HK 系列瓷底胶盖刀开关如图 8-71 所示。

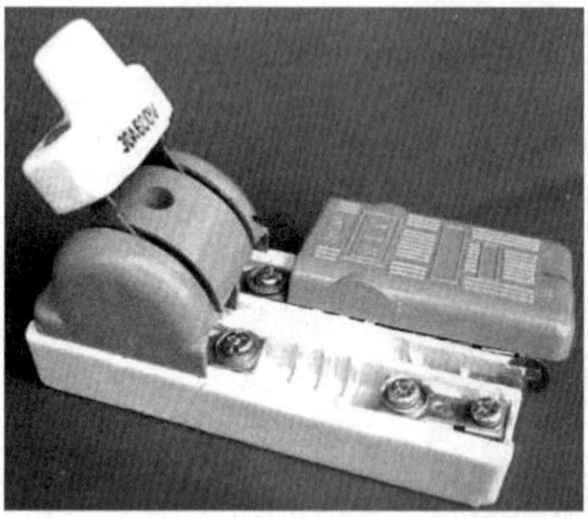

（a）外形

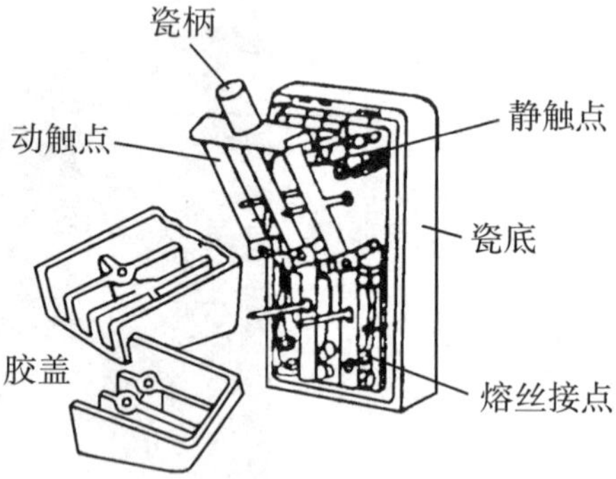

（b）结构

图8-71　HK系列闸刀开关的外形及结构

HK 系列瓷底胶盖刀开关，由刀开关和熔断器组合而成，开关的瓷座上装有进线座、静触点、熔体、出线座和带瓷质手柄的刀式动触点，没有灭弧装置，仅利用上面胶盖的遮护以防电弧灼伤人手，因此不宜带负载操作，合闸、拉闸动作要迅速，使电弧很快熄灭。因其结构简单、操作方便、价格便宜，在一般的照明电路中仍可采用。

安装 HK 系列刀开关时，手柄要向上，不得倒装或平装，否则在分断状态手柄有可能松动落下引起误合闸，造成人身安全事故；开关距地面的高度为 1.3 ~ 1.5 m；接线时进线和出线不能接反，电源线接在上端，负载接在熔丝下端；更换熔体时，必须在闸刀断开的情况下按原规格更换。

2. 低压断路器

低压断路器又叫自动空气开关，是低压配电网络中常用的一种配电电器。在正常情况下可用于不频繁接通和断开电路。当电路发生短路、过载和失压等故障时，能自动切断电路（俗称跳闸）。其特点是保护功能多、事故动作后不需要更换元件、动作电流可按需要整定、工作可靠、安装方便、分断能力强。

低压断路器主要由三部分组成：触点、各种脱扣器和操作机构，全部机构装在塑料壳内，如图 8-72 所示。

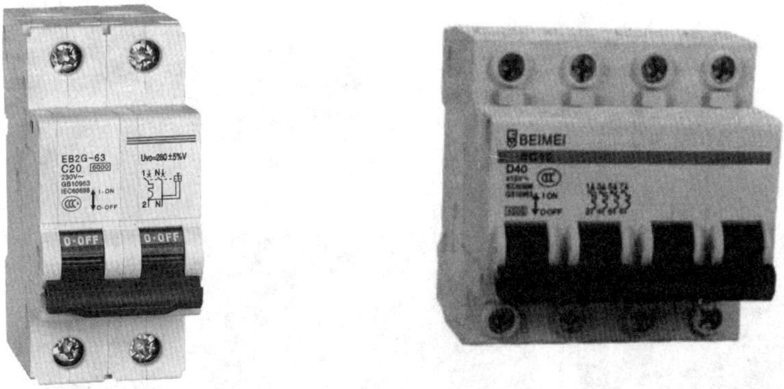

图8-72　低压断路器

步骤 3：认识熔断器

熔断器在低压配电网络中用来作短路保护。使用时，熔断器应串联在所保护的电路中。当线路或设备发生短路时，通过熔断器的电流达到或超过某一规定值，以其自身产生的热量使熔体熔断，使线路或电气设备脱离电源，起到保护作用。它结构简单、分断能力高、安装体积小、动作可靠、使用维护方便，还可以起到使电路与电源隔离作用。

熔断器主要由熔体、安装熔体的熔管和熔座三部分组成。低压配电网络中常用熔断器的外形如图 8-73 所示。

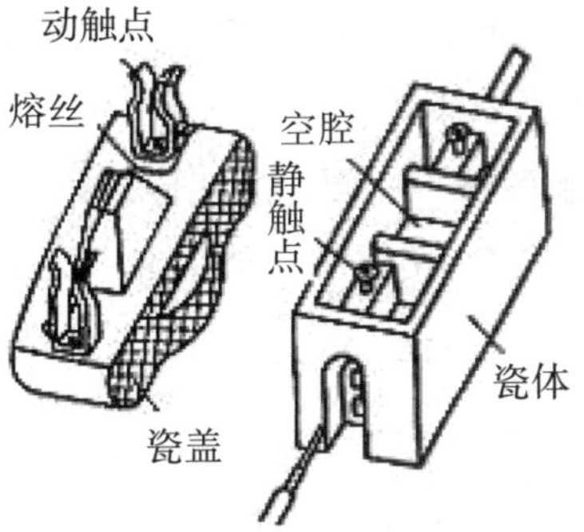

（a）瓷插式

（b）封闭管式

图8-73　熔断器

步骤 4：安装配电板电路

1. 实训器材

单相电能表 1 只，电源开关 1 只（闸刀开关或低压断路器），熔断器（插入式或封闭管式）2 只，配电板（木制、硬塑料或金属的）一块，墙壁开关 1 只，白炽灯泡（带灯座）一套，电工工具一套，导线适量，所需器材如图 8-74 所示。

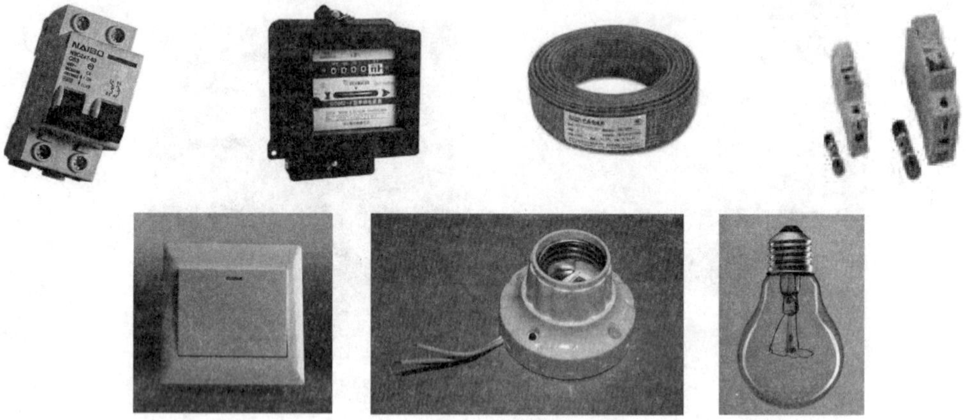

图8-74　配电板实训器材

2. 实训要求

（1）在配电板上要按预先的设计进行安装，元器件安装位置必须正确，同类元器件安装方向必须保持一致；

（2）元器件安装牢固，稍加用力摇晃无松动感；

（3）文明安装、小心谨慎，不得损伤、损坏器材。

3. 实训步骤

（1）按照工艺要求，在配电板上确定电能表、闸刀开关、熔断器、灯座的位置后，用铅笔做上记号，并在穿线的位置钻孔，然后用木螺钉将它们固定在盘面上。要求元器件安装的倾斜度不超过 1.5 ~ 5 mm，安装要牢固，无松动感。

（2）按图 8-75 所示电路原理图进行接线，要求接触良好、稳固，配线应排列整齐，做到横平竖直，绑扎成束，用卡钉固定在板面上，完成后的实物接线图，如图 8-76 所示。

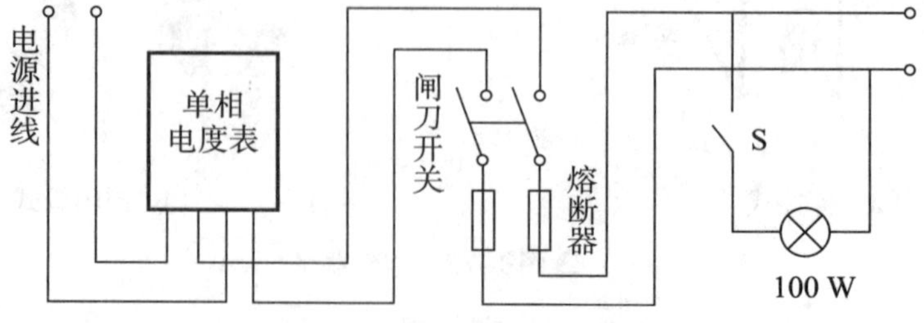

图8-75　配电板电路原理图

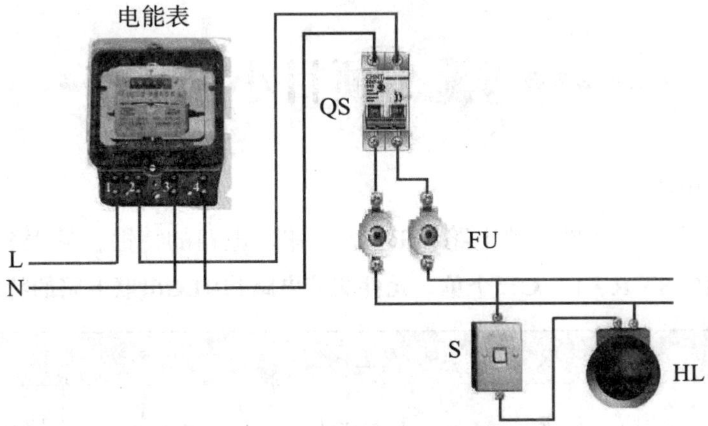

图8-76　配电板实物接线图

（3）线路接好后，仔细检查电路的安装质量、接线是否正确，检查无误后通电试验，检查灯泡亮度是否正常？电度表是否运转？每分钟的转数是否与标度相符？并将相关数据记入表 8-7 中。

表8-7　配电板实验数据

电能表		电源开关		熔断器		电能表每分钟转数
额定电流 /A	1 kWh 对应的转数	额定电流 /A	型号	额定电流 /A	型号	

任务检测

1. 你还知道有哪些其他的新型电能表？
2. 常见配电板主要由哪几部分组成？各部分的作用如何？

项目小结

1. 正弦交流电路

R、L、C 三个单一元件交流电路和 R–L–C 串联电路的特性，见表 8–8。

表8–8　R、L、C三个单一元件交流电路和RLC串联电路的特性表

项 目	R	L	C	RLC串联电路
阻抗	R	$X_L=2\pi fL$	$X_C=\dfrac{1}{2\pi fC}$	$\lvert Z\rvert=\sqrt{R^2+(X_L-X_C)^2}$
电压与电流的数值关系	$U=RI$	$U=X_LI$	$U=X_CI$	$U=\lvert Z\rvert I$
电压与电流相位差 φ	0	$\dfrac{\pi}{2}$	$-\dfrac{\pi}{2}$	$-\dfrac{\pi}{2}<\varphi<\dfrac{\pi}{2}$
有功功率	$P=RI^2=\dfrac{U_R^2}{R}=U_RI$	$P=0$	$P=0$	$P=UI\cos\varphi$
无功功率	$Q=0$	$Q_L=X_LI^2=\dfrac{U_L^2}{X_L}=U_LI$	$Q_C=X_CI^2=\dfrac{U_C^2}{X_C}=U_CI$	$Q=UI\sin\varphi$

2. 串联谐振电路

在 RLC 串联电路中，当 $X_L=X_C$ 时，电路发生谐振。

谐振的条件是电路中的电抗为零，即 $X_L=X_C$

谐振时的频率为：$f_0=\dfrac{1}{2\pi\sqrt{LC}}$

3. 交流电路的功率

有功功率 $P=UI\cos\varphi$ 为电阻元件所消耗的平均功率；无功功率 $Q=UI\sin\varphi$ 是指电感或电容元件在电路中占用的功率；视在功率 $S=UI$ 反映电路可能消耗或提供的最大有功功率。有功功率与视在功率的比值称为功率因数，即 $P/S=\cos\varphi$，φ 称为功率因数角，它是电路总电压与总电流的相位差。

4. 常用的电光源

常用的电光源有：热发光电光源、气体放电发光电光源和 LED 光源。荧光灯是日常生活中最为常见的照明灯具，主要由灯管、镇流器和启辉器组成，镇流器在启辉时为灯管提供瞬时高电压而在正常工作时起分压作用，启辉器相当于自动开关，启辉时将电路接通，正常工作时则断开。

综合测试

一、填空题

1. 正弦交流电压 $u = 220\sqrt{2}\sin\left(100\pi t + \frac{\pi}{3}\right)$ V，将它加在 100 Ω 电阻两端，通过该电阻的电流瞬时值的表达式为 ____________________，将它加在 $C = \frac{1}{\pi}$ μF 的电容器两端，通过该电容器的电流瞬时值的表达式为 ____________________，将它加在 $L = \frac{1}{\pi}$ H 的电感线圈的两端，通过该线圈的电流瞬时值的表达式为 ____________________。

2. 已知一个电感 $L = 5$ H 的线圈，接到电压为 $u = 500\sqrt{2}\sin\left(100t + \frac{\pi}{6}\right)$ V 的电源上，则电感的感抗为 ____________，电流瞬时值的表达式为 ____________________________。

3. 已知一个电容为 $C = 20$ μF 的电容器接到电压为 $u = 311\sin\left(50t + \frac{\pi}{6}\right)$ V 的电源上，则电容的容抗 ____________，电流瞬时值表达式为 ____________________________。

4. 在 R–L–C 串联电路中，总电压与各分电压的有效值关系为 ____________________，总阻抗为 ______________，当电路满足 _________ 条件时，电路呈感性，总电压 _____（超前或滞后或同相）电流，当电路满足 _________ 条件时，电路呈容性，总电压 _________ 电流，当电路满足 _______ 条件时，电路呈阻性，总电压与电流 _______，并称电路的这种状态为 _________，此时电路中的电抗为 _______，其频率 $f_0 =$ _________。

5. 在交流电路中，P 表示 ___________，单位为 ______，它是电路中 ______ 元件消耗的平均功率。Q 称为 _________，单位是 ______，它是电路中 ______ 或 ______ 元件与电源进行能量交换时瞬时功率的最大值。S 称为 __________，单位是 ______，它是 ______ 提供的总功率。

6. 纯电阻电路的功率因数为 _______，纯电感电路的功率因数为 _______，纯电容电路的功率因数为 ______________。

二、选择题

1. 下列关于纯电阻的说法中正确的是（　　）。

A. 在纯电阻电路中有效值、最大值、瞬时值均满足欧姆定律

B. 电阻在一个周期内消耗功率的平均值为 0

C. 电阻不消耗功率

D. 只有有效值满足欧姆定律

2. 下列关于纯电感的说法中正确的是（　　）。

A. 在纯电感电路中，有效值、最大值、瞬时值均满足欧姆定律

B. 在纯电感电路中，有效值、最大值均满足欧姆定律；瞬时值不满足欧姆定律

C. 纯电感的感抗与频率成反比

D. 纯电感在一个周期内的无功功率为 0

3. 下列关于纯电容的说法中正确的是（　　）。

A. 在纯电容电路中，有效值、最大值、瞬时值均满足欧姆定律

B. 在纯电容电路中，只有瞬时值满足欧姆定律

C. 纯电容器的容抗与频率成正比

D. 纯电容器在一个周期内消耗的有功功率为零

4. 下列元器件中消耗电能的是（　　）。

A. 纯电容　　B. 纯电感　　C. 纯电阻　　D. 以上答案都正确

5. 对于交流电来说，下列说法正确的是（　　）。

A. 交流电的频率越高，纯电阻对其的阻碍作用越大

B. 交流电的频率越高，纯电容对其的阻碍作用越大

C. 交流电的频率越高，纯电感对其的阻碍作用越大

D. 纯电阻、纯电容、纯电感对交流电的阻碍作用与频率无关

6. 电路如图 8–77 所示，电路为电感性电路的条件是（　　）。

A. $R=4\ \Omega$、$X_L=1\ \Omega$、$X_C=2\ \Omega$

B. $R=4\ \Omega$、$X_L=0\ \Omega$、$X_C=2\ \Omega$

C. $R=4\ \Omega$、$X_L=3\ \Omega$、$X_C=2\ \Omega$

D. $R=4\ \Omega$、$X_L=3\ \Omega$、$X_C=3\ \Omega$

7. 如图 8–78 所示，电路在开关 S 断开时谐振频率为 f_0，在开关 S 合上后电路的谐振频率为（　　）。

A. $2f_0$　　B. $1/2f_0$

C. f_0　　D. $1/4f_0$

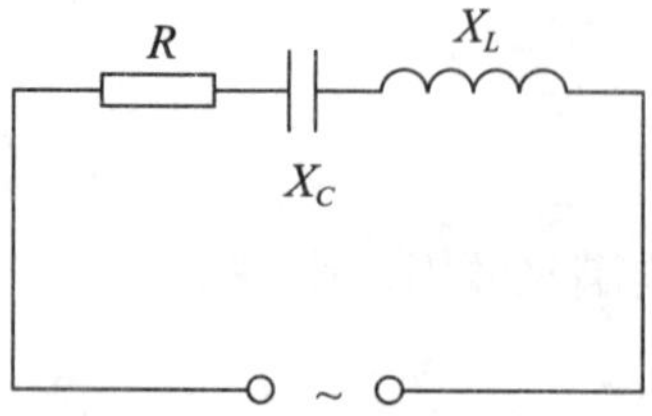

图8–77　选择题6题图

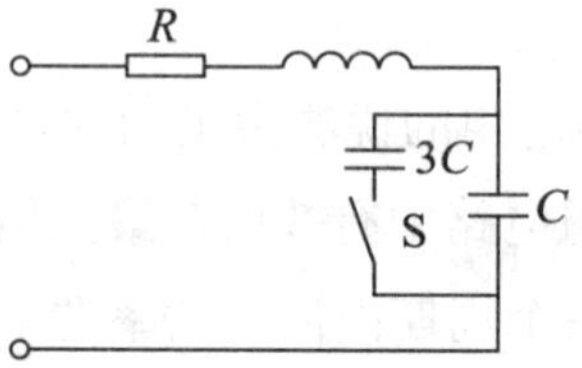

图8–78　选择题7题图

8. 如图 8–79 所示，当交流电源的电压为 220 V，频率为 50 Hz 时，三只白炽灯的亮度相同。现将交流电的频率改为 100 Hz，则下列情况正确的应为（　　）

A. A、B、C 灯均比原来亮

B. A 灯比原来亮，C 灯和原来一样亮

C. B 灯比原来亮，C 灯和原来一样亮

D. A、B、C 灯和原来一样亮

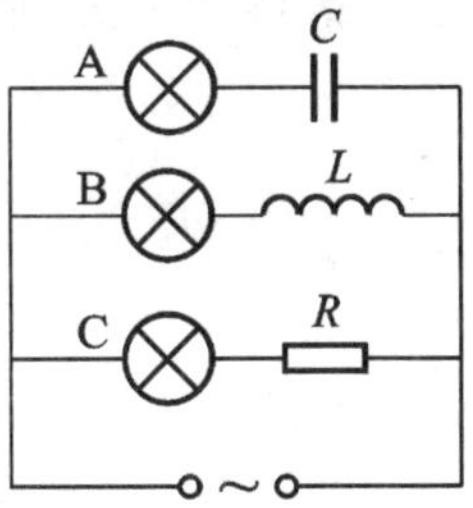

图8–79　选择题8题图

三、计算题

1. 把电感为 10 mH 的纯电感线圈，接到 $u = 141\sin\left(1000t + \frac{\pi}{6}\right)$ V 的电源上，试求：（1）电流有效值；（2）电流的瞬时值表达式；（3）画出电压、电流的相量图；（4）有功功率；（5）无功功率

2. 在 R–L–C 串联电路中，已知电路两端电压 $u = 220\sqrt{2}\sin(1000t + 60°)$ V，电阻 $R = 30\ \Omega$，电感 $L = 80$ mH，电容 $C = 25\ \mu$F。

试求：（1）电路中电流的有效值；（2）分析电路的性质；

（3）有功功率、无功功率和视在功率。

四、简答与作图题

1. 某家庭电路，要安装一盏白炽灯、一个两孔插座，一个三孔插座，用电能表计算电能、用熔断器作短路保护，用闸刀开关作总隔离开关，试解答：（1）请说明图 8–80 所示电路中 A、B、C 处需要安装器件的名称；（2）指出已连接器件中的错误。

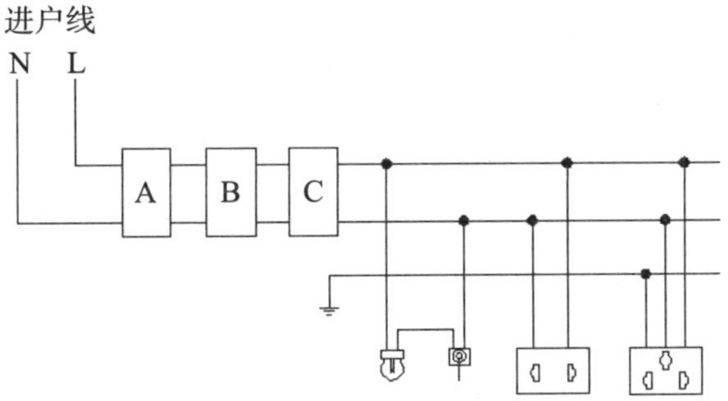

图8–80　简答与作图题1题图

2. 请将图 8-81 所示照明电路补画完整。

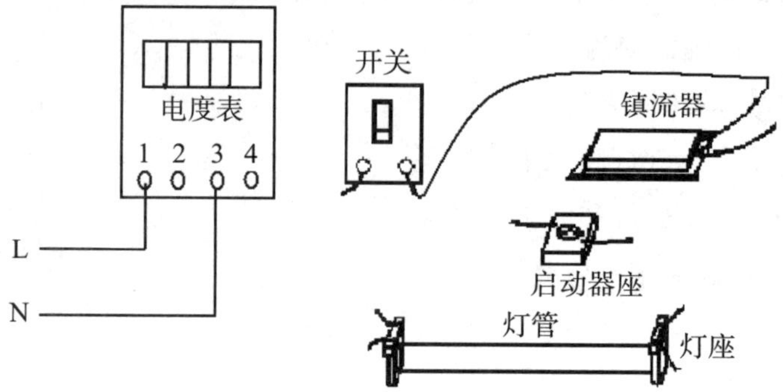

图8-81 照明电路

项目九

分析三相正弦交流电路

项目概述

在较大容量的电力供用电系统中，广泛使用的是三相交流电，三相交流电是由发电厂里的三相交流发电机发出的。发电厂分为火力发电厂、水力发电厂、核能发电厂、风力发电厂、太阳能发电厂等。由于三相交流电有很多优点，在工农业生产上得到广泛采用，对国民经济的发展起着至关重要的支撑作用，即使日常生活中的单相交流电，绝大多数也是从三相交流电源中获得的。三相正弦交流电路是在单相正弦交流电路基础上学习的，两者有着密切的联系。因此，学习三相交流电路的基础知识不仅是学习后续专业技术课的需要，而且具有现实意义。通过本项目的学习，希望学生能够达到以下目标。

项目目标

1. 了解对称三相交流电、相序的概念；
2. 理解三相对称电源星形连接方式及其特点；
3. 掌握对称三相负载星形、三角形连接时，相电压和线电压、相电流和线电流的关系；
4. 掌握对称三相电路电压、电流和功率的计算；
5. 理解中性线的作用；
6. 了解安全用电的基本常识。

任务一 认识三相交流电源

任务描述

一个线圈在磁场里转动，产生一个交变电动势，这时发出的交流电叫作单相交流电；如果有三个互成一定角度的线圈在磁场里同时转动，就会产生三个交变电动势，这三个交变电动势有什么特点？它们又是如何对外供电的呢？通过本任务的学习，我们将对三相交流电的产生及特点有一个初步的认识，对三相交流电源的星形连接及相线和中性线、线电压和相电压有一个系统的认识。

任务目标

1. 理解三相对称电动势、相序的概念；
2. 掌握三相对称电动势的表示法；
3. 理解三相四线制供电系统的特点。

任务实施

一、任务准备

进入居民用户家中的电线有两根，一根火线、一根零线，但是马路旁的电线杆上的输电线却有的是三根输电线，有的是四根输电线，这是为什么？电线杆上的三根或四根输电线都是从哪里引出来的呢？

二、任务过程

步骤 1：认识三相交流电

1. 三相交流电的产生

图 9-1（a）所示为最简单的三相交流发电机的示意图。在转子上装有三个相互独立的绕组，分别称为 U 相绕组、V 相绕组、W 相绕组，它们的材料、尺寸和几何形状均相同，

但在空间的位置相差 120°，三个绕组的首端分别用 U_1、V_1、W_1 表示；末端分别用 U_2、V_2、W_2 表示。

当原动机带动三相交流发电机的转子等速旋转时，三个绕组均切割磁感线，并分别产生正弦交变电动势 e_U、e_V 和 e_W。如图 9-1（b）所示，这三个电动势最大值相等、频率相同、相位互差 120°，称为三相对称电动势。

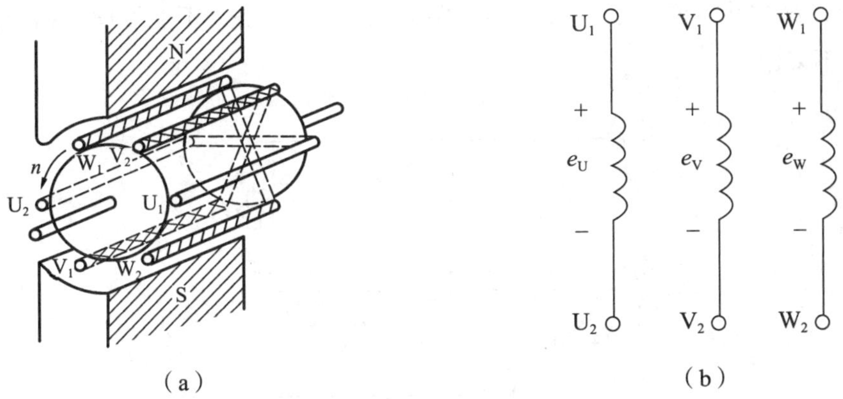

图9-1　三相交流发电机示意图

2. 三相交流电的表示方法

三相对称电动势也可以用解析式、波形图和相量图表示，三相对称电动势的解析式为

$$e_U = E_m \sin \omega t$$

$$e_V = E_m \sin(\omega t - 120°)$$

$$e_W = E_m \sin(\omega t + 120°)$$

三相对称电动势的波形图和相量图，如图 9-2 所示。

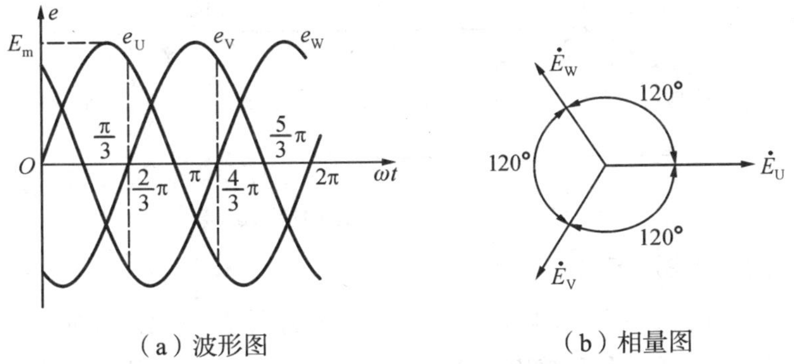

（a）波形图　　（b）相量图

图9-2　三相对称电动势波形图和相量图

3. 三相交流电的相序

三相电动势到达最大值（或零值）的先后次序叫做相序。在图 9-2 中，最先到达最大值的是 e_U，其次是 e_V，再次是 e_W，因此，它们的相序就是 U-V-W-U，这个相序又叫正

相序或顺相序。而相序 U–W–V–U 恰好与正序相反，称为负相序或逆相序，如无特别说明，一般三相对称电动势都是指正相序。在实际工作中，通常采用黄、绿、红三种颜色标识 U、V、W 三相。

步骤 2：认识三相四线制供电电源

三相交流发电机的每一相绕组都是一个独立的单相交流电源，都可以单独给负载供电，如图 9–3 所示，这样共需要六根导线，这种供电方式很不经济，不能发挥三相交流电的优点，所以一般不采用。

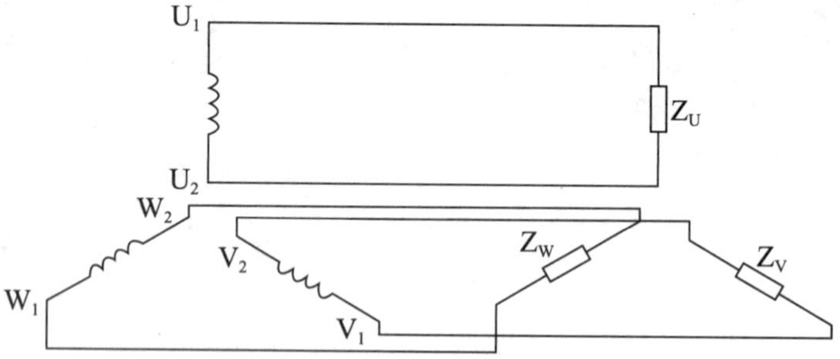

图9–3　三相电源绕组单独向负载供电

在实际供电系统中，通常把三相交流发电机的三相绕组按照一定的方式连接后再向负载供电，如图 9–4 所示。这样就把三个毫无关系的三个单相电路连接成了一个三相电路，省去了两根导线，而且对负载的工作毫无影响。

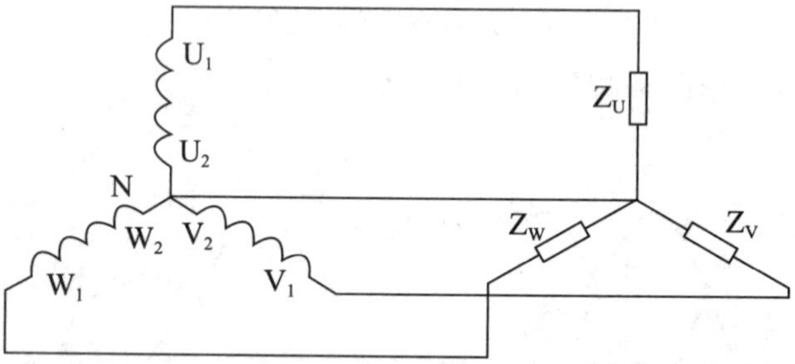

图9–4　三相电源绕组的星形连接

1. 三相电源绕组的星形连接

如图 9–4 所示，把三相绕组的末端 U_2、V_2、W_2 连接在一起，形成一个公共点 N，此点叫作中性点，然后由中性点及绕组的首端 U_1、V_1、W_1 分别向外引出连接线，这种连接方式称为三相电源绕组的星形连接，用符号“Y”表示。

星形连接的三相交流电源有四根输电线，因此，这种供电系统也称为三相四线制供电。分别从绕组的三个首端 U_1、V_1、W_1 引出的导线称为三根端线或相线（俗称火线），分别用U、

V、W 表示。从中性点引出的导线叫作中性线（简称中线或零线），用 N 表示。为简便起见，发电机的三相绕组可以省略不画，如图 9–5 所示，表示为三相电源绕组作星形连接的三相四线制供电系统。图 9–6 所示为实训台上的三相四线制供电电源。

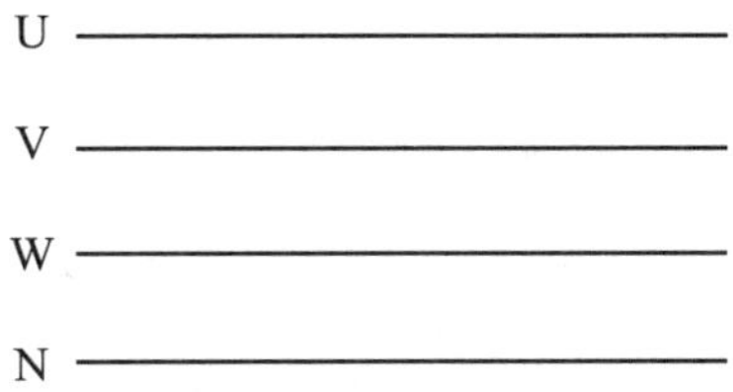

图9–5　三相四线制供电系统

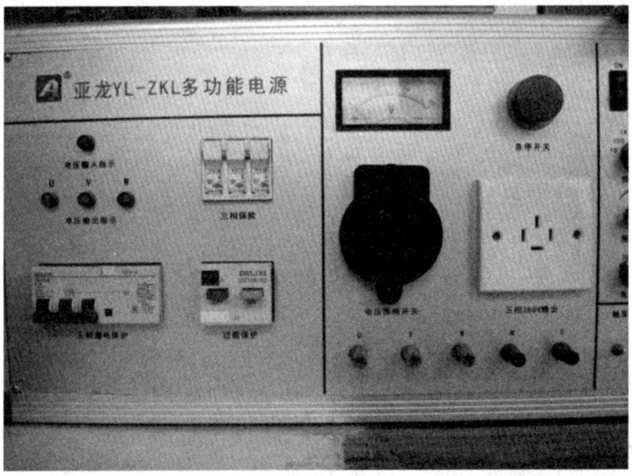

图9–6　实训台上三相供电电源

2. 认识线电压和相电压

（1）相电压

电源每相绕组两端的电压称为相电压，也是各相线与中性线之间的电压。分别用 $\dot{U}_U$、$\dot{U}_V$、$\dot{U}_W$ 来表示。相电压的参考方向规定为每相绕组首端指向末端，如图 9–7 所示。当忽略电源绕组的内阻时，各相电压等于各相绕组产生的电动势，由于三相电动势为对称的关系，三个相电压也是对称的。它们的有效值相等，通常用 U_P 表示相电压的有效值。

（2）线电压

相线与相线之间的电压称为线电压。分别用 $\dot{U}_{UV}$、$\dot{U}_{VW}$、$\dot{U}_{WU}$ 来表示，如图 9–7 所示。线电压的参考方向由下标字母的先后次序决定，例如，$\dot{U}_{UV}$ 的电压方向为由 U 相指向 V 相，书写时不能任意颠倒，否则，将在相位上相差 180°。

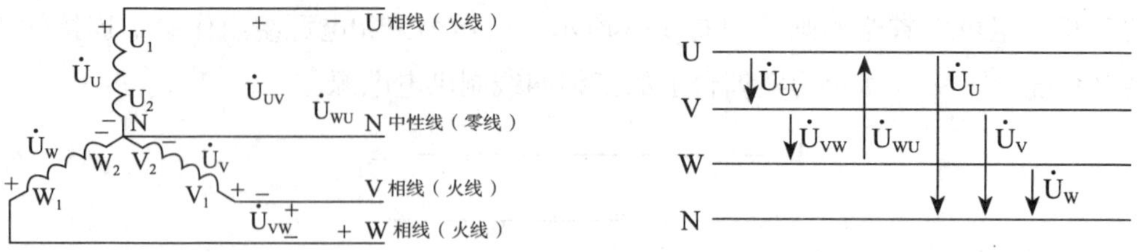

（a）原理图　　（b）简化图

图9-7　三相交流电的相电压和线电压

（3）线电压与相电压的关系

根据基尔霍夫电压定律可知，线电压与相电压之间的瞬时值关系为

$$u_{UV}=u_U-u_V$$

$$u_{VW}=u_V-u_W$$

$$u_{WU}=u_W-u_U$$

相量关系为

$$\left.\begin{aligned}\dot{U}_{UV}&=\dot{U}_U-\dot{U}_V\\ \dot{U}_{VW}&=\dot{U}_V-\dot{U}_W\\ \dot{U}_{WU}&=\dot{U}_W-\dot{U}_U\end{aligned}\right\}$$

作出线电压与相电压的相量图如图 9-8 所示。

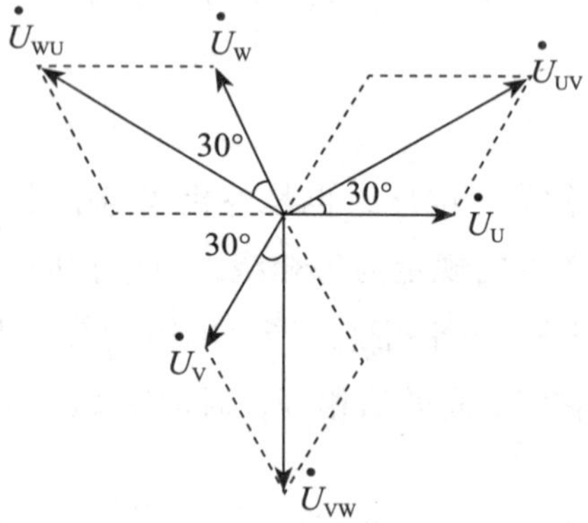

图9-8　线电压与相电压相量图

由相量图可知，$U_{UV}=\sqrt{3}\,U_U$，$U_{VW}=\sqrt{3}\,U_V$，$U_{WU}=\sqrt{3}\,U_W$。$\dot{U}_{UV}$ 超前 $\dot{U}_U$30°，$\dot{U}_{VW}$ 超前 $\dot{U}_V$30°，$\dot{U}_{WU}$ 超前 $\dot{U}_W$30°，即线电压在相位上超前对应相电压 30°。相电压因为在相位上互差 120°，所以三个线电压在相位上也互差 120°，所以三个线电压也是对称的，它们的有效值也相等，通常用 U_L 表示线电压的有效值。

3. 三相四线制供电系统的特点

通过以上分析可知：三相四线制供电系统具有以下特点：

（1）有两组供电电压，即相电压和线电压，三个相电压和三个线电压均为对称电压；

（2）线电压的大小等于相电压的 $\sqrt{3}$ 倍，记为

$$U_L=\sqrt{3}\,U_P \qquad (9-1)$$

（3）各线电压在相位上比对应的相电压超前 30°。即 $\dot{U}_{UV}$ 超前 $\dot{U}_U$ 30°，$\dot{U}_{VW}$ 超前 $\dot{U}_V$ 30°，$\dot{U}_{WU}$ 超前 $\dot{U}_W$ 30°

【例 9-1】已知三相四线制系统中，V 相电压的瞬时值表达式为 $u_V=220\sqrt{2}\sin\omega t$ V，

（1）按正相序写出 u_U、u_W 的瞬时值表达式；

（2）按正相序写出 u_{UV}、u_{VW}、u_{WU} 的瞬时值表达式。

解：（1）在三相四线制系统中，三个相电压是对称的，即它们的有效值相等、频率相同、相位互差 120°。当相序为正时，u_U 超前 u_V 120°，u_W 滞后 u_V 120°。u_V 的初相为 0°，则 u_U 的初相为 120°，u_W 的初相为 −120°。

从以上的分析得出 u_U、u_W 的瞬时值表达式为

$$u_U=220\sqrt{2}\sin(\omega t+120°)\ \text{V}$$

$$u_W=220\sqrt{2}\sin(\omega t-120°)\ \text{V}$$

（2）线电压超前对应相电压 30°，即 u_{UV} 的初相为（120°+30°），u_{VW} 的初相为（0+30°），u_{WU} 的初相为（−120°+30°）。

$$U_L=\sqrt{3}\,U_P=\sqrt{3}\times 220=311\ \text{V}$$

u_{UV}、u_{VW}、u_{WU} 的瞬时值表达式为

$$u_{UV}=311\sqrt{2}\sin(\omega t+150°)\ \text{V}$$

$$u_{VW}=311\sqrt{2}\sin(\omega t+30°)\ \text{V}$$

$$u_{WU}=311\sqrt{2}\sin(\omega t-90°)\ \text{V}$$

步骤 3：了解我国电力系统的供电方式

我国电力系统常采用的有两种供电制度：三相三线制和三相四线制。三相三线制就是三相电源星形连接时，中性线不引出，有三根相线对外供电，主要用于高压供电线路和低压动力线路。三相四线制就是三相电源星形连接时，中性线必须引出，主要用于大部分照明系统、办公自动化系统，我国低压三相四线制供电系统的额定相电压为 220 V，额定线电压为 380 V。

目前，在许多新建的民用建筑布线时，为了保证用电安全，实现保护接零或保护接地，在原来两种基本供电系统基础上，增添保护接零或保护接地线，从而形成了三相五线制的供电系统，如图 9-9 所示。

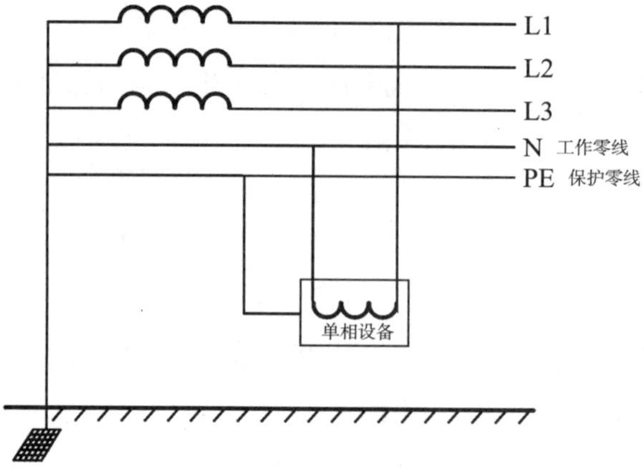

图9-9 三相五线制的供电系统

任务检测

1. 若三相对称电动势 V 相的瞬时值表达式为 $e_V = 220\sqrt{2}\sin(\omega t - 30°)$ V，请写出其余两相的瞬时值表达式，并画出它们的相量图。

2. 在三相四线制供电系统中，已知 $u_U = 220\sqrt{2}\sin(314t - 30°)$ V，写出 u_V、u_W 的表达式，并画出所有相电压和线电压相量图。

任务拓展

如图 9-10 所示，用交流电压表（或万用表）测量实训台上三相交流电源的相电压和线电压。

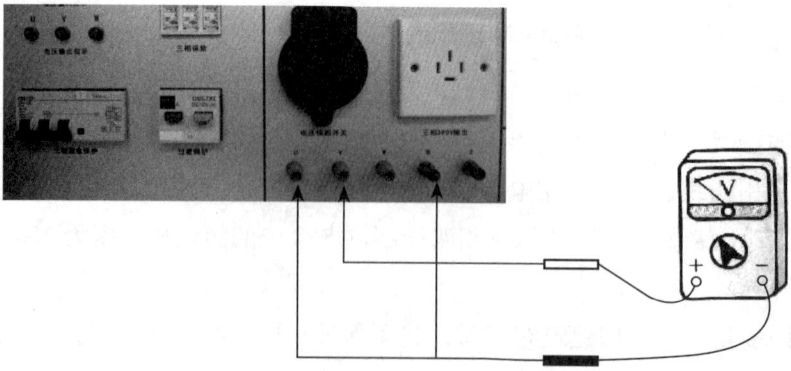

图9-10 测量三相交流电压

友情提示：测量相电压选择 AC250V，测量线电压选择 AC500V 挡位。

任务二　分析三相负载及其连接

任务描述

所谓负载，就是用电设备和器具，负载也有单相和三相之分，三相负载常用的有三相电动机、三相变压器、功率在 5P（1P = 850 W）以上的三相空调器。三相负载的连接有星形连接和三角形连接两种，不管采用哪种连接方式，均要求负载承受额定电压，以满足负载对电压的要求。本节的概念较多，符号较多，比如相电压与线电压、相电流与线电流等，注意区别，不能混淆不清。

任务目标

1. 了解对称负载与不对称负载的概念；
2. 理解三相负载星形连接时电压、电流之间的关系及其计算；
3. 理解三相对称负载三角形连接时电压、电流之间的关系及其计算；
4. 理解中性线的作用。

任务实施

一、任务准备

按图 9-11 准备实验器材：线电压为 380 V 的三相交流电源，三相负载箱（包括 9 只“220 V，25 W”的白炽灯及开关）1 组，交流电流表 1 块，交流电压表（或万用表）1 块，三相电流插座板 1 块，测电流插头 1 只，刀开关 1 只，导线若干。

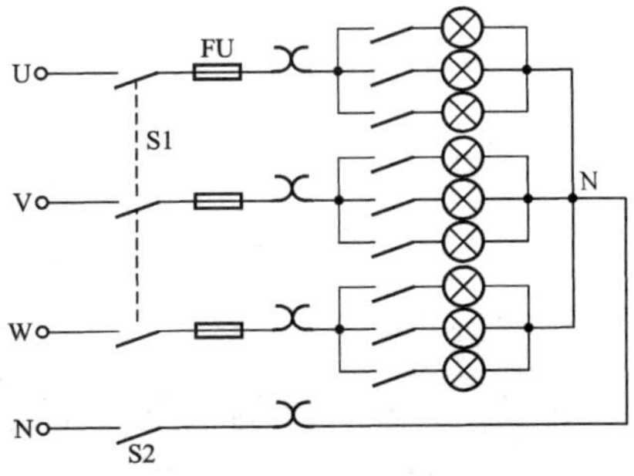

图9-11　三相负载

二、任务过程

步骤 1：认识三相负载

接在三相电源上的负载统称为三相负载。三相负载由三部分组成，每一部分称为其中的一相负载。三相负载可以是一个整体，如三相电动机；也可以是独立的三个单相负载，如日常生活中的照明电路，如图 9–12 所示。如果每相负载的阻抗值相等且性质相同称为三相对称负载，否则称为三相不对称负载。

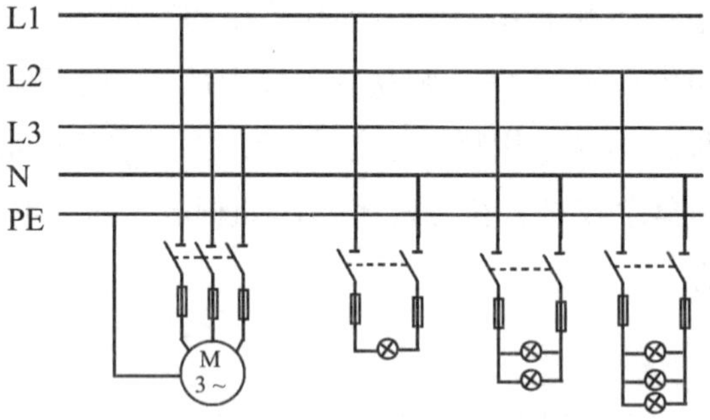

（a）三相对称负载　　（b）三相不对称负载

图9–12　三相负载

步骤 2：认识三相负载的星形连接

把三相负载分别接在三相电源的一根相线和中性线之间的接法，称为三相负载的星形（Y 形）连接，如图 9–13 所示。图中，$|Z_U|$、$|Z_V|$、$|Z_W|$ 为各相负载的阻抗值，N′为负载的中性点。

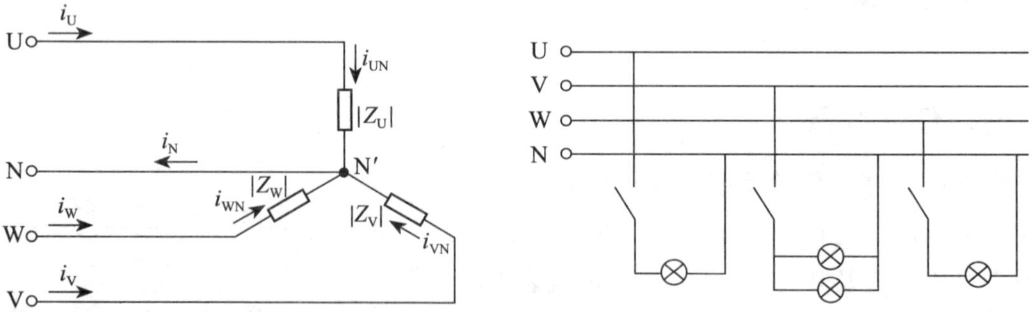

图9–13　三相负载的星形（Y形）连接

1. 负载的电压

我们把负载两端的电压叫作负载的相电压，因为每相负载都是接在一根相线和中性线之间，若忽略输电线路上的电压降，各相负载上的相电压就等于电源的相电压。因此，相电压为线电压的 $\frac{1}{\sqrt{3}}$，即

$$U_{YP}=\frac{U_L}{\sqrt{3}} \tag{9-2}$$

2. 三相负载中的电流

把通过每相负载的电流叫相电流，三个相电流分别用 i_{UN}、i_{VN}、i_{WN} 表示，其有效值通常用符号 I_P 表示；

通过端线的电流叫作线电流，三个线电流分别用 i_U、i_V、i_W 表示。其有效值通常用符号 I_L 表示。

三相电路中，三相电压是对称的，如果三相负载也是对称的（$Z_U = Z_V = Z_W = Z_P$），那么流过三相负载的各相电流也是对称的，即

$$I_{UN}=I_{VN}=I_{WN}=I_{YP}=\frac{U_{YP}}{|Z_P|} \tag{9-3}$$

由图 9-15 可知，当三相负载作星形连接时，相电流等于线电流，即

$$I_{YP}=I_{YL} \tag{9-4}$$

流过中性线的电流称为中性线电流。根据基尔霍夫电流定律可知

$$\dot{I}_N=\dot{I}_U+\dot{I}_V+\dot{I}_W \tag{9-5}$$

如果三相负载为对称三相负载，那么流过每相负载的相电流也是对称的，作出三相对称负载相电流的相量图，如图 9-14 所示。

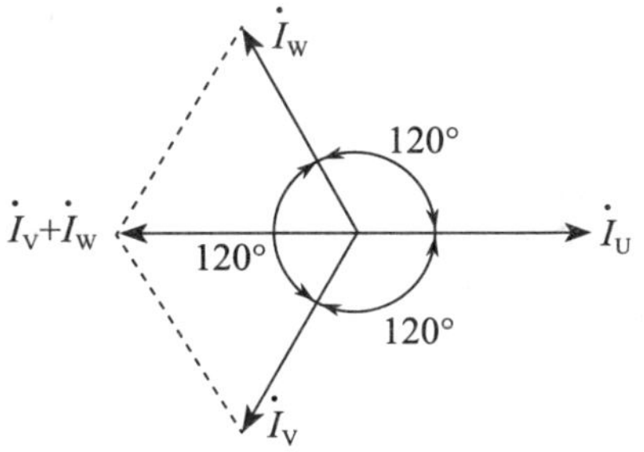

图9-14　三相对称负载相电流的相量图

由相量图可知

$$\dot{I}_N=\dot{I}_U+\dot{I}_V+\dot{I}_W=0$$

由于中性线中没有电流通过，为了节省材料，中性线可以省去，成为星形连接的三相三线制供电线路，此时虽然没有中性线，但各相负载的相电压仍为对称的电源相电压，并不影响三相负载的工作。比如三相电动机、三相变压器都是三相对称负载，它们都是用三相三线制供电的。

【例9-2】如图9-13所示，若每相负载的电阻为6 Ω，感抗为8 Ω，电源线电压为380 V，求负载中的相电流、线电流和中性线电流。

解：每相负载的阻抗为

$$|Z| = \sqrt{R^2 + X_L^2} = \sqrt{6^2 + 8^2}\ \Omega = 10\ \Omega$$

因为 $U_L = 380$ V，则 $U_P = \dfrac{U_L}{\sqrt{3}} = 220$ V

三相负载的相电流等于线电流，即

$$I_P = I_L = \frac{U_P}{|Z|} = \frac{220}{10}\ \text{A} = 22\ \text{A}$$

因为三相负载为对称负载，所以中性线电流 $I_N = 0$。

步骤 3：理解中性线的作用

【例 9–3】有三个单相负载，Y 形连接，接入三相四线制电路中，如图 9–15（a）所示，设 $R_U = 5\ \Omega$，$R_V = 10\ \Omega$，$R_W = 20\ \Omega$，电源相电压为 220 V，试求：

（1）各相电流，并通过相量图画出中性线电流 $\dot{I}_N$；

（2）如果 U 相断开，各相电流为多少？

（3）如果 U 相断开时，中性线也断开了，各相负载的电压和电流各为多少？

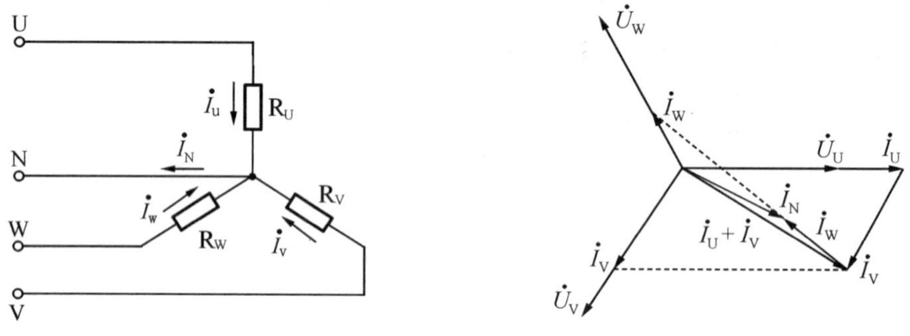

（a）　　　　（b）

图9–15　例9–3题图1

解：（1）因为有中性线，虽然三相负载不对称，各相负载承受的电压却是对称的，即

$$U_U = U_V = U_W = 220\ \text{V}$$

各相电流为

$$I_u = \frac{U_U}{R_U} = \frac{220}{5}\ \text{A} = 44\ \text{A}$$

$$I_V = \frac{U_V}{R_V} = \frac{220}{10}\ \text{A} = 22\ \text{A}$$

$$I_W = \frac{U_W}{R_W} = \frac{220}{20}\ \text{A} = 11\ \text{A}$$

中性线电流为

$$\dot{I}_N = \dot{I}_U + \dot{I}_V + \dot{I}_W$$

中性线电流的相量 $\dot{I}_N$ 如图 9-15（b）所示。

（2）如果 U 相断开，如图 9-16 所示，则 $\dot{I}_U = 0$。由于有中性线，V 相、W 相负载的相电压仍然等于 220 V，则该两相负载正常运行，I_V 和 I_W 的值不发生变化，即

$$I_V = \frac{U_V}{R_V} = \frac{220}{10}\,\text{A} = 22\,\text{A}$$

$$I_W = \frac{U_W}{R_W} = \frac{220}{20}\,\text{A} = 11\,\text{A}$$

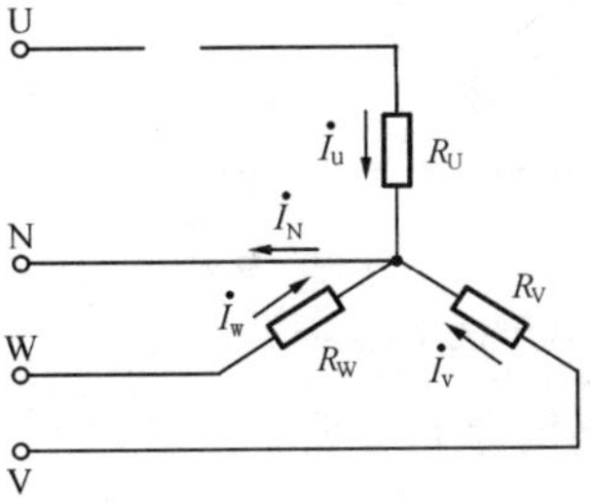

图9-16　例9-3题图2

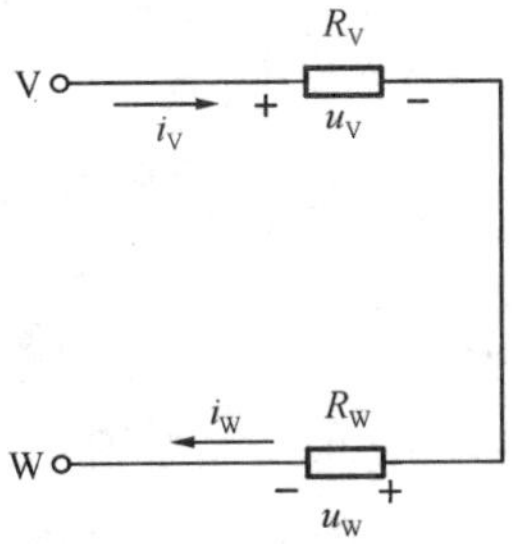

图9-17　例9-3题图3

（3）如果 U 相断开时，中性线也断开了，如图 9-17 所示。V 相和 W 相负载构成串联电路，电流相同，即

$$I_v = I_W = \frac{380}{R_V + R_W} = \frac{380}{10+20}\,\text{A} \approx 12.7\,\text{A}$$

V 相和 W 相的电压分别为

$$U_V = R_V I_v = (10 \times 12.7)\,\text{V} = 127\,\text{V}$$

$$U_W = R_W I_w = (20 \times 12.7)\,\text{V} = 254\,\text{V}$$

可见，如果三相负载不对称，没有中线，当一相断开时，会导致另外两相一相电压过低，用电设备不能正常工作，另一相电压过高，导致该相用电设备烧毁。因此，如果三相负载不对称，必须采用带中性线的三相四线制供电。

1. 中性线的作用

根据例 9-3 的分析可以看出，中性线的作用在于使星形连接的三相不对称负载能够获得对称的电源相电压，保证负载正常工作。所以，在电工安全操作规程中规定：在三相四线制供电系统中，中性线上不允许安装开关和熔断器，而且中性线常用钢芯导线来加强其机械强度，以免断开。同时，在连接三相负载时，应尽量使三相负载平衡，以减小中性线电流。

步骤 4：搭建测试电路测量三相负载星形连接的电压和电流

1. 按图 9–18 所示搭建三相负载星形连接的测试电路，经老师检查无误后方可接通电源。

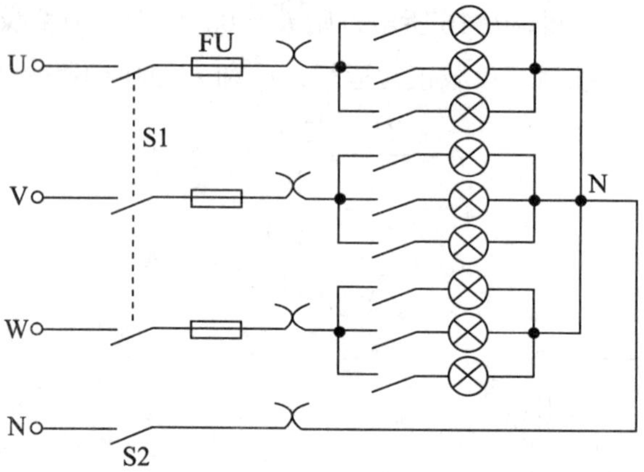

图9–18　三相负载星形连接测试电路

2. 合上电源开关 S_1 和中性线开关 S_2，观察灯光亮度是否正常。

3. 用交流电流表在各电流插孔处，测量三相负载对称时（每相开三盏灯）的线电流和中性线电流，将测量结果记录在表 9–1 中。

4. 用交流电压表（或万用表的交流电压挡）分别测量线电压 U_{UV}、U_{VW}、U_{WU} 和每相负载电压 U_U、U_V、U_W，并将测量结果填入表 9–1 中。

5. 断开中性线开关 S_2，每相仍开 3 盏灯，观察灯泡亮度有无变化？重复步骤 3、4，并将测量结果填入表 9–1 中。

表9–1　三相负载星形连接测量数据

测量数据 / 实验内容		线电压			相电压			线电流			中线电流
		U_{UV}	U_{VW}	U_{WU}	U_U	U_V	U_W	I_U	I_V	I_W	I_N
负载对称	有中线										
	无中线										
负载不对称	有中线										
	无中线										

6. 重新闭合中性线开关 S_2，并且改变各相负载，使 U 相为一盏灯，V 相为两盏灯，W 相为三盏灯，观察灯泡亮度有无变化？并测出线电压、相电压、线电流和中线电流，将数据填入表 9–1 中。

7. 再次断开中性线开关 S_2，观察灯泡亮度有无变化？再测线电压、相电压、线电流和中线电流，将数据填入表 9-1 中。

步骤 5：认识三相负载的三角形连接

把每相负载分别接在三相电源的每两根相线之间的接法称为三相负载的三角形连接，如图 9-19 所示。

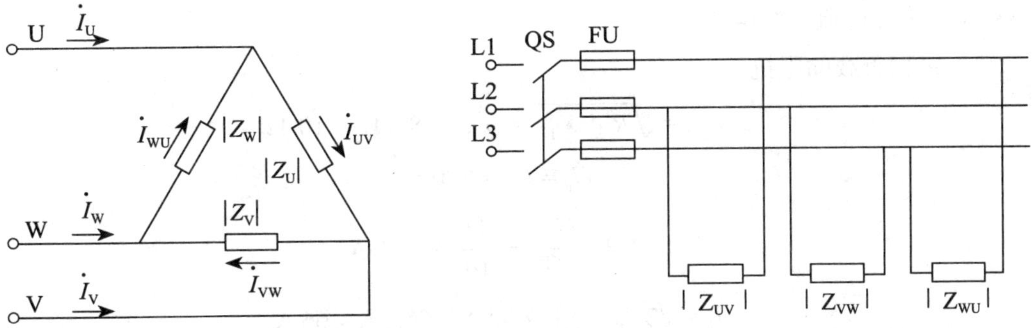

图9-19　三相负载的三角形连接

在三角形连接中，不论负载是否对称，各相负载所承受的相电压均为电源的线电压。即：

$$U_{\Delta P} = U_L \tag{9-6}$$

三角形连接的负载接上电源后，也会产生相电流和线电流，图 9-19 中所标的 $\dot{I}_{UV}$、$\dot{I}_{VW}$、$\dot{I}_{WU}$ 为相电流，$\dot{I}_U$、$\dot{I}_V$、$\dot{I}_W$ 为线电流，根据基尔霍夫电流定律可得它们之间的相量关系式为

$$\left.\begin{aligned}\dot{I}_U &= \dot{I}_{UV} - \dot{I}_{WU}\\ \dot{I}_V &= \dot{I}_{VW} - \dot{I}_{UV}\\ \dot{I}_W &= \dot{I}_{WU} - \dot{I}_{VW}\end{aligned}\right\}$$

如果三相负载为对称负载，则三相负载的相电流也是对称的，以 $\dot{I}_{UV}$ 为参考相量，作出线电流与相电流的相量，如图 9-20 所示。

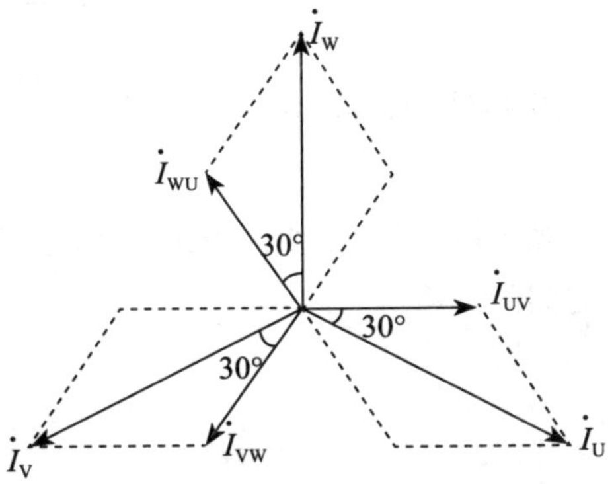

图9-20　对称负载三角形连接电流相量图

由相量图可知，三个线电流也是对称的，各线电流在相位上比对应的相电流滞后 30°；并且在数值上线电流是相电流的 $\sqrt{3}$ 倍，即

$$I_{\Delta P}=\frac{U_L}{|Z|} \qquad (9-7)$$

$$I_{\Delta L}=\sqrt{3}\,I_{\Delta P} \qquad (9-8)$$

【例 9-4】三相对称负载△连接，若每相负载的电阻为 6 Ω，感抗为 8 Ω，电源线电压为 380 V，求相电流和线电流。

解：每相负载的阻抗为

$$|Z|=\sqrt{R^2+X_L^2}=\sqrt{6^2+8^2}\ \Omega=10\ \Omega$$

$$U_P=U_L=380\ \text{V}$$

$$I_P=\frac{U_P}{|Z|}=\frac{380}{10}\ \text{A}=38\ \text{A}$$

$$I_L=\sqrt{3}\,I_P=\sqrt{3}\times 38\ \text{A}=65.8\ \text{A}\approx 66\ \text{A}$$

在实际应用中，三相负载究竟采用何种连接方式，要根据每相负载的额定电压与电源电压而定，务必使每相负载承受的电压为额定电压。若负载的额定电压等于电源的相电压，负载应接成星形；若负载的额定电压等于电源的线电压，则负载应接成三角形。

任务检测

1. 如图 9-21 所示，假设电压表 V_2 的读数为 220 V，则电压表 V_1 的读数为 ____________，若电流表 A_2 的读数为 10 A，则电流表 A_1 的读数为 ____________，电流表 A_3 的读数为 ____________。

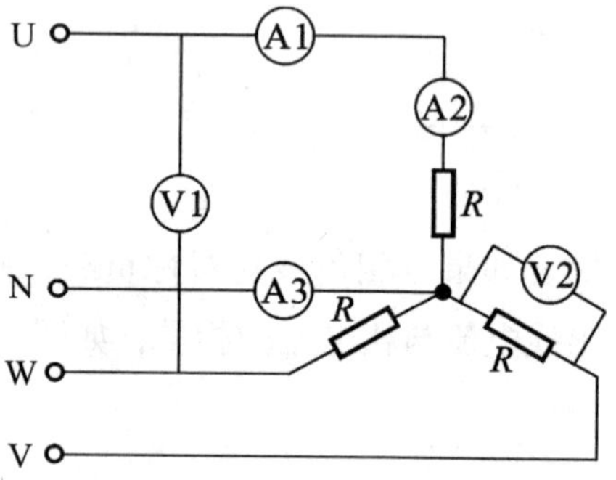

图9-21　任务检测1题图

2. 三相对称负载，每相负载的电阻为 30 Ω，感抗为 40 Ω，接到线电压为 380 V 的三相电源上，要求：

（1）若负载星形连接，画出接线图，求出相电压、相电流和线电流；

（2）若负载三角形连接，画出接线图，求出相电压、相电流和线电流；

（3）总结各电压、电流之间的关系。

任务三　分析三相交流电路的功率

任务描述

在单相交流电路的学习中我们知道，交流电路的功率分为有功功率、无功功率和视在功率三种，三相交流电路的功率计算可以参照单相交流电路的功率计算方法计算出每一相负载的功率，然后再算出三相电路总功率。当然，对于三相对称电路有更简便的计算方法，本任务主要就是来探究三相交流电路功率的计算方法。

任务目标

1. 理解三相功率的概念；
2. 掌握三相对称电路有功功率、无功功率、视在功率的计算。

任务实施

一、任务准备

单相交流电路三种功率的计算公式：

$$P = UI\cos\varphi \text{ (W)}$$

$$Q = UI\sin\varphi \text{ (Var)}$$

$$S = UI \text{ (VA)}$$

二、任务过程

步骤 1：理解三相交流电路的功率

三相交流电路的功率是指三相电路的总功率。如：三相交流电路的总有功功率就等于各相负载有功功率之和，即

$$P = P_U + P_V + P_W = U_U I_U \cos\varphi_U + U_V I_V \cos\varphi_V + U_W I_W \cos\varphi_W \quad (9\text{–}9)$$

式中：U_U、U_V、U_W 分别为各相负载的相电压；

I_U、I_V、I_W 分别为各相负载的相电流；

$\cos\varphi_U$、$\cos\varphi_V$、$\cos\varphi_W$ 分别为各相负载的功率因数。

上式可用于三相不对称电路（及各相功率不同）功率的计算，可以直接相加求和得到三相电路的总功率。对于对称三相电路的功率计算可以有更简便的方法。

步骤 2：对称三相交流电路的功率计算

如果三相负载对称：$U_U = U_V = U_W = U_P$；$I_U = I_V = I_W = I_P$；

$$\cos\varphi_U = \cos\varphi_V = \cos\varphi_W = \cos\varphi$$

则总有功功率为

$$P = 3U_P I_P \cos\varphi \tag{9-10}$$

即对称三相电路中的总有功功率等于单相有功功率的 3 倍。

在实际工作中，测量线电流、线电压往往比测量相电流、相电压方便，所以，三相功率的计算公式常用线电压和线电流来表示。

三相对称负载作星形连接时，$U_L = \sqrt{3}\,U_P$，$I_L = I_P$；

$$P_Y = 3U_P I_P \cos\varphi = 3\frac{U_L}{\sqrt{3}} I_L \cos\varphi = \sqrt{3}\,U_L I_L \cos\varphi$$

三相对称负载作三角形连接时，$U_L = U_P$，$I_L = \sqrt{3}\,I_P$；

$$P_\Delta = 3U_P I_P \cos\varphi = 3U_L \frac{I_L}{\sqrt{3}} \cos\varphi = \sqrt{3}\,U_L I_L \cos\varphi$$

由此可见，负载对称时，无论何种接法，求总功率的公式都是相同的，即

$$P = \sqrt{3}\,U_L I_L \cos\varphi \tag{9-11}$$

注意：式中的角仍为相电压与相电流之间的相位差，也即负载的阻抗角，而不是线电压与线电流之间的相位差。

按照有功功率的分析方法，可得三相对称电路的无功功率和视在功率分别为

$$Q = \sqrt{3}\,U_L I_L \sin\varphi \tag{9-12}$$

$$S = \sqrt{3}\,U_L I_L \tag{9-13}$$

【例 9-5】今有一台三相电阻炉（对称负载），每相负载的电阻 $R = 10\ \Omega$，试求：

（1）在 380 V 线电压的作用下，电炉分别接成三角形和星形时，各从电网取用多少功率？

（2）在 220 V 线电压的作用下，若采用三角形连接，取用的功率又是多少？

解：（1）在线电压为 380 V 作用下，当电炉接成三角形时，相电压等于电源的线电压，即

$$U_P = U_L = 380\ \text{V}$$

相电流为

$$I_P = \frac{U_L}{R} = \frac{380}{10}\text{ A} = 38\text{ A}$$

线电流为

$$I_L = \sqrt{3}\, I_P = \sqrt{3} \times 38\text{ A} \approx 66\text{ A}$$

电炉从电网中取用的有功功率为

$$P = \sqrt{3}\, U_L I_L \cos\varphi = \sqrt{3} \times 66 \times 380 \times 1\text{W} = 43.4\text{ kW}$$

当电炉接成星形时，则每相负载的相电压为电源线电压的$\frac{1}{\sqrt{3}}$，即 $U_P = \frac{U_L}{\sqrt{3}}$，此时的相电流等于线电流，即 $I_P = I_L$，其大小为

$$I_P = I_L = \frac{U_P}{R} = \frac{380}{\sqrt{3} \times 10}\text{ A} = 22\text{ A}$$

电炉从电网取用的有功功率为

$$P = \sqrt{3}\, U_L I_L \cos\varphi = \sqrt{3} \times 22 \times 380 \times 1\text{W} = 14.5\text{ kW}$$

（2）在 220 V 线电压作用下若采用三角形连接，相电流的大小为

$$I_P = \frac{U_P}{R} = \frac{U_L}{R} = \frac{220}{10}\text{ A} = 22\text{ A}$$

线电流的大小为

$$I_L = \sqrt{3}\, I_P = \sqrt{3} \times 22\text{ A} = 38\text{ A}$$

电炉从电网取用的有功功率为

$$P = \sqrt{3}\, U_L I_L \cos\varphi = \sqrt{3} \times 220 \times 38 \times 1\text{W} = 14.5\text{ kW}$$

通过以上例题可以看出：

1. 在线电压不变的情况下，负载作三角形连接时的功率为星形连接时的 3 倍。

2. 只要每相负载所承受的相电压相同，则不论是三角形连接还是星形连接，负载所消耗的有功功率都相等。在实际应用中，有些三相用电器铭牌上写有 220 V/380 V—Δ/Y，就是指此用电器可在 220 V 线电压下接成三角形，也可以在 380 V 线电压下接成星形，两种接法都能保证每相负载承受 220 V 的电压，其有功功率相等。

任务检测

假设三相对称负载 Y 形连接，每相负载的电阻为 60 Ω，感抗为 80 Ω，电源线电压为 380 V，你能求出总有功功率、无功功率、视在功率吗？

任务四 了解安全用电的基础知识

任务描述

电能的应用日益广泛，安全用电的重要性也日益突出。在电能使用的过程中，如果不注意安全，就会引起触电事故，造成人身伤亡和设备损坏，甚至影响到电力系统的正常运行，造成大面积的停电事故，给生产和生活造成很大影响。因此，在使用电能的同时，必须注意安全用电，确保人身、设备和电力系统三方面的安全，防止事故的发生。

任务目标

1. 了解触电的基本知识；
2. 掌握触电现场的常用救护措施和处理方法；
3. 理解保护接地和保护接零的原理及其在技术中的应用。

任务实施

一、任务准备

根据前面学过的知识知道，家庭中的用电器都是单相负载，应该由一根相线和一根零线供电，但是我们观察生活中的各种家用电器的插头，有的是两个插脚，有的却是三个插脚，笔记本电脑的插头如图 9–22 所示。三个插脚中有一个标 L（相线），一个标 N（零线），还有一个旁边标有接地符号“⏚”，这个插脚的作用是什么呢？

图9–22 三脚插头

二、任务过程

步骤 1：认识电流对人体的作用

我们通常认为，只有高压电路才会导致触电。事实并非如此，每年因为家用电压 220 V

而导致受伤或者死亡的事故数量更高。在有关电的实习及工作中，要时刻注意安全，不要让它危及你的生命。

当一个人的身体成为电路的一部分时，人体触电就发生了。在电工操作中，触电和烧伤是导致人死亡的原因。人体因触及带电体而承受过大的电流，以致引起死亡或局部受伤的现象称为触电。触电对人体的伤害程度，与流过人体电流的频率、大小、通电时间的长短、电流流过人体的途径以及触电者本人的情况有关。

触电事故表明，频率为 50 ~ 100 Hz 的电流最危险，通过人体的电流超过 50 mA（工频）时，就会产生呼吸困难、肌肉痉挛、中枢神经遭受损害从而使心脏停止跳动以至死亡；电流流过大脑或心脏时，最容易造成死亡事故。

触电伤人的主要因素是电流，但电流值又决定于作用到人体上的电压和人体的电阻值。通常人体电阻值为 800 Ω 至几万欧不等，所以规定 36 V 以下的电压为安全电压。

步骤 2：认识触电的种类和形式

1. 触电的种类

触电的种类主要有两种：电击和电伤。

电击是电流通过人体内部，使人体内部器官受伤，如呼吸困难、肌肉痉挛、心室颤动等，严重时将危及生命安全。

电伤是电流对人体外部的伤害，如电弧烧伤、电烙印等。

2. 触电的形式

触电的形式可分为三种：单相触电、两相触电、跨步电压触电。

（1）单相触电

指人体触及一根带电导体或接触到漏电的电气设备外壳，如图 9-23 所示。此时人体承受的电压是电源的相电压，在低压供电系统中是 220 V。

（2）两相触电

指人体的两个部位（如手或脚等）分别触及两相带电导体，如图 9-24 所示。此时加在人体触电部位两端的电压是电源的线电压，在低压供电系统中是 380 V。

图9-23　单相触电

图9-24　两相触电

（3）跨步电压触电

当电气设备发生接地短路故障或高压电力线路断落接地时，电流经大地流走，这时，在接地点附近不同的地表会呈现不同的电位，当人体走近接地点附近时，两脚同时踩在不同电位点上，两脚之间就有电位差，称之为跨步电压，如图 9–25 所示，由此引起的触电事故，叫作跨步电压触电。步距越大、离接地点越近，跨步电压越大。一般在 20 m 之外，跨步电压就降为零。如果误入接地点附近，应双脚并拢或单脚跳出危险区。

图9–25　跨步电压触电

步骤 3：了解触电的现场急救

若发现有人触电，首先要尽快使触电者脱离电源，然后根据情况进行相应的救护。

1. 脱离电源

对低压触电，若触电地点附近有电源开关，应立即拉开开关，断开电源。若电线搭落在触电者身上或被压在身下时，可用干燥的手套或木棍等绝缘物作为工具，拉开触电者或挑开电线，使触电者脱离电源。对高压触电事故，应立即通知有关部门停电。

2. 现场急救

触电者脱离电源后需积极进行抢救，时间越快越好。若触电者已失去知觉，但仍能呼吸，应立即抬到空气流通、温暖舒适的地方，使其平卧，并解开衣服，速请医生诊治。若触电者已停止呼吸，心脏也停止跳动，这种情况往往是假死，一般不要打强心针，而应采用人工呼吸和心脏按压的急救方法。

（1）人工呼吸法

使触电者仰卧，转过头清理口中杂物，然后将伤者头部后倾、抬高下颚，以打开气道。

救护人员一只手捏紧触电者的鼻子，另一只手掰开触电者的嘴，直接用嘴向触电者口内反复吹气，直到发现其胸部开始起伏，移开救护人员的嘴以便伤者进行自然呼气，每分钟重复 12 ~ 18 次，观察伤者胸部起伏直到其开始自然呼吸，如图 9–26 所示。

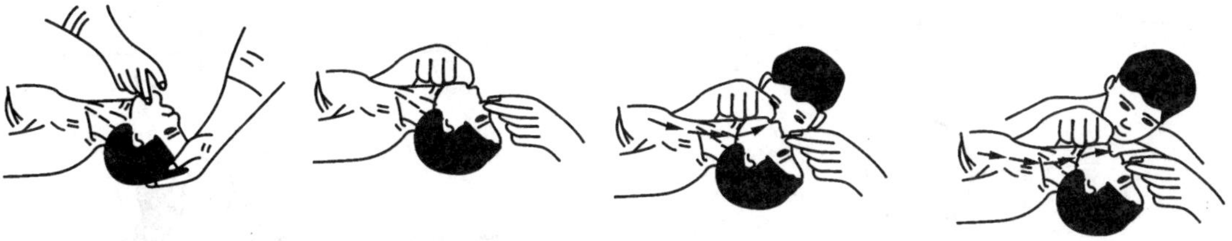

图9–26　人工呼吸法

（2）胸外心脏按压法

救护人员在触电者的一侧，两手相叠，手掌放在其心窝上，如图 9–27 所示，掌根用力垂直向下按压，挤压后掌根迅速全部放松，让触电者胸部自动复原，血液充满心脏，压挤时间与放松时间大体一样，每分钟 60 ~ 70 次。

人工呼吸法和胸外心脏按压法可交替进行，要有耐心，有时需要进行若干小时触电者才能苏醒。

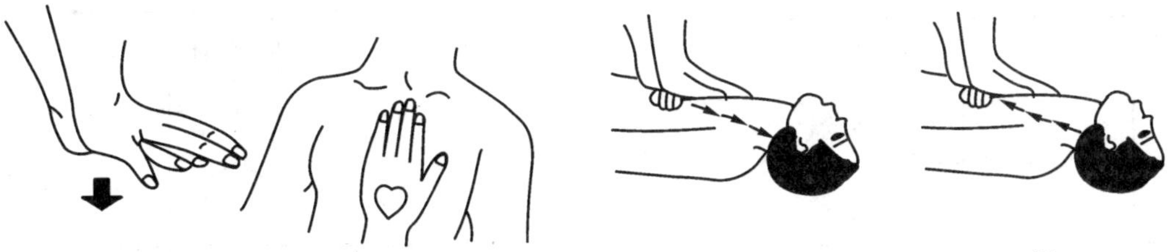

(a)　(b)　(c)　(d)

图9–27　胸外心脏按压法

步骤 4：安全措施

为防止发生触电事故，除了与带电体保持一定的安全距离，采取绝缘和屏护等措施将带电体与外界隔离，在线路上增加漏电保护、短路或过载保护装置等措施外，还必须采取以下防护措施。

1. 保护接地

在电源中性点不接地的低压供电系统中，将电气设备的金属外壳用电阻很小的导线与埋入地下的接地体可靠连接，这种方法称为保护接地，如图 9–28 所示。通常接地体为钢管或角铁，接地体的电阻越小越好，最大不允许超过 4 Ω。

图 9–29 为保护接地原理图。当设备因绝缘损坏而漏电后，人体触及带电的外壳时，人

体与接地体电阻并联，由于人体电阻远远大于接地体电阻，此时通过人体的电流很小，从而保证了人体的安全。

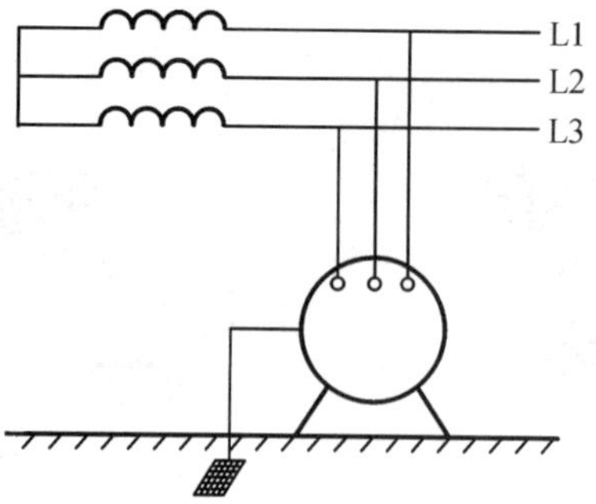

图9-28 保护接地

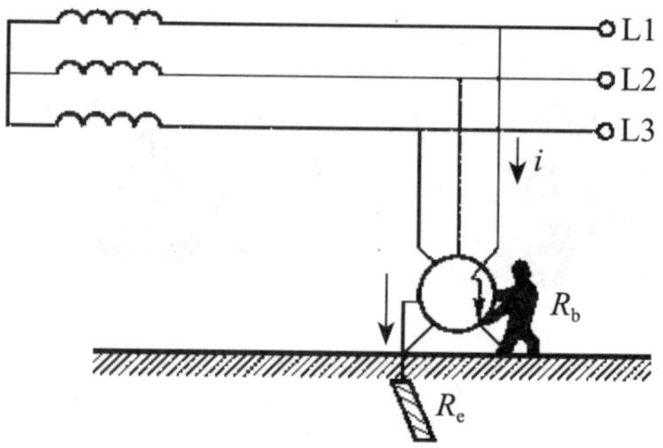

图9-29 保护接地原理图

2. 保护接零

在电源中性点已接地的三相四线制供电系统中，将电气设备的金属外壳用电阻很小的导线与电源零线可靠相连，这种方法称为保护接零，如图 9-30 所示。

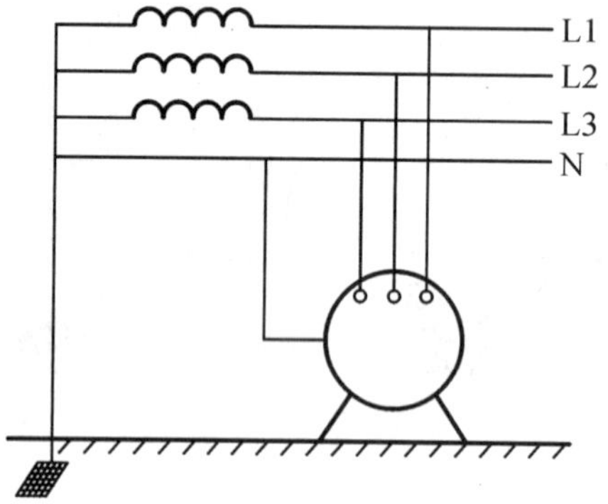

图9-30 保护接零

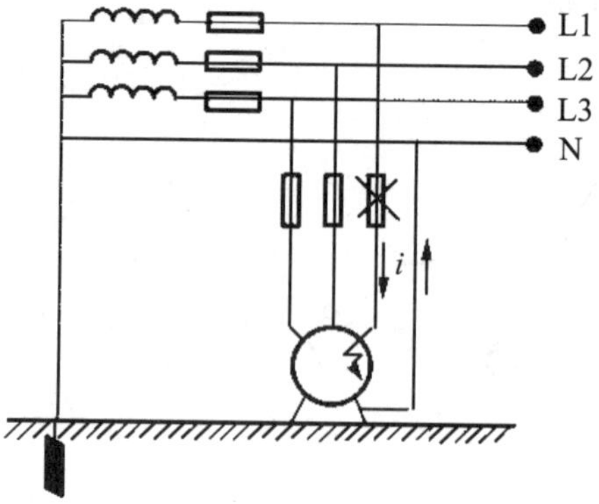

图9-31 保护接零原理

图 9-31 为保护接零原理图。若设备某相绝缘损坏而碰壳时，就会通过设备外壳形成该相与零线间的单相短路，其短路电流很大，将使电路中的保护电器动作或该相熔丝熔断而切断电源，从而消除了人体触电的危险。

注意：在同一低压电网中，不允许有的设备采取保护接地、有的设备采取保护接零。

对于单相用电设备，一般使用三脚插头和三孔插座配合，实现设备的保护接零，如图 9-32 所示。其中三孔插座的上孔接保护零线，对应的插头上的插脚稍长于另外两个电源插脚。当插头插入插座后，通过插座将设备外壳与保护零线相连，起到保护接零的作用，当设备外壳漏电时，将会跳闸或熔丝熔断，从而消除了人体触电的危险。

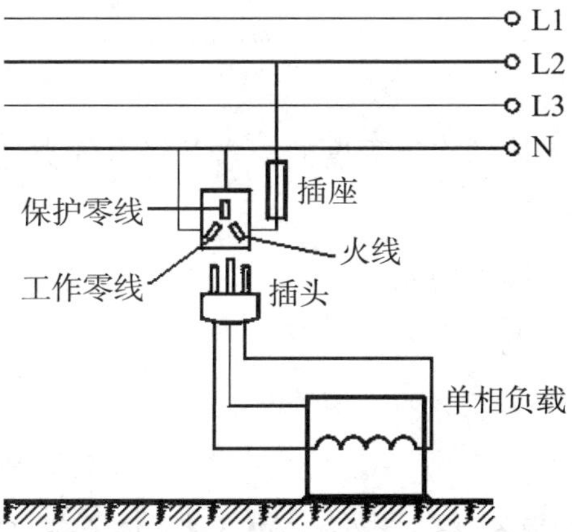

图9-32　三孔插座和三脚插头

步骤 5：电气火灾的防范及扑救

电气设备引起火灾的原因很多，其主要原因是：设备或线路过载运行，供电线路绝缘老化、受损引起漏电、短路，设备过热、温升太高引起绝缘纸、绝缘油等燃烧，电气设备运行中产生明火（如电刷火花、电弧等）引燃易燃物等。

为了防范电气火灾的发生，在制造和安装电气设备、电气线路时，应减少易燃物，选用具有一定阻燃能力的材料减少电气火源。一定要按照防火要求设计和选用电气产品，严格按照额定值规定条件使用电气产品，主要从减少明火、降低温度、减少易燃物三个方面入手，另外还需配备灭火器具。

电气火灾一旦发生，首先要切断电源，进行扑救。有时在危急的情况下，如等待切断电源后再进行扑救，就会有火势蔓延扩大的危险，为了取得扑救的主动权，扑救就需要在带电的情况下进行，带电灭火应注意以下几点：

1. 必须在确保安全的前提下进行。应使用不导电的灭火剂，如二氧化碳、干粉、1211 等灭火器进行灭火。不能直接用导电的灭火剂、直射水流、泡沫等进行喷射，否则会造成触电事故。

2. 使用小型的二氧化碳、干粉、1211 灭火器灭火时，由于其射程较近，要注意保持一定的安全距离。

3. 如遇带电导线落于地面，则要防止跨步电压触电，扑救人员要进入该区域灭火时，必须穿上绝缘鞋，戴上绝缘手套。

任务检测

1. 请说出影响触电对人体的伤害程度的因素及触电的类型。
2. 请说出触电急救的步骤。
3. 简述保护接地和保护接零的原理。
4. 为什么不能用水扑灭电气火灾？

项目小结

1. 三相交流电源

三相交流电源中的三个电动势是三个对称的电动势，即最大值相等，频率相同，相位互差 120°。

2. 三相电源的星形连接

三相电源星形连接具有以下特点：

① 有两组供电电压，即相电压和线电压，均为对称电压；

② 线电压的大小等于相电压的 $\sqrt{3}$ 倍，即 $U_L = \sqrt{3}\,U_P$；

③ 各线电压在相位上比对应的相电压超前 30°。

3. 三相负载的连接

（1）三相负载星形连接具有以下特点：

① 负载两端电压等于电源的相电压，即 $U_P = \dfrac{U_L}{\sqrt{3}}$

② 线电流等于相电流，即 $I_{YP} = I_{YL}$

③ 中性线电流：$\dot{I}_N = \dot{I}_U + \dot{I}_V + \dot{I}_W$

（2）三相负载三角形连接具有以下特点：

①负载两端电压等于电源的线电压，即 $U_P = U_L$；

②若负载对称，线电流等于相电流的 $\sqrt{3}$ 倍，即 $I_{\Delta L} = \sqrt{3}\,I_{\Delta P}$；

③各线电流滞后对应的相电流 30°。

4. 三相交流电路的功率

三相交流电路的功率等于各相功率之和。对于三相对称负载：

有功功率 $P = \sqrt{3}\,U_L I_L \cos\varphi$

无功功率 $Q = \sqrt{3}\,U_L I_L \sin\varphi$

视在功率 $S=\sqrt{3}\,U_L I_L$

5. 安全用电

触电有单相触电、两相触电、跨步电压触电三种形式。为了防止触电事故，电气设备一般采用保护接地和保护接零两种保护措施。若发现有人触电，应尽快使触电者脱离电源，并进行现场急救。常用的急救方法有人工呼吸法和胸外心脏按压法等。

综合测试

一、填空题

1. 三相对称电动势是指 ________ 相等，________ 相同，________ 互差 120° 的三个交流电动势。

2. 对称三相电动势 $e_U = 311\sin(314t + 30°)$ V，那么其余两相电动势分别为 $e_V =$ ________________ V，$e_W =$ ________________ V。

3. 三相四线制供电系统可以提供 ________ 种大小不同的电压，即相电压和线电压，其中相电压是指 ________ 之间的电压，线电压是指 ________ 之间的电压，且 $U_L =$ ________ U_P。

4. 三相负载星形连接时相电流 ________ 线电流，即 I_{YP} ________ I_{YL}；如果三相负载对称，此时中性线电流等于 ________，中性线可以 ________，不影响负载正常工作。

5. 三相负载分别接在三相电源的 ________________ 之间的接法，称为三相负载的三角形连接。此时负载两端的电压等于 ________。

二、选择题

1. 一个三相交流发电机，每个绕组两端的电压是 220 V，如果三个绕组采用星形接法。对于输出电压，下列说法正确的是（　　）。

A. $U_L = 220$ V，$U_p = 380$ V　　B. $U_L = 380$ V，$U_p = 220$ V

C. $U_L = U_p = 380$ V　　D. $U_L = U_p = 220$ V

2. 三相对称负载作星形连接，接在线电压为 380 V 的三相电源上，若每相负载的阻抗为 100 Ω，则相电流为（　　）。

A. 3.8 A　　B. 2.2 A　　C.（$3.8\times\sqrt{3}$）A　　D.（$2.2\times\sqrt{3}$）A

3. 下列说法错误的是（　　）。

A. 当负载作星形连接时，必须有中性线

B. 当三相负载越接近对称时，中线的电流越小

C. 负载作星形连接时，线电流必等于相电流

D. 负载作星形连接时，$U_L = \sqrt{3}\, U_p$

4. 电源采用星形连接而负载采用三角形连接，电源的相电压为 220 V，各相负载相同，阻值都是 110 Ω，下列叙述正确的是（　　）。

A. 加在负载上的电压为 220 V　　B. 电路中的线电流为 2 A

C. 通过各相负载的相电流为 38/11A　　D. 电路中的线电流为 38/11 A

5. 家用电器中接电源的三脚插头，最长的那个脚的用途是（　　）。

A. 保护接地　　B. 工作接地　　C. 保护接零　　D. 重复接地

三、计算题

Y 形连接的三相对称负载，每相负载的电阻为 24 Ω，感抗为 32 Ω，接到线电压为 380 V 的三相电源上，试求相电压和线电流的值。

2. △形连接的三相对称负载，接于三相三线制对称电源上，每相负载的电阻为 60 Ω，感抗为 80 Ω，电源线电压为 380 V，试求相电流、线电流和总有功功率的值。

3. 三相对称感性负载，在线电压为 220 V 的对称三相电源作用下，通过的线电流为 20.8 A，输入的有功功率为 5.5 kW，试求负载的功率因数值。

4. 将三个 10 Ω 电阻接成 Y 形后，接到线电压为 220 V 的三相电源上；另外再将三个阻值相同的电阻接成三角形后，也接到该电源上，如果两组负载的线电流相同，求接成△形的电阻的阻值及每个电阻中流过的电流值。

四、简答题

1. 如图 9−33 所示，发电机绕组相电压为 220 V，每盏白炽灯的额定电压都是 220 V。请指出图中的连接错误。

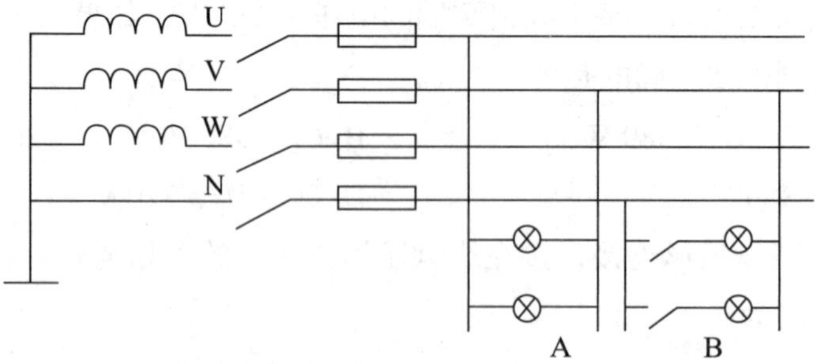

图9−33　简答题1题图

2. 什么是保护接地和保护接零？各适用何种场合？

3. 人体触电的形式有哪些？电流对人体的危害程度与哪些因素有关？